科学出版社"十四五"普通高等教育研究生规划教材

单细胞组学基础

主　　编　樊龙江

参编人员　王永成　褚琴洁　白寅琪　陆婷婷

　　　　　郭　兴　姚　洁　陈洪瑜　陈　露

　　　　　郭红山　沈一飞　刘石平　倪晟宇

　　　　　何炳楠　邵雯雯　尚念民

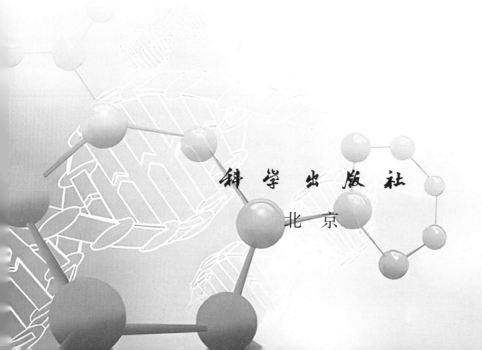

科学出版社

北　京

内 容 简 介

本书系统介绍了一门全新的学科领域——单细胞组学的概念、技术及其数据概况。重点梳理和介绍了单细胞组学高通量测序技术及其数据分析方法,具体包括单细胞捕获、扩增和测序技术、各类组学数据生物信息学分析内容、算法及其主要软件工具。

本书适合开展单细胞组学研究的学生、教师、科研工作者和技术人员使用。

图书在版编目(CIP)数据

单细胞组学基础 / 樊龙江主编. -- 北京:科学出版社,2024.11. --(科学出版社"十四五"普通高等教育研究生规划教材). -- ISBN 978-7-03-079344-7

Ⅰ. Q2
中国国家版本馆 CIP 数据核字第 2024JK0582 号

责任编辑:张静秋 / 责任校对:严 娜
责任印制:赵 博 / 封面设计:金舵手世纪

科 学 出 版 社 出版
北京东黄城根北街 16 号
邮政编码:100717
http://www.sciencep.com
三河市春园印刷有限公司印刷
科学出版社发行 各地新华书店经销
*

2024 年 11 月第 一 版 开本:787×1092 1/16
2025 年 1 月第三次印刷 印张:16 1/4
字数:437 000
定价:98.00 元
(如有印装质量问题,我社负责调换)

序

    单细胞组学技术的迅猛发展让我们能够以前所未有的精度探究生物系统中细胞的异质性与动态变化。这些技术已经彻底改变了生物学和医学研究的面貌，特别是在肿瘤免疫、发育生物学和神经科学等领域，为揭示复杂系统中的关键生物学机制提供了强有力的工具。我自从接触单细胞组学技术以来，亲身参与并见证了该领域从起步到迅速成熟的历程。

    我在多年研究中深刻体会到，单细胞组学技术不仅为基础生物学带来了突破性的发现，还推动了临床应用的进展。例如，我的研究团队通过单细胞测序技术成功解析了肿瘤微环境中不同免疫细胞的功能状态，揭示了多种细胞类型在抗肿瘤免疫反应中的作用。此外，我们还利用单细胞空间组学技术构建了肿瘤组织和发育中的细胞空间分布图谱。这些成果不仅拓展了我们对疾病发生和发展的理解，也为未来的个性化医疗和新药研发奠定了基础。

    樊龙江教授主编的《单细胞组学基础》在这样的背景下应运而生，系统而全面地介绍了单细胞组学的实验技术、数据分析方法及在不同领域中的应用。这本书不仅涵盖了从单细胞捕获、扩增和测序到复杂数据的生物信息学分析等内容，还详细讨论了多组学联合分析及空间组学的最新进展。作为该领域的从业者，我深知掌握这些前沿技术对于现代生物学研究的重要性。这本书无疑将为相关专业学生和科研工作者提供重要的理论和实践指导，帮助他们更好地应对日益复杂的生物学问题。

    在编写过程中，樊龙江教授和他的团队与我保持了密切的沟通交流，我也有幸审阅了部分章节。书中的内容兼具深度和广度，不仅适合入门学习者，还为有经验的研究人员提供了丰富的参考资源。这本书汇聚了当今单细胞组学领域中的诸多最新成果与技术，对于任何希望在这一领域取得突破的人来说，都是一份宝贵的指南。

    我相信，《单细胞组学基础》的出版将有力推动该学科的进一步发展，并将为未来更多的科学突破铺平道路。希望广大读者通过此书，能够开启单细胞组学领域的新篇章，深入探索生命科学中的未知世界。

张泽民

北京大学生物医学前沿创新中心主任

中国科学院院士

2024 年 10 月 14 日

前　言

大约 10 年前，单细胞组学技术引起了我的关注。2016 年 7 月我给研究生们提供了若干选题，其中包括一个单细胞方面课题——"利用单细胞转录组测定烟草腺毛细胞"；2017 年我开始组织编写《植物基因组学》（2020 年 3 月出版，科学出版社），其中单独安排了一章"植物单细胞基因组"；2018 年 4 月我利用去华中农业大学开会的机会，专门与严建兵教授团队的李响博士（现为中国科学院遗传与发育生物学研究所研究员）进行了交流，并随后邀请他来浙江大学做了植物单细胞技术学术报告。我实验室真正开展单细胞组学研究始于 2019 年初，博士生陈洪瑜启动烟草腺毛细胞发育遗传机制研究，作为他的博士生论文题目。伴随着如火如荼的单细胞组学研究，高通量单细胞组学数据（如 10X Genomics）大量出现，与其配套的数据分析方法和工具需求猛增，这为生物信息学研究提供了一个很好的方向。2020 年我实验室新建了一个单细胞组学研究小组，开展从单细胞样本制备到数据分析方法等系列研究。2021 年 5 月我们在 *Molecular Plant* 发表了第一篇单细胞组学文章《植物单细胞 RNA 分析标记基因数据库 PlantscRNAdb》（Chen et al.，2021），随后还在 *Bioinformatics* 等刊物发表了单细胞组学相关文章。2024 年我们在 *Developmental Cell* 发表了第一篇单细胞空间组学文章《水稻种胚细胞时空图谱》（Yao et al.，2024；封面文章），同时我当初提出的烟草腺毛细胞发育研究也取得了进展（Chen et al.，2024；发表于 *iScience*）。

我在编写《生物信息学》（第二版）（2021 年 5 月出版，科学出版社）时，曾在"新类型组学数据分析与利用"一章中加入了"单细胞组学数据"一节。但该领域发展极快，同时数据类型及其分析内容涉及极广，研究者（特别是研究生）急需一本系统、全面和实时的教材。本书是从 2021 年 10 月开始启动编写的。最初我沿用了以前采用的传统编写模式，即组织本实验室单细胞研究小组成员一起参与编写。但我低估了编写这样一本全新、前沿教材的难度。经过一年多的"奋斗"，编写内容和进度远远没有达到我的预期，因为许多分析内容是我们不了解的，对如何分析、使用什么分析算法和工具完全没有概念。这期间，我实验室与一些单细胞组学技术开发团队开展了大量合作，极大促进了我们对技术前沿和数据分析的把握。这些合作使我们接触了大量医学方面单细胞组学数据及其分析方法，使我的视野更加开阔，同时也改变了我的教材编写策略——重新组织队伍，吸纳领域内专家一起来编写！2023 年 5 月 31 日，新的单细胞组学编写组成立并召开了第一次会议，由此编写工作顺利展开。经过近一年的共同努力，我们如愿完成了书稿。

全书共设十章，涉及单细胞组学实验技术和数据分析两大部分（详见本书使用说明）。各章撰写人分别为：第一章樊龙江（浙江大学）、第二章王永成（浙江大学良渚实验室）、第三章郭兴和邵雯雯（华大生命科学研究院）、第四章褚琴洁（浙江大学）、第五章陈洪瑜（浙江大学）和陆婷婷（上海交通大学）、第六章沈一飞（浙江大学医学院附属第一医院）和倪晟宇（跃真生物）、第七章姚洁（浙江大学）和刘石平（华大生命科学研究院）、第八章褚琴洁和陈露（浙江大学）、第九章白寅琪（华大生命科学研究院）、第十章郭红山（浙江大学良渚实验室）、何炳楠（联川生物）和樊龙江。附录由尚念民（浙江大学）和樊龙江负责。吴三玲、瞿闻馨、郑迪怀、莫坊宇、戴宝军等参与材料收集和整理。陆婷婷（数据分析各章）和郭红山（实验技术各章）分别通读和修改了有关章节内容，全书由樊龙江统稿并定稿。

感谢国内单细胞组学领域专家张泽民、徐讯、高歌、严建兵对本书进行了审阅，感谢他们提出的许多修改意见，使本书更加全面和准确。

2022 年我申请开设"单细胞组学"研究生课程并获得了批准，这是浙江大学第一门单细胞组学方面的课程。我组织了本书编写成员一起来讲授这门课。这本教材的出版将使我们的教学轻松许多。本书由浙江大学资助出版。

Francis Collins 曾如此评价单细胞组学技术："它们曾经是遥不可及的，但现在我们实现了……我们可以看到每个细胞在做什么。"按照我们中国人的说法，就是"众里寻他千百度。蓦然回首，那人却在，灯火阑珊处。"希望本书能够为大家提供翔实的单细胞组学路线图，使大家都能顺利找到那些心仪的细胞。本书不当之处，望不吝赐教（fanlj@zju.edu.cn）。

樊龙江

2024 年 4 月 18 日

本书使用说明

本书将重点对目前单细胞组学的主要技术平台及其产生的各类数据分析方法进行介绍。全书总十章，主要分为两部分（图 0-1）：第一部分为实验技术（第二、三和十章），分别介绍单细胞高通量分选和测序技术（第二章）、空间组学技术（第三章）和实验验证技术（第十章），有关实验技术的学习可以结合我们构建的数据库 SCSTechDB（http://ibi.zju.edu.cn/scstechdb/），该数据库收录了目前发表的 500 余项单细胞和时空组学技术的详细信息；第二部分为数据分析方法（第四至九章），涉及单细胞组学各类数据分析内容、算法和软件工具。其中，第四至七章针对目前最常见的单细胞转录组数据，分别介绍质控、标准化、降维聚类、细胞类型注释等基础分析内容（第四章），拟时序、RNA 速率、细胞通信等高级分析（第五章），细胞免疫组库、微生物等专项分析（第六章），以及空间转录组数据分析（第七章），第八章讲解了基因组、表观组等其他组学数据分析方法，第九章则是对单细胞组学数据特征及前面几章涉及的主要算法进行了介绍。附录 1～3 收录了单细胞组学主要数据库资源、分析工具和相应英文术语。

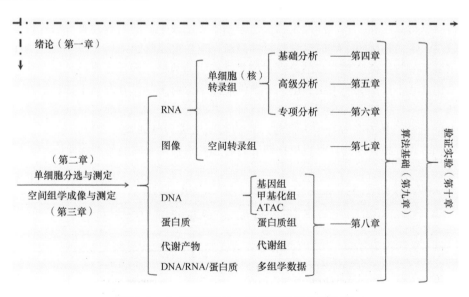

图 0-1　本书章节设计、组织框架及各章关系

读者可以根据自己的背景来选读有关章节。对于没有接触过任何单细胞组学内容的读者，建议从头读起；对于已有一定单细胞研究基础的读者，可以更加关注算法、分析思路及深度分析的相关内容。本书以二维码方式提供了一些拓展信息，同时也建立了一个教材主页（http://ibi.zju.edu.cn/bioinplant/courses/sco/），提供了本书相关案例/代码、完整文献、配套课件等。

本书介绍了大量单细胞组学数据分析方法，特别适合生物信息学工作者使用。单细胞组学数据特征及其分析方法与传统意义上的生物信息学分析有很大区别，许多人第一次遇到这样的数据都会抓狂（图0-2）。它更多地涉及高维数据，需要降维、聚类和可视化等许多大数据技术。这些内容均为生物信息学范畴，属于生物信息学的最新发展前沿。因此，即使是熟悉生物信息学分析技术的研究者，也往往需要从头了解单细胞组学数据特征及其分析方法。本书详细地介绍了单细胞和空间组学技术平台，这也是生物信息学者们需要了解的。如雨后春笋般出现的这些技术优势和短板共存，在分析它们产生的数据时需要特别注意。

图 0-2　第一次邂逅单细胞组学数据

本书内容与网上特定软件工具介绍等资料之间存在明显区别，又相辅相成。第一，本书更偏重于对单细胞组学总体框架及其内容的系统介绍，涉及各类数据及其分析方法，目的是系统和全面地介绍单细胞组学这门学科；网络材料往往是针对特定问题或工具的简短介绍。第二，本书偏重于对技术原理和算法的描述，同时列举了一些数据分析实现的具体案例；网络材料往往注重软件工具的具体使用和参数设置，可作为本书的辅助资料和延伸内容。

本书与传统生物信息学教材同样属于相辅相成，可以配合使用。本书仅介绍单细胞组学涉及的特有分析算法和工具，涉及生物信息学基础算法或工具的内容读者可自行查阅相关资料。可以说，本书是传统生物信息学教材的最新补充和重要延伸。

本书最后安排了两个独立章节分别讲解算法和实验验证。为什么要讲具体公式和算法？本意是希望读者不只是做使用工具的人。单细胞组学分析工具已开发几千种，但其中涉及的核心算法并不多，了解了这些算法或分析原理，有助于更科学地调参以获得更合理的生物学解释，有助于新工具的高效开发。同时，实验验证已成为单细胞组学研究/论文的标配，其验证途径和方式有独特之处，可以根据研究内容和要求安排不同的验证实验。

目　　录

目

录

第一章 绪 论

第一节 单细胞组学概述

一、单细胞组学概念与研究对象

（一）细胞及其遗传构成和类型

1. 细胞及其遗传构成 细胞由膜包围着含有细胞核的原生质所组成，是生物体结构与功能的基本单位，也是生命活动的基本单位。细胞能够通过分裂而增殖，这是生命体个体发育和系统发育的基础。细菌、酵母等微生物是以单细胞形式存在，而高等动植物则是由多细胞构成，如人类的成年男性和成年女性分别由 36 万亿和 28 万亿个细胞构成（Hatton et al.，2023），这些细胞组成不同的组织和器官。已知最小的具有细胞结构的生物体是支原体，它们的直径可以小到 $0.2\mu m$，质量约为 $1 \times 10^{-14}g$，人类细胞的直径为 $5 \sim 20\mu m$。根据细胞内有无以核膜为界限的细胞核，可以把细胞分为真核细胞与原核细胞两大类。细胞核是遗传物质 DNA 储存和复制的主要场所，是细胞进行生命活动的控制中心。原核细胞没有细胞核，它们的 DNA 相对集中地分布于细胞质的某一区域（拟核）。

大多数细胞是无法用肉眼直接观察的，在显微镜发明前，人们不知道细胞的存在。光学显微镜的发明和完善，促进了细胞的发现。英国科学家胡克（Hooke，1635～1703 年）于 1665 年首次发现细胞。当时他用自制的光学显微镜观察软木塞的薄切片，放大后发现一格一格的小空间，就以英文"cell"命名。而当时这样观察到的并非活的植物细胞，仅为残存的细胞壁。后来，荷兰生物学家列文虎克（Leeuwenhoek，1632～1723 年）发明了更加精密的显微镜，放大倍数近 300 倍，他首次观察到活的细胞。

发现细胞后的很长时间里，人们对于细胞的生物学意义仍然不清楚，细胞生物学没有重大进展。直到植物学家施莱登（Schleiden）和动物学家施旺（Schwann）在 1838 年发现生物虽然组织和器官千差万别，但都是由细胞构成的，即所有生命体都是由细胞构成的。植物学家布朗（Brown）等后来发现了细胞核，并对细胞核开展了一系列研究。1855 年，德国病理学家魏尔肖（Virchow）提出所有细胞都来自已有细胞的分裂，即细胞来自细胞。由此，细胞学说的三大核心内容形成，也构成了细胞生物学的最初基础。20 世纪上半叶，出现了许多细胞生物学分支学科，如细胞遗传学、细胞生理学、细胞化学等。20 世纪 80 年代，随着分子生物学的出现，出现了细胞分子生物学。21 世纪初，随着高通量测序技术和细胞分离技术的开发，单细胞组学作为一个新兴分支学科诞生了。

单个细胞的核苷酸（DNA/RNA）构成非常精细和复杂。以人类细胞为例，一个正常体细胞的细胞核直径大约是 $6\mu m$，通过多级压缩，总长度为 $1.7 \sim 2m$ 的 DNA 分子被装入细胞胞核中，形成 46 条染色体。细胞收集各种调控信号后在细胞核中对高度压缩的 DNA 进行局部解压缩，解压缩的 DNA 可以结合 RNA 聚合酶转录出 RNA 分子，其中的信使核糖核酸（mRNA）分子需要在细胞核中进行加工成熟，成熟后的 mRNA 分子通过核膜转运到细胞质中，在细胞质中核糖体利用 mRNA 模板和各种氨基酸原料翻译合成多肽链，这些多肽链经过进一步加工和折叠形成具有各种功能的蛋白质分子。除了编码蛋白质的 mRNA 之外，细胞核还合成其他类型 RNA，其中包括核糖体 RNA（rRNA），它构成核糖体的一部分。rRNA 在核的一个特殊区域即核仁中转录合成。核糖体蛋白在细胞质中合成并被运输到核内，在核仁中与 rRNA 进行亚基组装。然后，亚基返回到细胞质最终组装成核糖体，核糖体在细胞质中负责将 mRNA 中的信息翻译成多肽链。在细胞核中合成的另一类 RNA 是转运 RNA（tRNA），它在蛋白质合成过程中作为适配器，将 mRNA 的序列与对应的氨基酸种类进行匹配。

传统意义上，在整个器官或组织水平上使用组学方法进行的相关研究丰富了对细胞生物学的理解。虽然这些方法为研究生物学问题开辟了新天地，但由于在样品制备过程中通常以一群细胞为一个样本，分析结果为细胞群体的均值。基于现代对于细胞遗传学的认知，每个单个细胞都有自己的遗传"指纹"（图 1-1），就如同世界上没有完全相同的两片树叶一样，没有两个细胞是完全相同的。不同细胞或不同类型细胞对组织和器官产生不同生物学影响。所以传统组学方法仍无法解决细胞异质性的困扰。而解决细胞异质性问题的最好方法就是单细胞组学分析技术，它能够发现细胞之间的微妙差异。

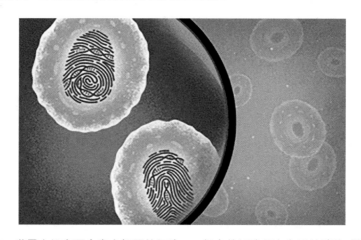

图 1-1　世界上没有两个完全相同的细胞——每个单细胞都有自己的遗传"指纹"

早期单细胞组学技术的推广受制于两个技术障碍：一是单细胞高通量分选技术，即从单细胞悬液中分离出大量单个细胞；二是 DNA 无偏扩增技术。单个细胞核酸量仅为几皮克，为了达到目前单细胞测序平台的要求和后续组学分析，就需要进行无偏扩增。上述两个方面技术的突破促成了单细胞组学领域的出现。

2. 细胞类型及其分类　　不同类型细胞行使着不同的功能。每种细胞类型（cell type）都来自其他类型细胞，即都是细胞分化的产物，这涉及一个谱系（lineage）问题。同时每种细胞类型都是一个组织的基本功能单元，即它涉及独特的功能和表型。一个细胞类型会有不同的状态（state），同样会涉及不同的功能和表型（图 1-2）。在历史上，细胞是根据形态、位置、个体发生和与其他细胞类型的相互作用等特征来分类的。生物学家很早就试图对细胞类型进行系统性分类，如"细胞本体"（cell ontology）的提出（Bard et al.，2005）及后续科学界的不断努力（Diehl et al.，2016；Jiang et al.，2023）。随着时间的推移，单细胞转录组测序（scRNA-seq）等新方法被开发出来，用以测量细胞中生物大分子的种类和组成，这

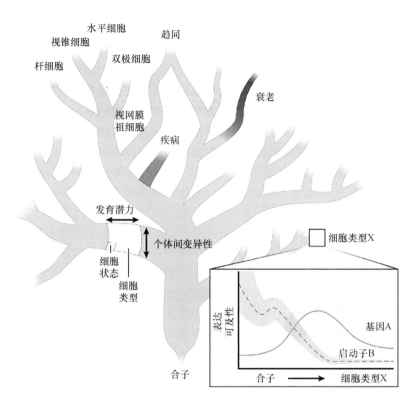

图 1-2 通过构建标准细胞类型分类树定义细胞类型、细胞状态和细胞谱系（Domcke and Shendure，2023）

些方法与分子生物学的进步相结合，使得基因和蛋白质表达的量化成为可能，也使得更细致的细胞类型分类成为可能。同一生物体内细胞类型之间的本质区别是基因的选择性表达，也就是我们用于定义细胞类型的所谓标记基因。这些基因的选择性表达造就了细胞的独特表型和功能，它定义了广泛的物理、分子和功能特征，这些特征可以被捕获和分析，从而实现系统和无偏见的细胞类型分类。目前已定义 200 多个人类细胞类型，1000 余种亚类；植物细胞也有 200 余个类型及大量亚类被鉴定。

由于细胞转录组快速调整以响应环境条件的变化，仅依靠基于 scRNA-seq 的技术可能不足以解决这些问题。探索细胞的表观遗传特征可能会提供一个更稳定的细胞类型测量，允许身份从状态中区分出来。例如，scATAC-seq 提供了单细胞染色质可及性的信息，可以提高单细胞分辨率。为了直接测量细胞状态，单细胞克隆或谱系图可用于绘制不同细胞状态的出现。为了实现这一点，引入扰动将是必不可少的。这种方法使细胞暴露于一系列不同的环境干扰中，在不同条件下跟踪与克隆相关的细胞的特征，并确定特定细胞类型的全部潜在状态。细胞谱系是指干细胞及其向下分化成的各终末细胞之间的层级关系，明确了细胞类型的起源及其发育发生谱系。谱系溯源，即鉴定来自单个细胞的所有后代，是一种强大而简单的方法，可以在一个复杂得多的层次结构中定位细胞。新的细胞种类可以和它最近的细胞联系起来，从而为它在生物体中的作用提供进一步的线索。目前一些细胞谱系示踪新技术可以通过实验技术途径确定细胞谱系关系。

由此可见，目前已可以用表型或功能、细胞谱系和细胞状态等来刻画细胞身份或类型。最近有人还提出通过构建一个标准细胞类型分类树（reference cell type tree）来定义细胞类型（图 1-2）。同时有人提出通过定性（基于基因表达调控确定细胞类型）、定量（每种细胞类型的计数、比例和密度等）、定位（每种细胞类型的空间排列及细胞间相互作用）、定时（细胞类型和状态变化的时间点）、定向（每种细胞类型经历的命运转变路径）来定义细胞并形成标准（定标），由此确定细胞的所谓"多维身份证"（Liu et al.，2024）。从根本上说，细胞类型或细胞身份的定义至今还存在争议，目前还没有一种通用的方法来准确地、系统地定义细胞的身份。随着单细胞技术的广泛应用，研究正在从对细胞类型的模糊定义转向建立定量的、高分辨率的细胞全景图谱。然而，精确定义细胞状态仍然是一个挑战。细胞状态可以被描述为细胞表型的范围，由一个确定的细胞类型与其环境的相互作用产生。区分细胞类型与细胞状态具有挑战性，例如，我们测定的单细胞转录组数据往往来自某一时间点，如何排除由此数据构建的细胞类型其实代表的是一种细胞状态？

（二）单细胞组学框架

1. 单细胞组学概念　　单细胞组学（single-cell omics，SCO）属于新兴交叉学科，总体上属于细胞生物学学科范畴，是该学科众多二级学科中最新的前沿学科之一。该学科利用高通量单细胞分离与分选技术、单细胞组测序技术及其生物信息学分析算法，开展高通量、多维度和大群体细胞学研究。它是一门对单个细胞中各类生物学分子（DNA/RNA/蛋白质等）进行分析与量化，进而提供结构、功能和发育发生重要信息及推断的学科。单细胞组学涵盖单细胞基因组、单细胞转录组、单细胞蛋白质组等多组学范畴。也就是说，该技术在单细胞水平上可以获得单细胞 DNA 突变、重组等，以及单细胞 RNA 表达特征、发育轨迹等；在细胞类型/亚型水平上，可以分析特定细胞类型功能、构成变化等。由此可见，这样的技术可以让我们重新审视生命的起源、观察细胞命运的演变；可以进行单细胞基因组测序与组装，重新构建人类和动植物参考基因组或超级泛基因组，构建人类和动植物细胞图谱，明确每个细胞和每种细胞类型的表达状态和功能，为未来生物学研究提供了无穷的想象空间。

由于存在细胞间的异质性，单细胞组学分析可以在单个细胞水平上获取信息，可以发现传统组学（基于组织）无法发现的信息。相比传统的细胞群体研究，单细胞组学研究可以揭示细胞类型和亚类的多样性，能够在单细胞水平上鉴定、定量和可视化不同细胞类型或细胞亚类的基因组、转录组、蛋白质组、表观组等差异，这是传统组学技术无法做到的。特别是单细胞空间组学技术还可以给出这些细胞类型的空间分布情况和细胞通信等特征。单细胞组学的重要性已日益显现，在许多领域展现良好应用，如对细胞发育和病变等研究具有显著优势和价值（详见下节"单细胞组学技术优势及其应用"）。单细胞组学属于一个交叉学科，其与细胞生物学、传统组学（如基因组学、转录组学等）和生物信息学等关系密切。

对于单细胞组学常存在一些误解。例如，有人认为单细胞组学技术无非是对单个细胞进行研究而已，传统细胞生物学也在做类似工作；单细胞测序数据可以利用已有的生物信息学分析方法，不需要开发新方法；还有人认为单细胞组学简单看来就是我们熟知的组学（omics）前加了个前缀"单细胞"，似乎并没有什么特别之处，传统组学技术获得的测序数据来自一个组织或一个细胞群体，而现在单细胞组学数据无非来自一个细胞，原有组学数据分析算法照搬过来，自然应该同样奏效。但事实并非如此。单细胞组学涉及的单细胞并非传统意义上的几个或几十个细胞，而是涉及高通量技术捕获的成千上万个细胞，以及来自每个细胞的成千上万个分子的数据，属于典型高维数据（详见第九章）。因此，传统组学的大多数生物信息学方法无法应用于单细胞组学数据分析，由此不得不开发专门用于单细胞组学数据的单细胞组学分析算法和软件工具。经过 30 余年的发展，单细胞组学形成了独特的实验技术体系，包括高通量单细胞分离分选技术、空间分子捕获技术、扩增技术和测序技术（包括单细胞分离、扩增、建库和测序等，最终产生单细胞组学数据）（详见第二章和第三章），以及单细胞生物信息学分析技术（详见第四至九章），即两个主要研究方向或领域（图1-3）。

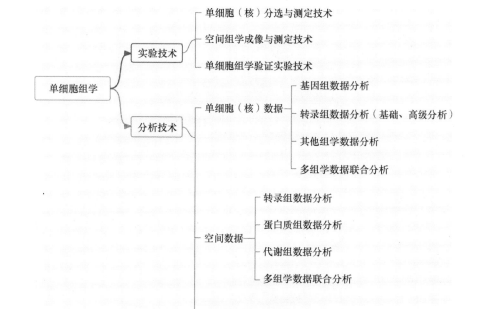

图 1-3 单细胞组学技术框架与构成

近 10 年来，单细胞组学测序实验技术发展最为迅猛，大量测序技术被研发出来，实现了对 DNA、RNA、蛋白质、空间、三维、表观修饰等单细胞水平的高通量测序与检测（图 1-4），已被广泛应用于生物学各个研究领域。单细胞组学发展浪潮的出现得益于大量技术被迅速商业化，形成了完备的国内外商业测序平台和服务，极大地推进了单细胞组学研究和应用推广。例如，最早的商业化单细胞测序平台有 Fluidigm C1、10X Genomics 和 BD Rhapsody 等，它们迅速占领了单细胞测序市场。2018 年后，中国商业化单细胞测序平台如华大基因（下文简称华大）和新格元等出现并迅速崛起。

目前的单细胞组学技术可以纳入细胞空间距离和方位，形成了空间转录组等单细胞空间组学技术。此外，单细胞组学技术也可以从一个细胞中同时测定多种分子，如 RNA 和 DNA 等，这推动了生物信息学整合分析算法的开发。来自单个细胞的基因组、转录组、蛋白质组等数据分析，涉及多个组学数据的联合分析和大规模整合生物学研究。

2. 单细胞组学数据科学 单细胞组学涉及来自成千上万甚至几十万个细胞的组学大数据，如何分析这些数据就涉及一个数据科学问题。为此有人专门提出"单细胞数据科学"（single-cell data science）的概念，以及其面临的挑战（Lähnemann et al., 2020）。单细胞组学数据有其独特问题和内在规律，如其数据维度很高、基因表达值的稀疏性等（具体见第九章第一节"单细胞数据分析的基本数学问题"）。由此，研究者根据这些数据特征来设计分析方法和策略，提出了一系列适用于单细胞数据分析的方法，如降维可视化方法（t-SNE/UMAP）、拟时序分析算法、RNA 速率算法等。经典生物信息学方法中并不涉及这些算法，它们完全是由单细胞大数据驱动产生的新算法或新应用。这些算法的产生使单细胞数据分析日臻完善和深入。例如，针对单细胞 RNA 数据，单细胞领域著名学者泰斯（Theis）很早就提出了单细胞数据分析的实践指南（Luecken and Theis, 2019），也构建了目前大部分单细胞数据分析的基本框架，虽然单细胞技术在不断发展，数据分析工具依然层出不穷，但数据分析的基本框架那时已基本形成。基于这个框架，一些新的单细胞分析内容（如空间信息预测、调控网络等）被不断补充（图 1-5）。

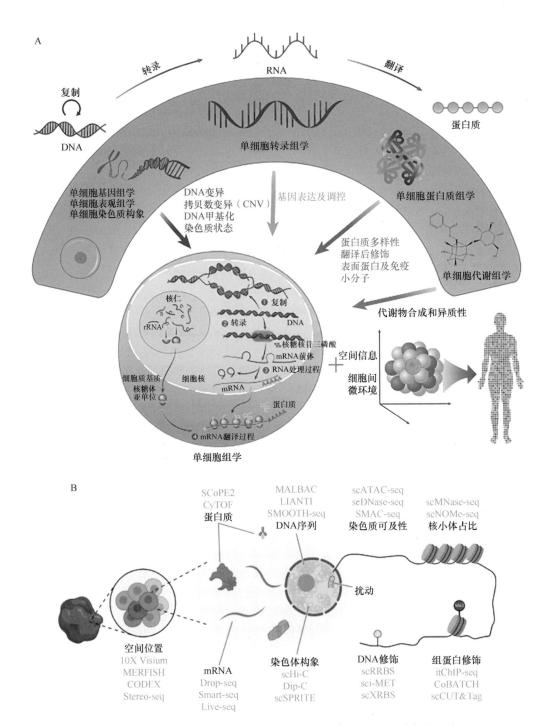

图 1-4 单细胞组学构成（A）及其遗传分子捕获、扩增和测序实验技术平台（B）
（改自 Chen et al.，2022；Shi et al.，2023）

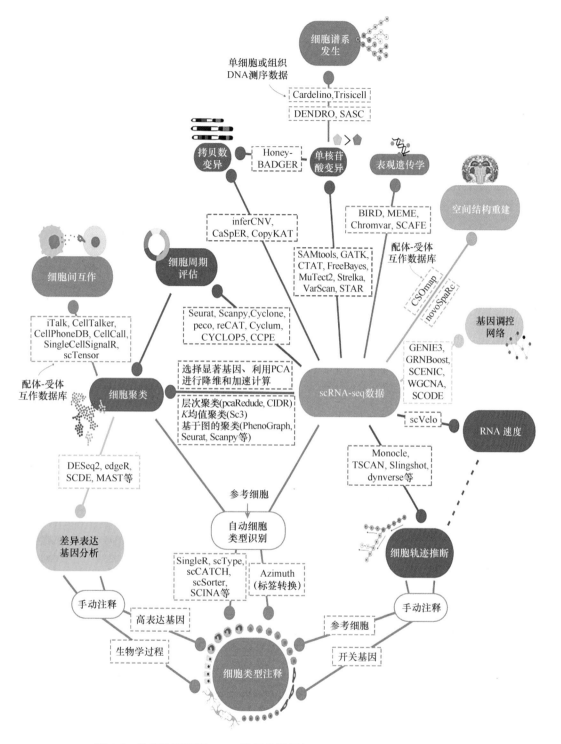

图 1-5　单细胞高通量 RNA 数据分析框架（Khozyainova et al.，2023）

在单细胞组学框架下，单细胞 RNA 数据分析包括四个主要过程。

（1）产生表达矩阵　通过细胞解离、分离、细胞标记、核酸捕获、高通量测序和序列联配，就可以获得高通量的单细胞表达矩阵。这是单细胞数据科学的第一个过程，也可以称为实验过程（详见第二至四章和第七章）。这个过程中可以选择不同通量和不同单细胞捕获平台。空转技术可以同时确定每个细胞的空间信息，由此在表达矩阵中加入一维信息——空间表达维度信息。

（2）数据观察　　获得单细胞矩阵之后，接下来是简要确定数据的基本特征。从不同侧面观察数据，选取不同特征表现数据，不同分组间差异基因等分析（详见第四至八章）。数据观察的方法和工具多种多样、日新月异。最为经典的是 R 语言的 Seurat 和基于 Python 的 Scanpy 两个主要工具包。数据观察过程不需要太多的生物学背景。

（3）分析推断　　与数据观察不同，分析推断需要分析者具备一定的生物学背景，这样推断才是有方向的，也才是有意义的。推断过程包括细胞层次的类型鉴定、发育轨迹推断、基因层次的调控与通路等（详见第五章）。

（4）多方验证　　随着单细胞技术的发展，单细胞数据往往需要与其他实验验证或组学技术（详见第十章）相互结合与验证。应大胆推断，同时需谨慎验证。

二、单细胞组学发展历史

1. 单细胞组学历史　　"细胞组学"（cytomics）的概念于 20 年前被提出（Valet et al.，2004），但其内涵和技术与现在的单细胞组学有明显不同，可看作是目前单细胞组学的一个雏形。由于高通量流式细胞仪和图像技术的发展，可以结合生物信息学等技术，在单细胞水平上对细胞系统（所谓"cytome"）进行分子结构和功能研究。严格意义上，那时的所谓细胞组学还不是真正的分子水平，没有任何的遗传序列数据（仅为表型数据）。但当时已提出了在单细胞水平上开展大规模细胞群体研究的方向。

单细胞组学的发展历史一般以 2009 年汤富酬等发明单细胞转录组测序技术为起点。但是在汤富酬等发明真正意义上的单细胞测序技术之前，对于单个细胞的 RNA 表达研究其实很早就开始了，至少可以追溯到 1992 年（表 1-1）。由此可以把单细胞组学的发展分为四个阶段。

表 1-1　单细胞组学发展 30 年大事记 *

年份	事件	文献	领域#
1992	单细胞基因表达测定技术	Eberwine et al.，*PNAS*	1
1992	单细胞基因组扩增技术 DOP-PCR	Telenius et al.，*Genomics*	1
2001	单细胞全基因组扩增技术 MDA	Dean et al.，*Genome Research*	1
2005	提出 "cell ontology"	Bard et al.，*Genome Biology*	4
2009	单细胞转录组测序技术	Tang et al.，*Nature Methods*	1
2011	实现单细胞 DNA 高通量测序（基于 DOP-PCR）	Navin et al.，*Nature*	1
2011	引入标记技术（STRT-seq）	Islam et al.，*Genome Research*	1
2011	UMI 技术发明	Kivioja et al.，*Nature Methods*	1
2012	体外转录扩增技术 CEL-seq	Hashimshony et al.，*Cell Reports*	1
2012	单细胞基因组扩增技术 MALBAC	Zong et al.，*Science*	1
2012	Fluidigm 发布首个商业化单细胞测序全自动制备系统 C1	—	1
2012	RNA 扩增测序新技术 Smart-seq 问世	Ramskold et al.，*Nature Biotechnology*	1
2013	单细胞技术被 *Nature Methods* 评为年度技术	—	4

年份	事件	文献	领域#
2013	*t*-SNE 首次用于单细胞组学数据分析	Amirel-AD et al.，*Nature Biotechnology*	3
2013	实现单细胞 DNA 甲基化测序	Guo et al.，*Genome Research*	1
2013	实现单细胞 Hi-C 测序	Nagano et al.，*Nature*	1
2013	Smart-seq2	Picelli et al.，*Nature Methods*	1
2013	提出单细胞核 RNA 测序技术	Rashel et al.，*PNAS*	1
2014	空间组学原位杂交技术 SeqFISH	Eric et al.，*Nature Methods*	2
2014	空间组学原位测序技术 FISSEQ	Lubeck et al.，*Nature Methods*	2
2014	单细胞拟时序分析工具 Monocle	Trapnell et al.，*Nature Biotechnology*	3
2014	单细胞全基因组 DNA 甲基化测序 scBS-seq	Smallwood et al.，*Nature Methods*	1
2015	实现单细胞 ATAC 测序	Cusanovich et al.，*Science*；Buenrostro et al.，*Nature*	1
2015	实现植物单细胞基因组测序	Li et al.，*Nature Communications*	1
2015	单细胞简化 DNA 甲基化测定技术 scRRBS	Guo et al.，*Nature Protocols*	1
2015	单细胞染色质可及性测定技术 scATAC-seq 和 DNase I-seq	Buenrostro et al.，*Nature*；Jin et al.，*Nature*	1
2015	基于液滴包裹制备技术 Drop-seq	Macosko et al.，*Cell*	1
2015	基于微流控制备技术 inDrop	Klein et al.，*Cell*	1
2015	基于微孔板制备技术 Micro-well	Fan et al.，*Science*	1
2015	空间组学原位杂交技术 MERFISH	Chen et al.，*Science*	2
2015	单细胞组学分析软件包 Seurat	Satija et al.，*Nature Biotechnology*	3
2015	单细胞 RNA 和 DNA 同时测序技术（G&T-seq）	Macaylay et al.，*Nature Methods*	1
2016	人类细胞图谱计划 HCA 启动	www.humancellatlas.org；Regev et al.，*eLife*	4
2016	10X Genomics 推出单细胞测序制备平台 Chromium（基于 Drop-seq）	Grace et al.，*Nature Communications*	1
2016	空间组学原位捕获技术 ST	Ståhl et al.，*Science*	2
2016	CRISPR 和 scRNA 结合方法 PERTUB-seq（CRISP-seq 和 CROP-seq）	Dixit et al.，*Cell*	1
2016	单细胞 RNA 和 DNA 甲基化同时检测技术（scM&T-seq）	Angermueller et al.，*Nature Methods*	1
2016	单细胞 RNA、DNA 甲基化和基因组拷贝数同时检测技术（scTrio-seq）	Hou et al.，*Cell Research*	1
2017	全基因组线性扩增的方法 LIANTI	Chen et al.，*Science*	1
2017	单细胞组合标记测序技术 SCI-seq	Vitak et al.，*Nature Methods*	1
2017	基于随机引物扩增的单细胞 RNA 测序技术 MATQ-seq	Sheng et al.，*Nature Methods*	1
2017	BD 公司推出 Rhapsody 单细胞测序制备平台（基于微孔板）	Fikri et al.，*Nature*	1
2017	单细胞拟时序分析工具 Monocle2	Qiu et al.，*Nature Methods*	3

年份	事件	文献	领域[a]
2017	单细胞核 RNA 高通量测序技术 DroNc-seq	Habib et al.，*Nature Methods*	1
2017	单细胞 DNA 甲基化和染色质可及性测序技术（scCOOL-seq）	Guo et al.，*Cell Research*；Pott，*eLife*	1
2018	单细胞组学分析软件包 Scanpy	Wolf et al.，*Genome Biology*	3
2018	RNA 速率分析工具 Velocyto	Gioele et al.，*Nature*	3
2018	单细胞发育被 *Science* 评为十大科学进展	—	4
2018	Akoya 公司推出空间蛋白质组技术 CODEX（现 PhenoCycler）	Yury et al.，*Cell*	2
2018	单细胞 Hi-C 测序技术 Dip-C	Tan et al.，*Science*	2
2018	低成本组合条形码技术 SPLiT-seq（使单细胞转录组测序平民化）	Rosenberg et al.，*Science*	1
2018	单细胞转录组测序技术 Microwell-seq	Han et al.，*Cell*	1
2018	多组学联合分析工具 MOFA	Ricard et al.，*Molecular Systems Biology*	3
2018	单细胞数据集成分析工具 scVI	Romain et al.，*Nature Methods*	3
2018	UMAP 首次用于单细胞组学数据分析	Becht et al.，*Nature Biotechnology*	3
2018	10X Genomics 推出单细胞 ATAC-seq 技术平台（基于 scATAC）	—	1
2018	单细胞染色质可及性测序技术 scMNase-seq	Lai et al.，*Nature*	1
2018	第一个细胞通信分析工具 CellPhoneDB	Vento-Tormo et al.，*Nature*	3
2018	人类和小鼠细胞类型标记数据库 CellMarker	Zhang et al.，*Nucleic Acids Research*	3
2019	单细胞数据整合工具 Harmony 和 LIGER	Korsunsky et al.，*Nature Methods*；Welch et al.，*Cell*	3
2019	单细胞组蛋白修饰测定技术 itChIP-seq	Ai et al.，*Nature Cell Biology*	1
2019	10X Genomics 推出空间转录组原位捕获技术平台 Visium（基于 ST）	—	2
2019	华大推出 DNBelab C4 高通量单细胞制备平台	Liu et al.，*BioRxiv*	1
2019	单细胞 ATAC 和 RNA 测序技术 Paired-seq	Zhu et al.，*Nature Structural & Molecular Biology*	1
2019	第一个单细胞空间转录组数据库及数据在线可视化平台 SpatialDB	Fan et al.，*Nucleic Acids Research*	3
2019	PanglaoDB 数据库	Franzen et al.，*DATABASE*	3
2019	细胞类型自动注释工具 SingleR	Aran et al.，*Nature Immunology*	3
2020	基于 scRNA 的细胞空间重构方法 CSOmap	Ren et al.，*Cell Research*	3
2020	基于三代测序平台的单细胞染色质可及性测序技术 SMAC-seq	Shipony et al.，*Nature Methods*	1
2020	scRNA-seq 数据检索/注释工具 Cell BLAST	Cao et al.，*Nature Communications*	3

单细胞组学基础

年份	事件	文献	领域[#]
2020	EMBL-EBI 建立单细胞表达数据库 SCEA（Single Cell Expression Atlas）	Papatheodorou et al., *Nucleic Acids Research*	3
2021	基于三代测序平台的单细胞基因组测序技术 SMOOTH-seq	Fan et al., *Genome Biology*	1
2021	单细胞蛋白质组测序技术 SCoPE2	Aleksandra et al., *Nature Protocols*	1
2021	单细胞组蛋白修饰和 RNA 测序技术 CoTECH 和 Paired-Tag	Xiong et al., *Nature Methods*；Zhu et al., *Nature Methods*	1
2021	UCSC Cell Browser	Speir et al., *Bioinformatics*	3
2022	单细胞活体 RNA 测序技术 Live-seq	Chen et al., *Nature*	1
2022	华大发表单细胞空间转录组原位捕获技术 Stereo-seq	Chen et al., *Cell*	2
2022	10X Genomics 推出空转原位杂交技术平台 Xenium（基于 FISSEQ）	—	2
2022	单细胞组学数据深度概率分析 Python 库 scvi-tools	Adam et al., *Nature Biotechnology*	3
2022	微生物组基因组测序技术 Microbe-seq	Zheng et al., *Science*	1
2022	单细胞染色体折叠测定技术 scHi-C	Arrastia et al., *Nature Biotechnology*	1
2022	单细胞 ATAC 和 RNA 同时检测技术 ISSAAC-seq	Xu et al., *Nature Methods*	1

* 资料来源于综述文章（Svensson et al., 2018；Paolillo et al., 2019；Wen et al., 2022；Shi et al., 2023；Vandereyken et al., 2023；肖宇彬等，2023）、单细胞行研报告（基因慧，2020；锐翎资本，2022）等。完整实验技术清单参见我们构建的单细胞和空转实验技术数据库 SCSTechDB（http://ibi.zju.edu.cn/scstechdb/）。

\# 涉及领域包括单细胞实验技术（1）、空转实验技术（包括 Hi-C）（2）、分析算法/工具/数据库（3）和其他（4）

（1）单细胞组学技术初创期（1992～2008 年）　　Eberwine 等（1992）第一次实现了从单个细胞中利用 qPCR 测定基因表达，之后随着以 PCR 为基础的技术改进（Lambolez et al.，1992），实现了同时测定多个细胞基因表达的水平（Sheng et al.，1994；Peixoto et al.，2004），非靶向的单细胞 RNA（或 cDNA）扩增技术的出现，使研究者可以利用芯片进行转录组水平的研究（Tietjen et al.，2003；Kurimoto et al.，2006；Kurimoto et al.，2007；Esumi et al.，2008）。2001 年单细胞全基因组扩增技术 MDA 被提出。因此，也有人将单细胞组学研究回溯到 1992 年，所以单细胞组学已有至少 30 年的历史了。

（2）单细胞组学技术创立期（2009～2014 年）　　该阶段实现了单细胞组学水平测定，但仍处于低通量测序阶段，单次测定细胞数量一般仅几十个到上百个。随着 2005 年高通量测序技术及其转录组测序技术（RNA-seq）的发明，当时在剑桥大学 Azim Surani 教授实验室做博士后研究的汤富酬与 ABI 测序公司 Lao Kaiqin 团队合作，利用该公司刚刚研发的高通量测序技术平台（SOLiD）第一次实现了无偏的转录组测序，即真正意义上的首个单细胞组学测序（Tang et al.，2009）。随着后续单细胞分选技术及单细胞核酸无偏扩增技术的飞速发展（如单细胞 RNA 测序技术 STRT-seq、Smart-seq 等，以及单细胞 DNA 测序技术 MALBAC 等），单细胞 RNA 和 DNA 测序技术快速涌现并日臻成熟。当时单细胞分析技术研究主要集中在两个难点上：第一是单细胞分选操作，即从细胞悬液中分离出单个细胞；第二是单个细胞核酸量仅为几皮克，进行组学分析前就需要进行无偏扩增才能达到目前测序要求。目前单细胞组学技术中关键的标记技术（barcode/UMI）被提出。同时，该时期单细胞组学数据分析技术快速发展，如目前广泛应用的拟时序分析算法和工具 Monocle 出现，*t*-SNE 被引入单细胞组学领域用于数据降维可视化。空间组学技术 FISSEQ 等的出现，为后续单细胞空间组学技术研发建立了基础。

在此期间，单细胞组学技术实现了首次商业化。Fluidigm 公司推出单细胞全自动制备系统 C1。该技术基于 96 孔板，将分离的单细胞放入每个孔中进行扩增。"细胞图谱"的概念被提出。构建细胞图谱成为单细胞组学起始与发展中最为重要的事件，如同人类基因组测序一样，催生了基因组学、生物信息学等学科。2013 年，*Science* 将单细胞测序技术列为年度最值得关注的领域，*Nature Methods* 同样将该技术评为 2013 年年度最重要的方法学突破。

（3）单细胞组学高通量技术创立期（2015～2021 年）　即高通量单细胞测序技术阶段，每个反应测定细胞通量超过 1000 个。该时期单细胞组学技术真正开始深入生物学研究领域，走入人们视野，成为日臻成熟的新兴学科。随着高通量单细胞测序技术 Drop-seq 等的发明，反应测定的细胞通量急剧增加，特别是 10X Genomics 公司商业化技术平台 Chromium 的出现，极大地推动了单细胞组学技术的普及，单细胞组学研究呈现爆炸式发展。每年发表的论文和生物信息学工具数量呈现指数增长。同时，"人类细胞图谱计划"等一系列单细胞图谱计划被提出。该时期，单细胞高通量测序技术、空间组学技术及其数据分析技术发展处于高峰期，一系列新技术不断涌现。例如，单细胞组学数据分析软件包 Seurat 和 Scanpy 出现，RNA 速率估计算法 Velocyto 等被提出，UMAP 被引入单细胞组学数据分析，空间转录组 ST 等技术出现并商业化，单细胞染色质可及性等测序技术出现并商业化。2018 年，单细胞发育研究被 *Science* 列为年度十大科学进展之一。2019 年，*Nature Methods* 在时隔 6 年后又一次将单细胞多组学测序技术评为年度技术，紧接着 2020 年，该刊将空间转录组技术列为年度技术，可见单细胞组学技术的迅猛发展。

虽然单细胞组学高通量技术创立期只有短短的 7 年时间，但这个时期形成了单细胞组学技术和数据分析的独特性，由此确立了其在现代生物学领域的特殊地位。单细胞高通量测序技术的出现和不断创新，是单细胞组学发展的一个关键支撑，也由此提出了许多前所未有的问题并开发了一系列独有方法体系，使该领域成为一门真正的学科。

（4）单细胞空间组学技术阶段（2022 年至今）　单细胞空间组学技术是单细胞组学的未来。早期出现的空间转录组技术精度无法达到单细胞水平（如 10X Genomics 公司的 Visium 平台，每个芯片测定点包含 5～10 个细胞）。2022 年华大推出了亚细胞水平的时空组测序技术 Stereo-seq 并在动植物中取得理想效果，由此进入了单细胞空间组学新阶段。

2. 人类细胞图谱计划及其他　2016 年末，人类细胞图谱（Human Cell Atlas，HCA）计划（www.humancellatlas.org/）的出现，标志着单细胞组学研究真正进入人们的视野，开始得到广泛重视，也标志着该学科进入了一个新阶段。2022 年美国国家科学院院士斯蒂芬·奎克（Stephen Quake，他的单细胞测序技术最早被商业化）在 *Trends in Genetics* 上发表了题为 "A decade of molecular cell atlases" 的回顾文章，他于 2012 年就提出了"细胞图谱"概念，后来许多人一起推动了细胞图谱相关研究。麻省理工学院和哈佛大学博德研究所（Broad Institute）的阿维夫·雷格夫（Aviv Regev）教授和来自英国桑格研究所的莎拉·泰克曼（Sarah Teichmann）教授推动成立了 HCA 计划。该计划雄心勃勃，准备对人体中所有细胞进行分类和测序。人类细胞图谱计划对人体各种细胞的 RNA 进行测序，然后使用这些基因表达谱将细胞分类，定义新的细胞，并绘制所有细胞及其分子在空间上的组织方式，发现和表征人体内所有可能的细胞状态。该项目获得 Facebook 创始人扎克伯格夫妇成立的基金会"Chan Zuckerberg Initiative"（CZI）资助。2017 年 *Science* 和 *Nature* 也分别出版单细胞组学专刊（*Science*：Single-cell genomics；*Nature*：Single-cell biology）。可以说，HCA 使单细胞组学研究一跃成为生物学研究领域的焦点和热点。

随着人类细胞图谱计划的实施，人类专项细胞图谱计划也相继提出，如脑细胞图谱（BRAIN）和癌症细胞图谱（HTAN）等。同时，其他生物单细胞图谱计划也相继被提出或启动。例如，2019年提出的植物细胞图谱（Plant Cell Atlas，PCA）计划，其目标是绘制高分辨率的植物细胞分子时空图谱，推动植物科学基础问题的研究。

第二节　单细胞组学技术优势及其应用

一、技术优势及其覆盖领域

1. 单细胞组学技术优势及其应用场景　　单细胞组学技术具有单细胞水平和高通量两大技术优势，可以解决许多目前细胞生物学无法解决的问题。单细胞组学技术已被广泛用于生物学许多领域的研究中（特别是人类相关研究）。单细胞组学最初是在人类和植物单细胞基因组研究上取得许多突出进展。基于低通量单细胞分离技术，可以对单细胞DNA进行深度测序，由此开展基因组变异和重组等研究。目前应用最为广泛的为高通量单细胞转录组学技术，其他还包括单细胞基因组、蛋白质组、代谢组学技术。

单细胞RNA技术（包括单核和空间转录组）首先应用于细胞图谱的构建及其细胞类型和亚型的鉴定。例如，目前已构建了人类主要器官的细胞图谱，包括泛癌种、脑等细胞图谱，也在构建植物从种子到种子的全组织全生育期的细胞图谱等。完备的精细细胞图谱后续可用于研究许多生物学问题，如发育、癌症、免疫、神经生物学等。单细胞基因组学技术可对单个细胞DNA进行高通量测序，通过生物信息学分析获得细胞中的遗传变异信息，进一步用于揭示细胞群体差异和细胞进化关系。单细胞基因组测序技术已逐渐被应用于生殖演化、组织/器官发育、肿瘤进化、临床诊断、组织嵌合、胚胎发育等研究领域。例如，通过测序肿瘤细胞或循环肿瘤细胞，可以鉴定非整倍性、拷贝数变异和/或突变。这些可用来表征肿瘤的异质性，确定其进化路径，并有利于监测治疗。目前还实现了对微生物组的测序，主要是对单个古菌和细菌细胞进行单细胞基因组和转录组测序，构建出微生物群落图谱等。

2. 单细胞组学经典论文引用树　　论文引用树是指某一篇文章的引用论文所属领域的统计结果，是该论文研究成果应用领域范围的一个很好的评判或估计。我们以单细胞组学领域两篇经典文章为例，对其进行引用树分析。两篇文献分别是第一篇有关单细胞转录组的文章（Tang et al.，2009）和Drop-seq技术发明文章（Macosko et al.，2015），分别被1465篇和2725篇文献引用（截至2023年1月31日）。从其引用树来看（图1-6列出了Drop-seq技

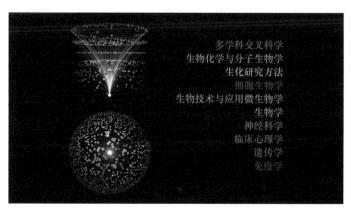

图1-6　单细胞组学经典论文引用树——以单细胞Drop-seq技术发明文章为例

术论文引用树），两项研究成果除了对细胞生物学，还对生物学其他领域和医学领域等都有所贡献。单细胞组学技术除了关注生物学问题外，还涉及实验技术、仪器开发、数据分析等，也就是说涉及多学科交叉，这在它们的引用树中，特别是 Drop-seq 技术发明文章的引用树中表现特别明显。

二、领域应用概况

1. 医学领域　　单细胞组学在医学领域可以发挥其独特的技术优势，在肿瘤生物学、免疫学和脑科学等方面已得到广泛的应用。大量综述文章已很好地总结了目前的应用研究进展（如 Wen et al.，2022；Shi et al.，2023；Vandereyken et al.，2023）。

在肿瘤生物学方面，单细胞组学可用于揭示肿瘤异质性和肿瘤发生发展规律，描述肿瘤微环境，分析肿瘤耐药机制，明确肿瘤分型和指导治疗等。例如，化疗是恶性肿瘤主要治疗方法之一，而化疗过程中耐药细胞的出现可导致肿瘤的复发和转移。通过单细胞转录组和基因组测序，可以分析化疗前、化疗中、化疗后肿瘤细胞的基因组适应性进化过程。例如，乳腺癌患者化疗过程研究结果表明，在化疗过程中部分克隆消失，部分克隆持续存在，而且有部分细胞在化疗前已有部分抗药相关基因的表达，该结果为三阴性乳腺癌的原发耐药提供了证据支持（图 1-7）。由此可见，单细胞测序技术可对肿瘤耐药细胞进行谱系追踪，并有助于探索肿瘤异质性及肿瘤干细胞在肿瘤耐药机制中的作用，同时挖掘关键的耐药基因，为肿瘤耐药的靶向治疗提供理论基础。

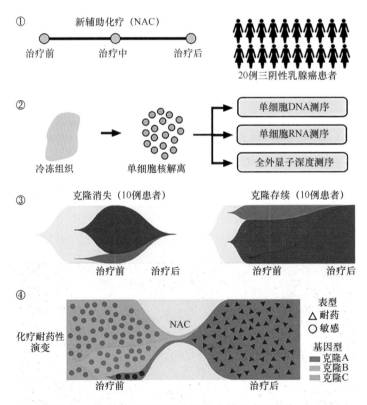

图 1-7　单细胞组学技术在癌症化疗过程中的耐药临床应用研究（Kim et al.，2018）

在免疫学领域，单细胞组学技术可用于揭示免疫细胞、免疫应答和免疫耐受的异质性，发现新的细胞标志物，确定免疫细胞亚型，发现免疫细胞的潜在功能等方面。同一谱系的免疫细胞之间普遍存在异质性，scRNA-seq 通过量化在单个细胞中表达的所有转录物来识别和表征不同的细胞群体。

解析构成人类大脑的 860 亿个神经元的遗传多样性，对于揭示大脑认知能力的分子基础及神经系统疾病的机制至关重要。目前，单细胞组学在脑科学领域已经取得了显著的研究进展，通过分析单个神经元的转录组和遗传特征，不仅可以区分不同类型的神经元，还可以了解它们的功能、基因表达模式、发育过程及相互关系，使我们能够更全面地理解大脑神经元的多样性和功能，为研究大脑认知、大脑发育和神经系统疾病的分子机制提供了强大的工具。这一技术的快速发展为脑科学领域打开了新的可能性，促使了大量相关研究的涌现。2023 年 10 月，*Science* 发布了"Brain Cell Census"专刊。利用单细胞组学等分子生物学技术，专刊论文对成人和发育中的人类大脑的细胞组成进行了广泛分析，涵盖了转录、表观遗传和功能水平的研究。

2. 动植物领域　　植物领域单细胞组学研究始于单细胞基因组研究。2015 年，华中农业大学严建兵团队首次实现植物单细胞基因组测序（Li et al.，2015）。其团队成员李响博士等克服植物细胞壁的障碍，通过单细胞全基因组扩增技术 MDA 对玉米花粉四分体孢子细胞基因组扩增和富集，进行了全基因组测序，共获得近 60 万个高密度的单核苷酸多态性（SNP）标记，构建了接近单碱基水平的重组图谱（图 1-8），并继续开展了玉米单倍体诱导机制研究（Li et al.，2017）。他们的研究使人们对玉米重组规律形成了新认识，丰富了遗传学理论，为作物育种提供了有价值的信息。随着高通量单细胞转录组测序技术的出现，单细胞组学在植物领域迅速得到应用。对于高通量单细胞测序，植物需要去细胞壁制备原生质体。制备原生质体的过程引入了酶解细胞壁的实验误差（需要在数据分析中去除），同时制备难度很大，难以获得符合要求的单细胞悬液样品。目前至少 15 个植物物种、近 100 个组织被单细胞 RNA 测序，鉴定出 11.5 万个标记基因（详见 PlantscRNAdb 数据库 Release 3.0）。这些单细胞组学数据主要通过高通量测序平台（如 10X Genomics）测定，被用于构建植物细胞表达图谱，以及应用于生长发育和胁迫响应等生物学机制研究中（Zheng et al.，2023）。

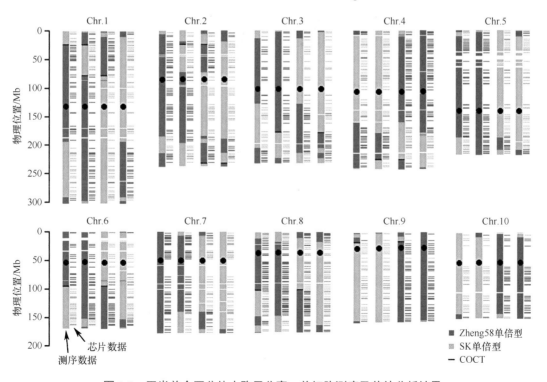

图 1-8　玉米单个四分体小孢子分离、单细胞测序及芯片分析结果

畜禽类动物单细胞组学研究近年来也开始兴起，主要方向涉及畜禽类动物肝、肺、脑、心等组织细胞图谱的构建；畜禽生产性状相关研究，如性腺分化、骨骼肌发育等生物学问题；跨物种比较禽类动物与其他哺乳动物肺、肝、脑组织的生物进化保守性和异质性等。

3. 微生物领域 单细胞组学技术目前在微生物传染传播、抗药性、微生物组等研究领域具有很好应用。单细胞组学在传染病研究中被用于微生物检测、进化及传染病诊断、宿主免疫应答、抗体筛选等。一个经典案例就是通过单细胞转录组测序揭示了新型冠状病毒感染（COVID-19）的感染与免疫重要机制（图1-9）。

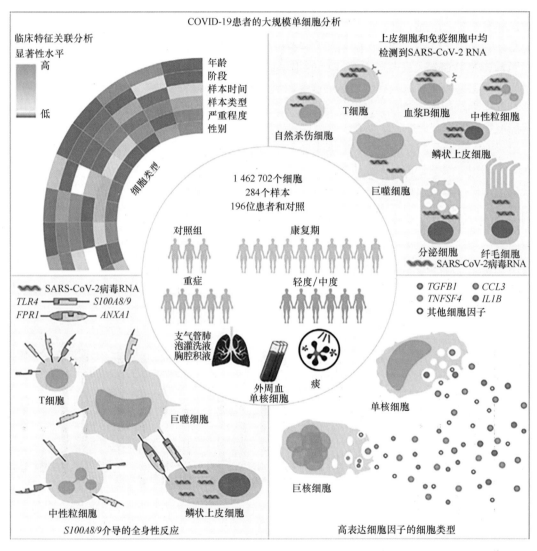

图1-9 单细胞组学传染病研究案例——单细胞转录组测序揭示COVID-19感染与免疫重要机制

（Ren et al.，2021）

中心图．实验设计与样本类型；左上图．外周血中不同免疫细胞与疾病严重程度、年龄、性别等存在不同关联；右上图．上皮细胞与免疫细胞中可检出新冠病毒（SARS-Cov-2）核酸；左下图．鳞状上皮细胞在招募巨噬细胞、中性粒细胞和T细胞中的关键作用；右下图．细胞因子风暴的潜在来源

新冠疫情暴发伊始，北京大学等40多家高校和科研单位迅速组建了"新冠单细胞研究中国联盟"，对轻症、重症COVID-19患者及健康对照的外周血、肺泡灌洗液等不同类型样

本进行了单细胞转录组测序和生物信息分析。研究发现，新冠病毒核酸在上皮细胞与巨噬细胞、中性粒细胞、T 细胞等多种类型细胞中均可检出，且具有亚基因组转录的特点，提示新冠病毒在人体中具有广泛的宿主细胞谱。配体-受体分析显示，感染新冠病毒后纤毛上皮细胞倾向于脱落，而鳞状上皮细胞会上调 *S100A8/9*、*ANXA1* 等基因的表达，通过与 *TLR4*、*FPR1* 相互作用过度招募巨噬细胞与中性粒细胞从而导致肺炎。研究还揭示了 COVID-19 患者外周血中存在一群高表达 *S100A8/9*、*CCL3* 等细胞因子基因的单核细胞，是导致细胞因子风暴的重要源头。这些发现对认识和控制新冠疫情具有重要指导意义。

最近单细胞组学技术在微生物组方面也取得了突破，分别实现了单菌和微生物组高通量测序与分析。例如，人类肠道微生物组 DNA 和 RNA 测序（Zheng et al.，2022；Shen et al.，2024），获得了同一菌种不同菌株基因组和转录组的比较与分析，实现了宏基因组学分析无法达到的分析精度，揭示了宏基因组学分析无法回答的生物学机制。

第三节　单细胞组学展望与挑战

一、单细胞组学发展趋势

单细胞组学发展迅速。未来，单细胞组学无论在技术研发端还是应用端都会迅猛发展（图 1-10）。总的来说，单细胞组学处于一个单细胞测序技术不断涌现、单细胞组学数据分析技术滞后的发展时期。单细胞测序技术研发主要集中在单细胞多组学和空间组学技术。同时，一系列新技术在逐步攻克细胞壁、高通量细胞分离等问题，由此解决各种类型困难样品问题，如存在细胞壁问题的植物和微生物，福尔马林固定石蜡包埋（formalin-fixed paraffin-embedded，FFPE）样本等。同时，单细胞组学会进一步扩大应用领域，特别在人类基础研究和临床应用领域。单细胞组学呈现如下几个发展趋势。

图 1-10　单细胞组学未来技术发展和人类医学应用展望（Shi et al.，2023）

1. 单细胞多组学技术快速发展　除单细胞基因组、转录组外，单细胞多组学技术同样发展迅速，如单细胞基因组、转录组与单细胞表观基因组学的结合。目前已有技术可以通过单细胞 ATAC-seq 和 RNA-seq 组合，从单细胞水平充分地展示表观基因组学和转录组学的信息，双组学联合可深入地挖掘基因表达的动态调控机制。根据我们构建的 SCSTechDB 数据库，截至 2024 年 8 月，至少 104 个单细胞和空间多组学技术平台已被开发。在未来几年内，将会有更多的单细胞多组学测序技术及其对应的分析方法涌现，实现对同一个细胞内更多维度的信息进行精准检测与整合分析，如同时在一个细胞内检测转录组、基因组变异、组蛋白修饰等三个组学甚至四五个组学的高通量单细胞测序技术。

2. 单细胞空间组学技术成为新增长点　空间转录组技术因其可以获得组织细胞空间位置信息的独特优势，同样成为单细胞研究领域的热点。目前的技术已可以检测单细胞水平空间转录组数据（如 Stereo-seq）。可以预期，单细胞水平空间组学技术将引领未来单细胞组学发展，大量空间分子测定技术和数据分析算法与工具将涌现。

3. 新算法新软件依然是单细胞组学研究焦点　单细胞组学领域新算法和新软件工具最近几年快速增长。根据 scRNA-tools 数据库（www.scrna-tools.org/）统计（截至 2024 年 8 月），至少 1700 多个相关软件工具已被开发。单细胞组学新技术迅猛发展，其数据类型层出不穷，如三代测序技术将会更加全面地应用于单细胞组学领域。同时，对各类数据进行整合分析、挖掘更多新信息，还需要更多新算法和新软件工具。未来 5~10 年，数据科学与方法依然会是单细胞组学的研究焦点。

4. 单细胞组学将扩大在基础和应用方面的研究范围　可以预期，单细胞组学技术在生物学基础研究领域，如癌症生物学、神经生物学、发育生物学、种子生物学、衰老和再生等领域将更加深入和扩大应用；在临床应用领域，将在临床诊断和精准治疗方面开展更多研究。

二、单细胞组学面临的主要挑战

单细胞组学发展目前还面临许多障碍，急需相应测序技术和分析算法的突破。

1. 应用场景复杂，样品制备和单细胞制备技术难点多　一方面，生物样本千差万别，储存和处理方法各种各样，如医学领域广泛应用的 FFPE 样本、环境微生物样本、植物样本等，单细胞测序技术应用于这些场景还需要突破许多技术难点。另一方面，单细胞测序对样品的细胞活性和数量都有着比较高的要求，要求样品离体时间不能过长，有一定的新鲜度，且不能冷冻保藏，如此对样品处理的时效性提出了极高的挑战。现有单细胞技术的细胞分离和捕获效率还有待提高，市场上现有设备的细胞捕获效率参差不齐（3%~65%）。未来单细胞测序对于样本初始细胞数量的要求还需降低，从而提高检测的效率和灵敏度等，这对于许多珍贵样本尤为重要。在扩增方面，一个单细胞中所含的 DNA/RNA 量很少，现有的基因测序都要先进行扩增，而在扩增复制的环节容易出现复制错误或者丢失的情况。

2. 单细胞组学数据分析面临挑战　目前常用的标准生物信息学分析流程还需优化细胞时序发育推断、细胞间相互作用预测，以及多种单细胞技术联合分析及内涵挖掘等复杂的分析工作，不少单细胞研究还停留在基础的数据堆砌阶段。此外，许多创新的、突破性的研究往往需要根据研究目的进行专门的算法设计和优化，特别是单细胞空间组学技术近年来快速涌现，其数据分析面临一系列挑战，包括基于空间位置的细胞类型注释技术、细胞分割技术和三维空间重构技术等。同时，空间组学数据与单细胞组学数据联合分析也还存在大量问题。单细胞组学需要数据科学创新，需要大量的数学、统计、计算机科学等各类专业人才，需要学科交叉与融合。

3. 单细胞测序通量与功能覆盖度矛盾　单细胞组学技术追求的目标永远是测更多细胞、更多功能覆盖，即每次测定的单细胞数量尽量多，以覆盖更多类型或亚型细胞；每个细胞测序获得的读序数量，尽可能覆盖更多转录组等表达信息或更大基因组区域。这是一个矛盾的两个方面，追求一个就势必弱化另一个。如何化解这一矛盾？现有的单细胞组学技术都在不断追求高通量，同时也在提高功能覆盖度。

4. 单细胞组学研究成本急需降低　单细胞测序的实验流程较为复杂，单细胞的捕获和建库流程完全依赖特定设备，导致单细胞建库门槛较高，这导致了单细胞组学技术的高成本问题。高成本导致单细胞技术无法被大规模使用。提高单细胞检测流程自动化程度，即通过微流控系统、试剂盒等技术模块组合起来生产数据，也许是降低成本的一条途径。

学科先锋

我的导师汤富酬

汤富酬

　　我是汤老师实验室毕业的第一批博士生之一，是汤老师把我带进了单细胞测序领域。

　　我是 2011 年春天正式来到汤老师课题组，开启了自己的本科毕业设计。当时汤老师的课题组实验室位于北京大学老校医院旧址上新建的一座二层白色小楼（我们都亲切地称呼为"小白楼"）。第一次见到汤老师，我便被他的专业与激情感染了，他激动地描述如何在一个细胞中检测到上万个基因的表达。当时的我似懂非懂，也没能完全领略到这项技术的神奇与伟大，更想不到这项技术会在之后的几年内得到爆发式发展，极大地推动了生物学和医学等多个领域的发展。2011 年 9 月，我正式转博，开始了在北大的读博生涯，师从汤富酬教授。在读博的这 5 年里，我与汤老师有过非常多的交流，跟汤老师学到了很多科研及为人处世的道理。在"小白楼"建设期间，汤老师是借用其他老师的实验室开展实验；早期二代测序费用昂贵，实验室大部分经费都用来测序了，以至于有一段时间经费非常紧张，汤老师不得不从其他老师那里借经费来继续科研。种种困难都没有阻止汤老师在单细胞测序的道路上前行。最终，我们的付出得到了回报，实验室在人类早期胚胎和生殖细胞的表观遗传调控方面取得了一系列重要研究成果，得到了国内外同行的高度认可。我自己也有幸参与了其中的一部分工作，如开发了首个单细胞 DNA 甲基化组测序技术（scRRBS）（Guo et al., 2013），成功迈进了单细胞表观遗传测序的时代。

　　汤老师一直强调要高度重视新技术，因为强大的新技术能让我们看到之前的技术无法看到的全新生物学现象和机制，能解答之前技术不能解答的生物医学难题。对此我深信不疑。当时实验室有很多课题一直在做前沿的单细胞组学新技术的开发，这都是一些高难度、高风险的课题。汤老师非常鼓励合作，实验室有很多合作课题，我们学生也有机会跟不同领域的专家进行多种多样的交流，能学到很多领域外的知识。除了这些合作课题，汤老师也要求我们毫无保留地向其他实验室传授已经发表的单细胞测序技术。在实验室早期，几乎每隔一到两周就会有国内甚至海外的实验室派人来学习技术，我们都习以为常，汤老师也乐此不疲。

　　2013 年之后，实验室陆续发表了一些成果，也得到了很好的同行评价，但是汤老师并没有就此止步，反而更加潜心专注于自己的科研，攀登下一个科研高峰。在繁忙的工作之余，汤老师也会写写打油诗，如"问余缘何做科研，默而不答思苦甘。青葱岁月虽耗去，别有洞天在此间"，是一位被科研耽误的"诗人"，汤老师在遇到高兴事的时候（如文章发表，或者学生毕业等），会将积攒的诗词发布微信朋友圈，收获无数点赞。

2017年初我离开汤老师实验室，赴美国哈佛医学院进行博士后的深造。离开之际，汤老师送了我两本书，书的第一页给我赠言："重视技术、学会合作、追求卓越、超越自我"，每次翻开这本书，都让我感动万分。汤老师一直是这16个字的最佳代言人，从我认识他的第一天开始，从来没有变过。

汤老师始终是一股清流，对此我和其他学生都有很强的共鸣。虽然实验室经历很多坎坷，但是汤老师一直坚守自己的原则，始终"心里存善念、胸中有日月、眼里有他人"。历经百般熙攘，胸中豪气不减，眼见万千风云，眼底满是柔光。

郭红山（浙江大学良渚实验室，研究员）

第二章 单细胞分选与测定技术

第一节 单细胞样本制备

单细胞测序技术具有高灵敏度和高分辨率的特点，能够揭示细胞间的异质性和罕见细胞簇的重要功能，从而有助于解析疾病的发生机制和构建细胞图谱等。在整个单细胞实验流程中，样本采集是进行后续实验的关键步骤，对实验的顺利进行至关重要。分离单个细胞是单细胞测序工作流程的第一步，而准备单细胞悬液则是实现细胞分离的前提条件。

一、样本类型与要求

（一）采样与制备原则

在进行单细胞实验时，目标样本的采集和准备方案与后续细胞悬液质量和数据质量密切相关。以下是一些样本采集和准备原则，可以确保实验的良好开端。

1. 代表性原则 样本采集的科学性，决定了实验结果是否真实反映样本的信息。应根据实验的目的，科学地选择合适的取样方案。

1）组织质地要纯粹，避免掺入其他累赘组织（如病变成分不掺杂正常组织，正常组织不含病变成分）。

2）组织变量要一致，保障实验结果的可信度（如实验组和对照组样本在处理条件、取材时间、空间位置和组织量等方面保持一致）。

3）组织取样要一致，保证外部干扰条件的一致性。

2. 保真性原则 尽量避免引入外部因素对生物样本的干扰，确保样本的保真性，这是确保实验过程稳定、数据有效性和结果真实性的根本。因此在取样过程中需要避免引入物理、化学、生物等因素的干扰。

1）避免破坏组织的结构和成分（如避免活检钳过度挤压、撕扯、破坏组织）。

2）避免破坏组织的性质和状态（如避免高温止血引起的细胞蛋白质变性）。

3）避免引入额外的外界刺激（如避免采样主体存在非特异性病变、伤残或死亡等情况）。

3. 准确性原则 在取样、制备、贮存和运输等环节要准确记录指标数据、特征等信息。干扰单细胞样本制备过程的因素较多，如取样方式（活检钳、穿刺针、电刀、激光刀）、供体情况（物种、年龄、处理、病变）等。信息的准确描述有助于技术人员及时调整实验方案，提高样本制备的成功率。

4. 迅速性原则 样本质量是影响实验结果最关键的因素，因此在采集、制备、贮存和运输过程中应尽可能迅速，缩短从样本采集到实验开始的时间。

5. 低温原则 样本离体后，应尽快置于低温环境中（细胞解离样本置于2～8℃下保存，细胞核分离样本置于液氮或 −80℃冰箱保存），以减缓或停止细胞的新陈代谢，保持组织离体时的状态。

单细胞测序样本除了小型个体（直接制备单细胞悬液）以外，更多的是以身体器官为主。器官离体后经过一段时间会因为自身酶和周围环境的影响开始出现自溶和降解的情况，为了延缓这一过程，可以采用针对性的特殊保存方法，以维持样本离体时的状态，保证实验数据体现样本的真实状态。例如，使用特定组织保存试剂盒对组织进行低温保存，可以使 48h 内组织中的细胞组成比例及基因表达情况无明显变化，很好地维持样本离体时的状态，保证了实验结果的准确性。

（二）样本类型

在进行单细胞分析时，需要从各种样本中制备单细胞悬液。针对不同的样本类型，获取活性高、完整性好、结团率低的单细胞悬液，是单细胞实验成功的关键所在。常见的样本可以分为组织类、血液类和体液类三大类型，它们都有各自的保存方法。

1. 组织类样本　　组织类样本较复杂，分为新鲜组织样本、冻存组织样本、植物样本和 FFPE 样本四类。

（1）新鲜组织样本　　动物组织由细胞外基质和嵌入细胞外基质的细胞组成，细胞和细胞之间存在大量蛋白质，如增强组织强度和韧性的胶原蛋白、弹性蛋白等；促使细胞和外基质结合的层粘连蛋白、纤维粘连蛋白等。一般需要通过机械法或者酶解法得到单细胞悬液。

对于新鲜组织样本，取样时应尽量避免取到坏死、钙化、硬化、纤维化的组织部位，以减少杂质引入。手术前或手术时不能冰冻样本。常规组织建议取样量不少于 200mg（黄豆粒大小），穿刺样本建议至少 2 条。

取样后需要尽快去除非目标部位，减小非目标区域细胞的干扰。对于血液较多的组织，需要用 PBS 或生理盐水冲洗掉组织中的血液；对于分泌物较多的消化组织，需要用 PBS 或生理盐水进行多次冲洗。然后，将获得的组织立即放入组织保存液中。对于一些高龄动物或人体标本、神经组织、视网膜、治疗后组织等细胞脆弱的样本，需尽快对样本进行解离处理。

（2）冻存组织样本　　将冻存的组织样本放置在密封的冷冻保存管中，并使用适当的冷冻保存液填充，以保护样本的完整性，防止冷冻干燥。将样本储存在 −80℃或更低的温度下，样本中的细胞和核酸可以更长时间地保持稳定。贮存条件越稳定，细胞和核酸质量越高。尽量避免多次冻融样本，因为多次冻融可能导致细胞和核酸的降解及质量损失。

由于组织冻存后很难获得活性细胞，为了获取单个细胞的信息，可以直接进行细胞核提取，制备细胞核悬液。需要注意的是，冻存组织样本的保存时间较长，可能会导致细胞和核酸的降解，应尽早进行样本处理和保存，以保证样本的质量和可分析性。

（3）植物样本　　与动物细胞相比，植物细胞具有坚实的细胞壁，这给单细胞分离带来了巨大的挑战。因此，植物单细胞研究的首个技术难题是单细胞的分离。对于植物样本，为了获得质量较高的单细胞悬液，应在适当的时间和条件下采集植物组织样本，如叶片、茎段、根部等，确保采集样本的新鲜度和完整性，避免组织断裂和脱水。根类样本最好使用水培，因为土块会影响解离效果。将分离的植物细胞或组织块悬浮于适当的细胞保存液中，如细胞培养基、冷冻保存液或细胞保存剂，这些保存液可以保护细胞的完整性和存活状态。

（4）FFPE 样本　　由于 FFPE 样本的特殊制备流程，样本的质量和完整性会受到一定程度的影响。正确的保存方法和适当的样本处理步骤对于保障样本质量、提高测序结果的可靠性和可解释性至关重要。

首先，应该将 FFPE 样本保存在干燥、避光和低温的环境中。避免暴露在高温、高湿或阳光直射下，以减少样本质量的退化。此外，应将 FFPE 样本放置在密封的容器中，防止进一步的氧化和湿气进入样本。可以使用干燥剂，如硅胶包或干燥盒，来吸收水分。尽量将 FFPE 样本储存在低温条件下，通常建议在 –20℃ 或更低的温度保存。在这种温度下，样本中的核酸和蛋白质会相对稳定。

需要注意的是，FFPE 样本在长时间的保存过程中可能会出现质量退化和降解的情况，因此，尽早进行单细胞测序能更好地保留样本的完整性和可分析性。

在准备进行单细胞测序之前，确保样本的 RNA/DNA 质量和完整性是非常重要的。可以使用适当的方法，如石蜡切片后提取核酸，或使用相关试剂盒进行核酸提取。在提取的过程中，注意使用适当的实验条件和试剂，以确保从 FFPE 样本中提取高质量的 RNA/DNA。

2. 血液类样本　血液样本中由于含有红细胞和血小板，为了分离出白细胞，需要使用抗凝管。人类血液样本一般需要 4～6mL，小鼠血液样本通常需要 1mL 以上。

采集的抗凝血样本应尽快储存在 4℃ 下，以避免细胞失活或核酸降解。如果不能及时处理，可以分离外周血单核细胞（PBMC）进行冻存。PBMC 包括淋巴细胞和单核细胞，是研究人体免疫细胞异质性的重要样本之一。需要注意的是，中性粒细胞在低温下容易发生激活或凋亡，如果关注中性粒细胞，需要将抗凝血样本放置在常温下保存，但最好在 6h 内进行细胞分离，以保持较好的细胞活性和状态。

将分离的细胞悬浮在适当的细胞保存液中，如细胞培养基、冷冻保存液或细胞保存剂，这些保存液可以保护细胞的完整性和存活状态。根据实验需求，将样本储存在适当的温度下。一般来说，新鲜血液样本可以在 4℃ 下短期保存，而在 –80℃ 或液氮中可以长期保存。需要注意的是，在保存血液样本时应避免直接阳光暴露和强烈震动，以防止细胞受损。

3. 体液类样本　体液类样本包括尿液、胸腔积液、腹水、灌洗液、脑脊液等，这类样本通常细胞含量较少，因此，为了分离高质量的细胞悬液，也需要新鲜的体液样本。体液样本通常使用低吸附无 RNA 酶的试剂管进行分装，并避免振荡。

获得体液样本后，应尽快进行细胞分离。体液样本在保存过程中可能出现细胞失活、细胞聚集或核酸降解等问题，因此应尽早进行样本处理和保存，以保持细胞和核酸的完整性。对于某些体液样本，如尿液，可以使用离心分离沉淀物或过滤来去除无关的颗粒物。如果不能及时处理，通常可将样本储存于 4℃。但尿液是个例外，尿液中的细胞在低温环境下活性下降更快，通常需要常温保存，并尽量在 6h 内进行处理，以保持细胞活性和状态。总之，应根据具体实验需求和样本类型，选择适当的保存方法。

在进行体液样本的单细胞测序之前，可能需要对样本进行预处理，如离心分离细胞、去除红细胞、过滤杂质等，以获得纯净的目标细胞。同时，也可以考虑使用专门设计的体液单细胞抽提试剂盒进行核酸的提取，以便直接从体液样本中提取单细胞的 RNA 或 DNA，方便后续的单细胞测序分析。

二、悬液制备及分选

1. 高质量细胞悬液的要求　单细胞悬液的质量直接关联着单细胞测序实验的结果，对后续组学研究产生深远的影响。

（1）细胞的活性是决定细胞悬液质量好坏的关键因素　一般来说，细胞活性越高，说明细胞越新鲜，细胞内的 mRNA 相对完整，后续实验分析数据受背景影响较小。因此，细胞活率最好高于 90%。

（2）细胞的结团率会影响细胞悬液的质量　由于我们需要的是单个细胞的特征，结团细胞会产生大量的无效数据，降低数据的利用率。此外，过大的细胞结团还会增加实验失败的风险。因此，结团率最好低于10%。

（3）细胞悬液中的杂质应尽量减少　　细胞悬液中的杂质通常由死亡破碎的细胞或培养体系中的介质形成。判断细胞杂质的一个重要指标是有核率，有核率越高，说明有核的细胞越多，杂质越少，实验成功率和后续的数据准确性也会越高。因此，有核率最好高于70%。

（4）细胞直径对细胞悬液质量的影响较大　　细胞直径过大或过小都会导致细胞计数不准确、实验失败或数据偏差。因此，细胞直径最好在10～40μm。如果细胞直径大于40μm，建议使用大孔径芯片进行单细胞捕获。

（5）细胞的浓度会影响细胞悬液的质量　　细胞浓度过低，在浓缩过程中会造成大量细胞损失，对细胞造成伤害，并可能影响细胞比例。细胞浓度过高，会导致细胞计数不准确，结团率虚高，容易造成实验操作误差。因此，细胞数量最好不少于5万个，才能满足后续实验的需求。

2. 单细胞悬液的制备　　根据不同的样本类型和要求，可以选择不同的方法来制备单细胞悬液。以下是一些常见的方法。

（1）细胞悬液制备法　　适用于细胞数量较多的样本，如培养细胞。将细胞收集后用PBS等缓冲液洗涤，使用相应的工具（如离心管、细胞培养板等）制备成单细胞悬液。

（2）组织消化法　　适用于组织样本。将组织切碎或切片后，使用消化酶（如胰蛋白酶、胶原酶等）消化组织，得到单细胞悬液。

（3）原位消化法　　适用于组织样本。将组织切片后，在含有消化酶的溶液中进行消化，使细胞逐渐分离，得到单细胞悬液。

目前，在单细胞悬液制备中最常使用的是酶解法。酶解法不仅适用于结构单一的组织类型，还适用于结构复杂的组织类型，如肝组织、肾组织、肺组织、心组织、脑组织和肿瘤等。常用的消化酶包括胰蛋白酶类、胶原酶、溶菌酶和弹性蛋白酶等。由于酶解法受到消化酶种类、配比浓度、酶解时间、酶解温度等因素的影响，所以摸索解离条件，选择适宜的消化酶尤为重要。图2-1为外周血样本、组织样本、贴壁细胞三种样本制备单细胞悬液的基本流程。

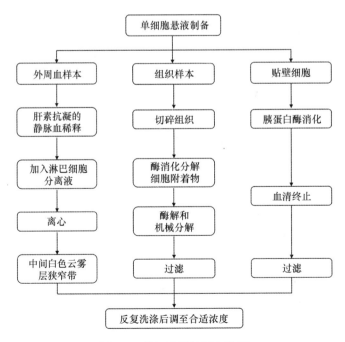

图2-1　单细胞悬液制备流程

在悬液制备的过程中，外周血样本不需要酶参与；固体组织由于有多种附着物，需要根据情况添加特定的酶进行酶解。对于不同器官的组织，也需要采取合适的方案来制备单细胞悬液。

大多数样本的单细胞悬液制备并不困难，悬液的质量主要取决于实验人员的操作经验。在悬液制备过程中，细胞活性、组织类型、杂质数量等都会影响悬液的最终质量，需要注意的事项有以下几点：①选取合适的缓冲液；②处理样本时动作温和，使用宽口枪头缓慢吹打单细胞悬液；③使用细胞筛去除成团细胞和较大的组织碎片；④使用密度梯度离心或去除碎片的试剂盒去除碎片；⑤使用流式细胞仪等设备分选活细胞，配合镜检等方法以提高活率。

3. 单细胞核悬液的制备　单细胞测序也存在着一定的局限性，包括以下方面：首先，新鲜样本很难获取，而冻存的组织无法制备高质量的细胞悬液；其次，细胞过于脆弱、易降解，在捕获过程中容易破裂；再次，细胞形状不规则，含有丰富的酶，解离过程中应激基因容易表达，或者细胞直径过大，难以捕获等。为了解决这些问题，单细胞核转录组测序（snRNA-seq）应运而生。单细胞核转录组测序是将组织抽核，制备成单细胞核悬液进行转录组测序。通过提取样本的细胞核，大大降低了样本处理的难度。以下样本由于细胞结构和形态的原因，制备成单细胞悬液的效果不佳，更推荐进行单细胞核测序。

1）心、肌肉、脂肪和巨核细胞：细胞的直径大于 40μm，容易造成捕获芯片堵塞。

2）肝：肝实质细胞过于脆弱，在处理过程中容易破裂，常规解离会产生过多的细胞碎片。

3）脑神经：组织中含有大量髓鞘结构，且细胞形状不规则，消化过程中会产生过多的杂质背景。

4）胰腺：组织中含有丰富的酶，解离过程中易导致细胞活性变差。

5）冻存或固定过的组织：组织冻存或固定后细胞膜受损，无法得到合格的单细胞悬液。

冻存样本单细胞核悬液的制备方法：取适量的冻存组织并将其置于预冷缓冲液中，待其初步软化。在冰上使用 75μm 滤网对组织进行研磨，并用 50mL 离心管收集研磨液，在研磨过程中，不断使用预冷的缓冲液冲洗滤网，以防止局部过热。然后在匀浆液中加入 0.1% Triton X-100，继续在冰上孵育，孵育过程中可以使用枪头轻柔缓慢地吹打混匀，使反应更充分。孵育结束后使用 45μm 细胞筛去除较大的杂质，将样本在 4℃下以 500g 离心 5min，去除上层液体，随后加入 1mL 缓冲液（含 0.2U/μL RNA 酶抑制剂），轻柔地重悬细胞核沉淀。检测细胞核数量，确定提取物杂质组成及悬液背景是否干净。最后，进行染色并统计细胞核数量，调整细胞核浓度。

FFPE 样本单细胞核悬液的制备方法：首先，需要从组织包埋蜡块中切下需要分析的样本，并在室温下用 1mL 二甲苯洗涤两次，每次持续 5min，以去除石蜡。然后，对样本进行梯度复水，将样本浸泡在一系列浓度递减的乙醇溶液中，从 100% 乙醇开始，逐渐降低至 30% 乙醇。接下来，样本用预冷缓冲液洗涤两次，预冷裂解缓冲液（1×PBS 缓冲液，0.1% Triton X-100，1U/μL RNA 酶抑制剂）悬浮后再使用 Dounce 匀浆器均质化。均质化后，用额外的 1mL 裂解缓冲液冲洗匀浆器，并向裂解缓冲液中加入 100μL 浓度为 10mg/mL 的蛋白酶 K，在 37℃ 孵育 5min。然后，通过一个 20μm 的细胞滤网过滤分离的细胞核，并用洗涤缓冲液洗涤两次。取少量细胞核用 4′,6-二脒基-2-苯基吲哚（DAPI）染色，再装载在血细胞计数器上，使用倒置荧光显微镜观察计数。符合要求的单个细胞核进行单细胞核 RNA 测序。

4. 单细菌悬液制备　细菌通常分散性较好，可经过适当吹打振荡提高悬液中细菌的分散性，通过过滤除掉样本中的杂质。对于单细菌转录组测序，由于细菌的 RNA 非常容易降解且有细胞壁，因此通常将细菌固定后降解细胞壁再进行后续处理。通常将细菌在 4℃ 用 4%

多聚甲醛（PFA）固定过夜，然后使用含有 0.04% Tween-20 的 PBS 进行洗涤和渗透化处理。然后加入溶菌酶，将样本在 37℃孵育 15min，对细菌的细胞壁进行消化。然后用含 RNA 酶抑制剂的 PBS 进行洗涤和悬浮处理。

5. 单细胞分离　　制备好单细胞悬液后，需要选择合适的单细胞分离方法来分离单个细胞。用于单细胞捕获和分离的方法有很多种，应根据需要研究的科学问题和样本类型来选择最佳方法。单细胞分离方法可以根据细胞通量来区分。

（1）低通量方法　　包括手工操作和细胞分选/分离技术（如 FACS），每次实验能处理几十个、几百个甚至几千个细胞（表 2-1）。常见的主要有以下几种。①口吸管技术：通过显微镜观察，选取形态良好的细胞，将吸管的一端放入细胞悬液中，通过负压原理，用嘴轻吸吸管的另一端，吸取细胞悬液。由于可视化操作，可以捕获形态完整、没有损伤的细胞，但是需要熟练的操作者，而且易受人工干扰，细胞分析通量小。②激光捕获显微切割（laser capture microdissection，LCM）技术：能够将大多数实体组织标本中的单细胞或胞间室分离出来。操作者使用显微镜对组织进行观察，并用肉眼辨认出靶细胞。再将需要切割的区域标记出来，使用激光切割来获取标记部位的样本。有些 LCM 系统还可以对活体组织进行解剖，这样就可以将活的细胞取出用于培养和分析。LCM 技术具有高分辨率、高精确性和非接触性的优势，能够实现对组织样本中单个细胞的精确分离。然而，该方法对设备和操作的要求较高，需要一定的实践经验和技术专长。同时，它操作比较复杂，而且在切割的过程中可能会破坏细胞的完整性，容易污染邻近细胞，对细胞核酸损伤较大。③荧光激活细胞分选（fluorescence-activated cell sorting，FACS）技术：FACS 是一种常用的单细胞分选方法，它基于细胞表面标记物的荧光信号和细胞特征的综合分析，可以实现对单个细胞的高精度、高通量分选。在该技术中，经过荧光染色或标记的单细胞悬液被注入细胞分选仪，确保细胞悬液中的细胞以单个细胞的形式存在。在压力的作用下，细胞被推入流动室，然后在鞘液的推动下，以一定的速率从流动腔中喷射出来。利用相应的荧光探测和瞬间充电技术，可以识别目标细胞并将其分离出来。然而，FACS 技术对细胞数量和仪器的要求较高。

表 2-1　低通量单细胞分离方法

方法/平台	描述	优点	缺点
梯度稀释	梯度稀释细胞悬液至每孔一个细胞	方法简单，不需要专业设备	耗时较长，分离得到的细胞可能为多个细胞
口吸移液	使用玻璃毛细管分离单细胞	方法简单	操作困难，具有随机性
自动显微操作	用自动微量移液管分离单细胞	可在指定位置放置细胞	需要专业设备
LCM	用激光从组织切片中分离单细胞	保留了空间关系	技术上有难度，对 DNA/RNA 有潜在紫外线损伤
FACS	使用电荷分离含有单细胞的微滴	根据细胞大小、形态、内部复杂性和蛋白质表达（通过抗体标记）筛选细胞	需要昂贵的专业设备，细胞处于高压条件下

（2）基于条形码（barcode）的高通量方法　　即给每个细胞加上独一无二的寡核苷酸序列条形码作为细胞标签。在测序时，携带相同条形码的序列被视为来自同一个细胞。通过这种策略，可以对数千个细胞的 cDNA 合并建库，省去对每个细胞的重复操作，从而大大提

升了单细胞测序的通量，并降低成本（表 2-2）。高通量单细胞分离方法包括以下 4 种。

表 2-2　高通量单细胞分离方法

方法/平台	描述	特点
微流控系统	微流控芯片分离流动槽中的细胞	需要专业设备和芯片，耗材昂贵，目前较少使用
微液滴平台	利用微液滴制备装置将单细胞分离到微液滴中	需要专业设备和芯片，有成熟的商业化解决方案，是目前应用最广泛的平台
微孔	通过芯片中的微孔捕获单细胞	需要专业设备和芯片，有成熟的商业化解决方案，目前应用较广
组合条形码	经过多轮随机组合分配至孔板，使每个细胞标记上独特的条形码	不需要专业设备和芯片，但实验过程较为复杂

1）微流控芯片分离。微流控芯片分选单细胞是一种常用的单细胞分选方法，它利用微小通道和微流体控制技术对单个细胞进行分离和捕获。该方法需要使用微流控芯片，芯片包括液滴生成区域、悬滴区域和收集区域，需要确保芯片清洁，并与所需的实验条件相匹配。具体操作步骤：首先准备含有细胞（核）的悬液，并调整细胞浓度以控制单个细胞在微通道中的分离和捕获效率。然后使用微注射器或压力控制设备将细胞悬液注入微通道中，控制注入速度和压力以保证单个细胞在通道中的分离。利用微流控芯片的设计和流体力学原理，在微通道中实现细胞的分离和捕获。通常使用微柱或微结构来实现细胞的单一通行，使得细胞以单个的方式通过通道。根据分选标准，在细胞捕获区域中检测和识别目标细胞。根据分析结果，使用微流控芯片的控制系统，选择性地收集含有目标细胞的微通道或微结构，并将其导向到收集区域。从收集区域中收集被选中的细胞，这些细胞可以是单个细胞或细胞集合体。进一步处理被选中的细胞，如将其分离为单个细胞或进行后续实验分析。微流控芯片分选单细胞的优势在于高通量、高精度和高效率。它可以实现单细胞的快速分离和捕获，并允许对目标细胞进行即时分析和后续实验。然而，微流控芯片分选方法也有一些限制，如设备和操作的复杂性、某些细胞类型的适应性及对设备的专门要求。

2）微液滴分离。微液滴分离是另一种常用的单细胞分选方法，它利用微流控芯片生成微小液滴，将单个细胞封装在液滴中，并根据细胞特征进行分选。与微流控芯片分选方法类似，微液滴分选单细胞前需要准备微流控芯片和悬滴液，并调整细胞浓度以控制单个细胞在液滴中的封装率。使用液滴生成设备，在微流控芯片中产生具有特定体积的液滴。液滴通常由油相和水相组成，细胞悬液被封装在水相液滴中。进行液滴分选时，每个细胞都被封装为单独的小液滴。根据需要的细胞特征，如荧光标记、细胞大小或形态，使用光学或电学检测设备对每个液滴中的细胞进行快速检测和分析。根据分析结果，通过微流控芯片的控制系统，选择性地收集含有目标细胞的液滴，而将其他液滴排出。从收集区域中收集被选中的液滴，这些液滴包含目标细胞。进一步处理被选中的液滴，如将其打破释放细胞以进行后续实验分析。微液滴分选单细胞的优势在于高通量、高效率和单细胞封装的精确性。它可以应用于不同类型的细胞和各种实验需求，如单细胞转录组测序、突变体筛选、克隆分选等。但是，微液滴分选方法也有一些限制，如某些细胞类型的适应性、液滴中细胞互相影响的可能性及设备和操作的复杂性。

3）微孔分离。微孔分离单细胞也是一种基于微流控芯片的方法，通过芯片上的微小孔洞（微孔）实现单个细胞的分离和捕获。微孔法分离单细胞前需要准备具有微孔结构的微流控芯片，微孔可以是固定大小的圆孔或其他形状的结构。然后准备含有目标细胞的悬液，可以是细胞悬液或细胞核悬液，并调整细胞浓度以控制单个细胞的分离和捕获效率。接下来，将细胞悬液加到微孔芯片上的入口区域，通过重力、压力或电场等方法，将细胞引导到微孔中。细胞根据其大小和形态的特征，进入合适大小的微孔中。较大的细胞无法通过微孔而被滞留在孔口，而较小的细胞可以通过微孔进入孔内。最后，从微孔芯片中收集含有目标细胞的微孔。可以使用吸管、微吸液器或其他方法将目标细胞从微孔中释放，并将其转移到适当的培养基、液体或处理环境中。分离的细胞也可以进行进一步处理，如培养、染色、基因分析等，以进行后续实验分析。微孔分离单细胞具有高通量、高效率和高精度的优势。它可以处理大量的细胞，并实现单细胞的快速分离和捕获。但是，芯片设计和制备、细胞装载和孔口大小的控制等方面需要仔细考虑和优化。同时，对于某些特定细胞类型和实验需求，可能需要定制的微孔芯片。

4）组合条形码法。该方法将固定单细胞/核悬液加入含有孔特异 DNA 标记序列的 96 孔板中分散，并在细胞原位进行逆转录反应，使同一个孔中的细胞携带相同的条形码。然后收集所有细胞，细胞混匀后被重新分散到多个含有孔特异 DNA 标记序列的 96 孔板中，连接或杂交另一段标记 DNA 序列，并完成双链 DNA 合成。随后将所有细胞回收裂解，进行文库构建与高通量测序。该方法可以一次进行数十万到百万个单细胞的分离标记，并且不需要复杂设备。

针对具体的测序类型，给细胞加上条形码的方案也各不相同。以单细胞转录组测序即 scRNA-seq 为例，给细胞添加条形码的方法有很多，最常见的是在 poly(dT) 引物的 5′ 端加上条形码序列，通过逆转录在 cDNA 链上添加细胞条形码。10X Genomics 公司所采用的微流控技术和 BD 公司的 Rhapsody 平台，两者的基本原理都是利用微流控液滴系统或微孔板将单个细胞与单个凝胶/聚合物微球包裹在同一个封闭空间，利用微球表面包裹的特异寡核苷酸序列（细胞条形码）对同一细胞来源的 mRNA 分子进行标记。

第二节　单细胞转录组测序文库制备与测序技术

一、单细胞转录组测序文库制备

单细胞转录组测序（scRNA-seq）文库制备通常包括三个主要步骤：逆转录第一链；合成第二链；扩增 cDNA。首先，通过逆转录反应，将 RNA 模板逆转录为 cDNA，得到的 cDNA 可以通过 PCR 或体外转录（IVT）进行扩增。目前存在两种 PCR 扩增策略：一种采用 SMART 技术，利用逆转录酶的链翻转活性，整合模板转换寡核苷酸（TSO）作为接头进行下游 PCR 扩增，是目前最常用的 cDNA 扩增方法。另一种是将 cDNA 的 3′ 端与 poly(dA) 或 poly(dC) 连接，以在 PCR 反应中构建通用的接头。IVT 是另一种线性扩增方法，需要对 cDNA 转录出来的 RNA 进行额外一轮的逆转录，这会导致额外的 3′ 端覆盖偏倚性，主要被用于 CEL-seq、MARS-seq 和 Drop-seq 方法中。图 2-2 是几种单细胞转录组测序的文库制备方法（Ziegenhain et al., 2017）。

scRNA-seq 建库过程中的重要挑战包括 mRNA 捕获效率低和建库成本高。通常，细胞会在低渗缓冲液中溶解，poly(dT) 引物结合 mRNA 上的 poly(A) 以实现 mRNA 的捕获。但由于引物结合和逆转录效率问题，只有 10%～20% 的转录物在这个阶段逆转录。提高 mRNA 捕获效率是现存 scRNA-seq 方法中的一个重要挑战，需要一种更高效的细胞裂解和 mRNA 捕获策略。

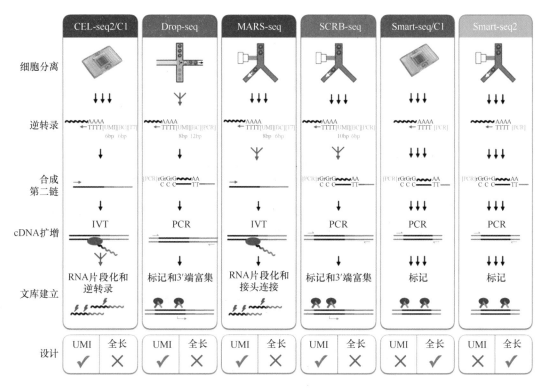

图 2-2 六种单细胞转录组测序文库制备方法比较（Ziegenhain et al.，2017）

UMI. 唯一分子标签

深入的单细胞分析需要对大量细胞进行分析。出于测序成本的考虑和技术的缺陷，大多数方法仅关注转录物的 5′ 或 3′ 端。通过在逆转录步骤中引入唯一分子标签（UMI）即一段短序列（随机 4～8bp 序列），可以有效地消除 PCR 偏差，提高数据的准确性。然而，目前基于 UMI 的方法依然局限于对转录物的 5′ 端或 3′ 端进行测序，因此不适合于等位基因特异性表达或亚型分析。Smart-seq2 是一种可以对全长转录组进行测序的方法（Picelli et al.，2013），可以分析等位基因特异性表达，其单个细胞的测序成本与常规 RNA 测序成本相近，而建库成本则远远高于常规 RNA 测序，总体成本远高于基于 Microwell/Droplet 的测序方法。

综上所述，不同的建库方法在成本、适用性、测序深度、覆盖度等方面存在差异。在具体应用时，应根据研究目的有针对性地选择适合的方法，或者多种方法结合使用。

二、单细胞转录组测序技术

以下介绍几类常见的单细胞转录组测序技术。

1. 低通量单细胞 RNA 测序技术 Smart-seq（switching mechanism at the 5′ end of the RNA template）是一种广泛使用的低通量单细胞 RNA 测序方法，它使用独特的模板置换（template-switching）原理，在 RNA 逆转录的同时引入带有条形码序列的适配器，用于区分不同细胞的 RNA（Picelli et al.，2013）（图 2-3）。Smart-seq 的主要优势是高灵敏度和高准确性，能够检测低表达基因和稀有细胞类型。它还可以获取全长转录本信息，从而在研究转录本结构和转录调控机制方面具有优势。Smart-seq 及后续改进版本作为一种经典的单细胞 RNA 测序技术被广泛应用于低通量单细胞 RNA 测序。其他高通量单细胞 RNA 测序技术大部分也借鉴了 Smart-seq 的化学方案。

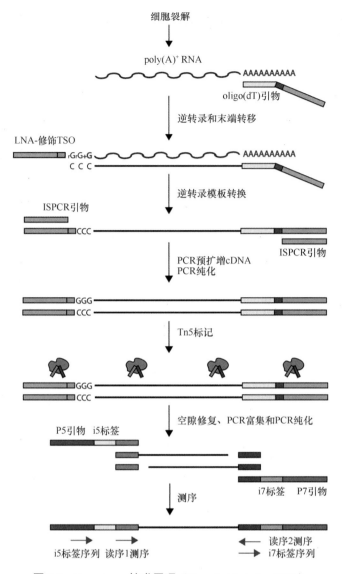

細胞裂解

poly(A)+ RNA

AAAAAAAAA

oligo(dT)引物

逆转录和末端转移

LNA-修饰TSO

rGrG+G
C C C

AAAAAAAAA

逆转录模板转换

ISPCR引物

CCC

ISPCR引物

PCR预扩增cDNA
PCR纯化

GGG
CCC

Tn5标记

GGG
CCC

空隙修复、PCR富集和PCR纯化

P5引物 i5标签

i7标签 P7引物

测序

i5标签序列 读序1测序

读序2测序
i7标签序列

图 2-3　Smart-seq 技术原理（Ramskold et al.，2012）

CEL-seq（cell expression by linear amplification and sequencing）是另一种低通量单细胞转录组测序技术，旨在高效地分析单个细胞的基因表达（Hashimshony et al.，2012）。CEL-seq 的核心思想是通过线性扩增来增加细胞 RNA 的复制数，并使用 RNA-seq 来获取转录组信息。该技术利用了 RNA 逆转录的特性，通过引入 UMI 标记每个 RNA 分子，以准确计数每个转录本的拷贝数。然而，CEL-seq 技术存在一些局限性，如对 RNA 质量的要求较高、无法获取全长转录本信息等。

然而，Smart-seq 和 CEL-seq 都只能捕获细胞中含有 poly(A) 的 RNA，无法捕获细胞中的总 RNA。MATQ-seq 是一种对总 RNA 进行单细胞测序的高度灵敏和定量的方法（Sheng et al.，2017）。它采用了多重退火环状循环扩增（MALBAC）技术类似引物对转录本进行逆转录捕获标记，该引物主要由 G、A 和 T 碱基组成，能够捕获总 RNA，包括非编码和非多腺苷酸化的 RNA。逆转录产生的 cDNA 添加 poly(dC) 后使用特定的 poly(dG) 引物对 cDNA 进行第二链合成。该方法通过引入 UMI 来减少第二链合成期间的 PCR 扩增偏差。该技术不仅被用于真核单细胞的检测，还被改良应用于微生物单菌的转录组测序。

2. 基于液滴的高通量单细胞 RNA 测序技术　　Drop-seq（Macosko et al.，2015）和 inDrop（Klein et al.，2015）是由哈佛大学开发的最早的基于液滴的高通量单细胞 RNA 测序技术。这两项技术原理类似，使用微流控芯片将单个细胞包裹在微滴中，并进行逆转录和扩增。每个微滴内都有一个唯一的分子条形码（barcode），可以区分不同细胞的转录组。核心原理是使用微流控芯片将每个细胞和编码微球（bead）一起封装到水油混合物中的微滴中。每个微滴内含有一个细胞和与之对应的一个微球，其中每个微球表面覆盖有特定的分子条形码序列和 poly(T) 序列，用于捕获 poly(A)RNA。基于液滴的高通量单细胞 RNA 测序技术能够同时处理大量细胞，具有较高的捕获效率和检测灵敏度，适用于大规模单细胞转录组测序研究。此外，还可以用于分析细胞间的差异、细胞类型的分类和细胞簇的发现。然而，这两项技术也存在一些局限性，例如，无法获得全长转录本信息，只能捕获 poly(A)RNA，需要复杂的微流控设备和芯片，并且在细胞密度高的样本中可能存在细胞重叠问题。

基于 inDrop 和 Drop-seq，10X Genomics 开发了一种基于凝胶微球（gel bead）和微流控技术的商业化单细胞转录组测序平台（Zheng et al.，2017）（图 2-4）。它使用凝胶微球将单个细胞分隔开，并进行逆转录、扩增和测序。每个细胞的转录组信息与其所对应的微球上的条形码关联。其工作原理如下。①细胞分散和封装：将细胞和凝胶微球混合物封装到微流控芯片中，每个微球包含一个条形码，用于标记单个细胞。②细胞裂解和 RNA 逆转录：在微液滴中，细胞被裂解，mRNA 被逆转录为 cDNA，并在 cDNA 的 3′ 端引入短的条形码和随机核酸序列。③扩增和文库构建：通过 PCR 扩增，使每个 cDNA 分子带有相同的条形码和随机核酸序列，然后进行文库构建，包括添加适配器和索引序列。④高通量测序：对文库进行高通量测序，通常采用 Illumina 测序技术，以获取每个 cDNA 分子的序列信息。⑤数据分析：通过解码每个 cDNA 分子上的条形码和随机核酸序列，可以将测序读序归属于相应的单个细胞，从而获得单细胞的基因表达模式。

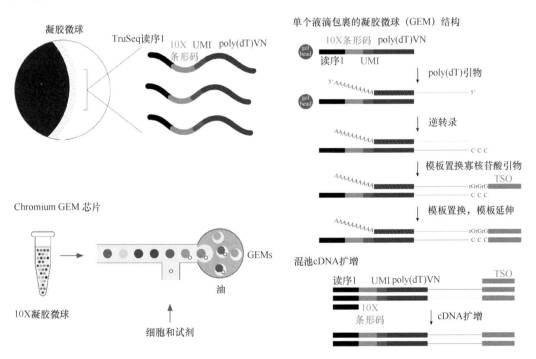

图 2-4　10X Genomics 单细胞转录组测序技术流程图

（http://www.10xgenomics.com/）

10X Genomics 技术的主要优势是高通量和高分辨率的单细胞转录组测序能力。通过使用凝胶微球和微流控芯片，10X Genomics 能够同时处理数千个细胞，并捕获它们的转录本信息。这项技术能够检测低表达基因和稀有细胞类型，提供更全面和详细的单细胞转录组数据。目前，10X Genomics 单细胞测序技术在许多研究领域中得到广泛应用，如细胞分型和细胞簇鉴定、细胞状态和转录动力学分析、免疫组织学研究等，已经成为单细胞转录组测序领域的重要工具。

然而，inDrop、Drop-seq 和 10X Genomics 技术都依赖于 poly(dT) 引物捕获含有 poly(A) 的 RNA，限制了其在存在 RNA 降解的样本及微生物样本上的应用，并且无法捕获不含有 poly(A) 的 RNA。针对以上问题，浙江大学王永成团队开发了一种基于随机引物和液滴的高通量单细胞全 RNA 测序方法 snRandom-seq（Xu et al., 2023a）。该方法使用随机引物捕获总 RNA 进行逆转录，并在第一链 cDNA 上添加 poly(dA) 作为捕获接头，进而基于高通量液滴平台进一步对单个细胞的 cDNA 进行编码（图 2-5）。snRandom-seq 技术可通过随机引物高灵敏度地捕获 FFPE 样本的全转录物的全长信息，极大地推动了 FFPE 样本或其他低质量的生物样本的单细胞转录组检测。

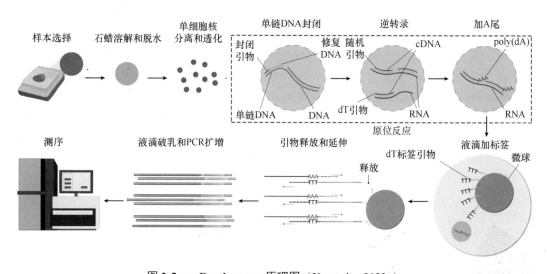

图 2-5　snRandom-seq 原理图（Xu et al., 2023a）

基于 snRandom-seq 改进的 smRandom-seq（Xu et al., 2023b）实现了对微生物样本的高通量单细胞转录组测序。smRandom-seq 和 snRandom-seq 技术路线类似，使用随机引物进行原位 cDNA 合成，利用液滴微流控技术对单个微生物进行分子条码标记，并增加了使用基于 CRISPR 的 rRNA 去除法进行 mRNA 富集的步骤。smRandom-seq 可以允许在单个细菌水平上监测细菌的转录组的变化，有望应用于揭示微生物群的异质转录组谱，识别稀有物种，以及破译在差别大的环境中的跨物种相互作用，如肠道微生物群和土壤微生物群。这项技术对微生物学领域有重要的影响。通过破译单个细菌细胞的基因表达谱，深入了解它们独有的特征和功能，有助于我们进一步理解肠道和工业环境中的微生物群落，并应用到医学、生物技术等领域。snRandom-seq 和 smRandom-seq 由 M20 Genomics 公司进行了商业化，推出了基于随机引物的商业化高通量单细胞 RNA 测序平台。

3. 基于微孔的高通量单细胞 RNA 测序技术　　最早的基于微孔的高通量单细胞 RNA 测序技术是 2015 年福多尔（Fodor）在 *Science* 上报道的 Cyto-seq（Fan et al., 2015）。此方法通过微孔板来分隔细胞，单个细胞被分隔在一个个微孔中，并通过磁珠捕获转录本，是一种高通量的单细胞 RNA 测序技术。Cyto-seq 采用具有多达 100 000 个微孔的微孔板来加载细胞悬液。将悬液中的细胞数量调整为每 10 个孔中只有 1 个孔具有细胞，接下来将磁珠加入微孔中，磁珠的大小适合微孔孔径，使大多数孔被磁珠填充且不会有磁珠被重复加入。每个磁珠都带有千万到数亿的探针，每个探针包括一个通用 PCR 引物位点、一个细胞标记、一个分子标签和一个用于捕获 mRNA 的 poly(T) 尾。每个磁珠上的探针都具有相同的细胞标记和不同的分子标签，由于磁珠库有接近 1×10^6 的细胞标记多样性，一个磁珠上的分子标签多样性约为 1×10^5，故而两个单细胞被贴上相同标记，或同一细胞同一基因的两个转录本被标记为同一分子的概率极低。将磁珠和细胞在裂解缓冲液中孵化后，用磁铁将捕获了转录物的磁珠回收。此后，将回收到的材料一起进行逆转录，扩增建库并统一测序。Cyto-seq 的微孔中大部分都具有一个磁珠，故而其细胞捕获率比 Drop-seq 略高，但其在微孔中只完成捕捉 mRNA 的过程，收集所有磁珠再一起进行后续的一系列反应，增加了细胞间交叉污染的可能性。基于 Cyto-seq，BD 公司推出了商业化单细胞测序平台 Rhapsody。

2017 年沙莱克（Shalek）团队在 *Nature Methods* 上报道了 Seq-Well 技术（Gierahn et al.，2017）。主要技术原理和 Cyto-seq 类似，使用了半透膜密封微孔矩阵，允许裂解细胞所需的化学物质通过，而同时保证 RNA 不流失。RNA 结合磁珠后被收集并进行测序。

Microwell-seq 也是基于 Cyto-seq 进行的改良，单个细胞被分隔在琼脂糖微阵列中，并通过磁珠捕获转录本，是一种低成本、高通量的单细胞 RNA 测序技术。浙江大学郭国骥团队开发了此方法并基于此绘制了哺乳动物的第一份细胞图谱，于 2018 年发表在 *Cell* 上（Han et al.，2018）。Microwell-seq 的基本原理与 Cyto-seq 相同，但其采用光刻技术制作微孔矩阵硅片（微孔直径 28μm，深度 35μm，100 000 个微孔），以此为模具制作聚二甲基硅氧烷（polydimethylsiloxane，PDMS）芯片。硅芯片和 PDMS 芯片可以重复使用，被用来生成许多琼脂糖微阵列，通常一个微孔只能容纳一个细胞，一块微孔板可以同时捕获约 10 000 个单细胞。将细胞装入孔中后，可在显微镜下检查微孔阵列，从而消除偶发性的双胞现象。接着将微球铺至微孔板，同样沉降至微孔板底部；冲洗掉多余的微球并加入细胞裂解液，细胞释放出的 mRNA 可以被 poly(dT) 的微球在微孔中捕获。利用磁铁回收微球到单管中进行后续逆转录、建库等操作（图 2-6）。细胞分隔的全程可视化和琼脂糖微孔板的低成本是 Microwell-seq 基于 Cyto-seq 有所改良的地方，全球首版小鼠和人类全组织单细胞转录组图

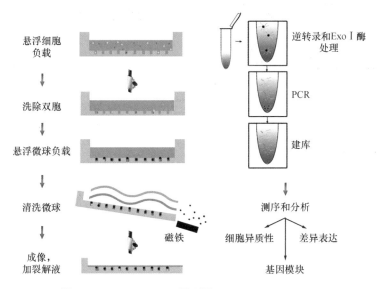

图 2-6　Microwell-seq 原理图（Han et al.，2018）

谱就是使用 Microwell-seq 完成的。此外，Microwell-seq 还具有灵活性和可伸缩性。微孔阵列可以根据实验需求进行设计和调整，可以灵活选择微孔的大小、密度和形状，以适应不同类型的细胞和实验设计，为研究人员提供了一种强大的工具来揭示单个细胞的转录组特征和功能。但细胞间的交叉污染依然是微孔板方法面临的一大问题。

4. 基于组合编码的高通量单细胞 RNA 测序技术 2017 年华盛顿大学基因组研究所教授申杜尔（Shendure）首次在 *Science* 上报道了基于单细胞组合编码的高通量单细胞 RNA 测序技术 sci-RNA-seq（single-cell combinatorial indexing RNA sequencing）（Cao et al.，2017）。2018 年华盛顿大学的合成生物学家西利格（Seelig）也在 *Science* 上报道了类似的方案 SPLiT-seq（Rosenberg et al.，2018）。Shendure 于 2019 年在 *Nature* 上发布了优化版本 sci-RNA-seq3，实现了百万细胞的通量（Cao et al.，2019）。这些技术无须对单个细胞进行分离，而是将单细胞/细胞核固定透化作为其自身的 RNA 的"隔离反应容器"，细胞池会被分成多个组，每一轮将组合条形码添加到各种组，这个过程会重复多次，为每个细胞的 RNA 引入一个独特的组合条形码，不需要使用编码微球就能实现高通量甚至超高通量单细胞分析（图 2-7）。

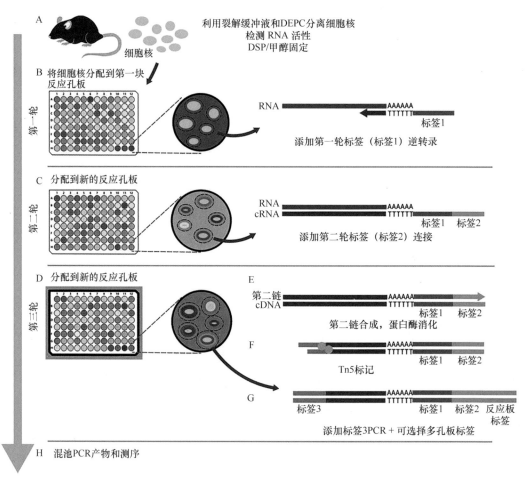

图 2-7 sci-RNA-seq3 原理图（Martin et al.，2023）

基于单细胞组合编码的高通量单细胞 RNA 测序技术基本流程：①将细胞/细胞核分离出来并进行固定和透化；②将细胞核分配到不同的反应孔中，每个孔内添加携带孔特异标签的逆转录引物，每个孔中的细胞通过逆转录在 cDNA 上添加了孔特异的第一轮标签；③收集所有细胞,清洗后再次分配到不同的反应孔中,每个孔内添加携带孔特异标签的连接引物,每个孔中的细胞通过连接反应在 cDNA 上添加了孔特异的第二轮标签;④再次收集所有细胞,清洗后分配到不同的反应孔中,裂解细胞后对 cDNA 进行建库并再次添加孔特异的标签;⑤收集所有孔的 cDNA 文库进行测序分析,根据读序携带的孔特异标签组合还原单细胞信息。

该方法通过增加每一轮细胞分配的孔数,可以降低在多轮分配中细胞一直被分配到同一孔中的概率,实现百万级别的单细胞分析,同时也便于进行多样本的并行分析,目前该方法已经完成了多个大图谱的绘制,包括小鼠发育图谱及人体发育图谱。但是,该方法也存在一些局限性:首先,离心次数太多,细胞损失较大,需要的起始细胞数较大,并且影响分析细胞类型的比例;其次,细胞/细胞核作为反应容器的效率较低,主要应用于胚胎和细胞系样本,对成体样本的兼容性较差。

第三节　单细胞基因组及表观组测序技术

一、单细胞基因组测序技术

单细胞基因组测序是将分离的单个细胞的微量全基因组 DNA 进行扩增,获得高覆盖率的完整基因组后进行高通量测序。基于单细胞基因组测序(scDNA-seq),目前也已经实现了从微生物群落到人类肿瘤组织细胞群的基因组异质性解析,为在细胞层面理解基因组遗传变异的功能提供了新的视角。例如,在微生物组的研究中,scDNA-seq 可以测定群落中单个微生物的基因组成分,以此探究群落中的微生物组成、生态、演化及改变等。在癌症的研究中,scDNA-seq 可以用于研究肿瘤内的异质性,鉴定新的致癌突变。

由于单细胞中 DNA 含量非常少(约 6pg/细胞),达不到测序仪的检测要求。因此,在测序前,必须对单细胞中的 DNA 进行扩增和富集。不同于传统的 PCR 扩增方法,单细胞基因组扩增技术需要在低 DNA 样本的情况下,对基因组信息进行准确且无偏的扩增。在 1992 年,单细胞基因组扩增技术——简并寡核苷酸引物 PCR(degenerate oligonucleotide primed PCR,DOP-PCR)就已经被开发出来了,不同于传统的 PCR 扩增技术,DOP-PCR 利用 3′ 端的简并寡核苷酸,通过与基因组 DNA 的随机结合,实现全基因组扩增。随后在 2001 年,科学家们也开发出了基于 DNA 聚合酶 Φ29 来进行恒温的单细胞全基因组扩增方法,称之为多重置换扩增(multiple displacement amplification,MDA)技术。由于 Φ29 的高保真性,MDA 相较 DOP-PCR 准确性、覆盖度都更高,常被用于单核苷酸变异(SNV)检测。但是MDA 对基因组 DNA 进行了指数型扩增,降低了基因组覆盖的均一性。为了解决 DOP-PCR和 MDA 在准确性、覆盖度及均一性方面的问题,随后科学家们又开发了多种不同全基因组扩增方法,如结合了 PCR 和 MDA 方法优势的 MALBAC/PicoPLE、利用 T4 RNA 聚合酶进行扩增的 LIANTI、利用双链信息进行相互矫正的 META-CS 和 SISSOR 等,这些方法在各个指标方面各有优劣(表 2-3),平衡各个方面要求的单细胞基因组扩增技术仍然有待研发。

表 2-3　单细胞基因组测序技术比较(Wen and Tang,2022)

技术	均一性	准确性	覆盖度	操作难度
DOP-PCR	+++	+	+	+++
MDA	++	+++	+++	+++
eMDA	+++	+++	+++	++

技术	均一性	准确性	覆盖度	操作难度
SISSOR	+++	++++	++	++
MALBAC	+++	++	++	+++
LIANTI	++++	+++	++++	++
META-CS	+++	++++	+++	+++

1. 简并寡核苷酸引物 PCR DOP-PCR（degenerate oligonucleotide primed PCR），即简并寡核苷酸引物 PCR，是一种用于扩增未知序列的 PCR 技术，特别适用于从复杂样品中扩增未知序列或高度保守的序列（Navin et al.，2011）。该技术使用简并引物，可以结合到 DNA 的任何部位，从而通过随机扩增得到全基因组序列（图 2-8）。引物的 3′ 端为 6bp 退化寡核苷酸，5′ 端为正常的碱基。3′ 端和 DNA 链随机结合，最初几个循环使用较低的退火温度（30℃左右）。该技术的缺点是扩增后的基因组覆盖度差，因为指数扩增导致的扩增的均一性相对较差，覆盖度也就随之变差。但这种方法可以对 pg 级别起始量的模板进行扩增，因此在扩增模板起始量非常低的情况下，可以用于预扩增，然后结合其他方法进行进一步扩增。

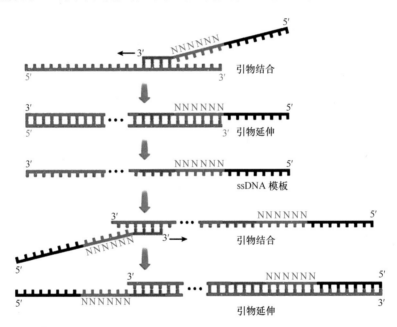

引物结合

引物延伸

ssDNA 模板

引物结合

引物延伸

图 2-8 DOP-PCR 技术原理（Huang et al.，2015）

DOP-PCR 的优势在于其能够扩增多态性和高度保守的未知序列，适用于从复杂样品中获得更多的遗传信息。然而，由于引物的退化性质，该技术在选择性和特异性方面可能存在一定的挑战。在设计引物和进行 PCR 反应时，需要进行适当的实验控制，并在结果分析时考虑可能的假阳性或假阴性结果。

2. 多重置换扩增技术 MDA（multiple displacement amplification）技术，即多重置换扩增技术，是一种用于检测基因拷贝数变异的分子生物学技术（Wang et al.，2012）。它结合了寡核苷酸引物的杂交和 PCR 扩增的原理，可以同时检测多个目标序列的拷贝数（图 2-9）。使用多种引物六聚体和 DNA 聚合酶 Φ29 进行结合与扩增。引物六聚体是由 6 个随机核苷酸组成。Φ29 是一种高保真聚合酶，具有 3′ → 5′ 外切酶活性，并且具有特殊的多重置换和连续合成特性。反应时，引物六聚体先随机结合到 DNA 模板上，然后在 Φ29 的作用下进行延伸。当遇到另一条正在延伸的随机引物时，Φ29 会进行链置换，将前面的随机引物链顶掉，并继续延伸形成支链结构，新的引物和聚合酶会在支链上重新结合延伸，形成长 50～100kb 的 DNA 片段。MDA 的扩增覆盖度高于 DOC-PCR，但由于仍然是指数扩增，因此仍存在扩增偏倚性的问题。

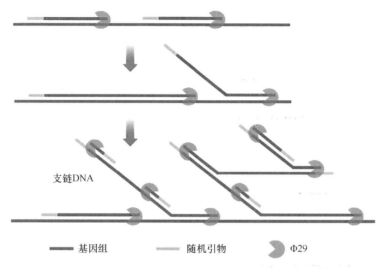

支链DNA

——— 基因组　　　——— 随机引物　　　◖ Φ29

图 2-9　MDA 技术原理（Huang et al.，2015）

多重置换扩增技术具有高通量、高灵敏度和高特异性的特点，可用于检测基因组中的拷贝数变异，如染色体重排、基因扩增或缺失等。该技术在遗传病研究、肿瘤学、遗传学等领域具有广泛应用，并为基因组变异的检测提供了一种快速而有效的方法。

3. 多重退火环状循环扩增技术　　　北京大学谢晓亮团队开发的 MALBAC（multiple annealing and looping-based amplification cycles）技术，即多重退火环状循环扩增技术，是一种常用的单细胞基因组扩增方法，旨在克服单细胞扩增过程中的非均一性和偏差（Zong et al.，2012）。它通过在八聚体随机引物的 5′ 端添加 27 个固定的碱基序列，引入线性扩增和指数扩增特性，从而保证每个被扩增的片段的扩增倍数相对均一，降低了扩增的偏倚性，同时为之后的 PCR 指数扩增提供确定的双端引物（图 2-10）。MALBAC 可将 pg 级别的模板量扩增至 μg 级别，从而更容易检测到较短的 DNA 序列变异。

MALBAC 通过多次退火和扩增循环，可以有效地扩增单细胞基因组，并提供均一的扩增产物。这种方法适用于单细胞基因组的全基因组扩增、单核苷酸多态性（SNP）分析、染色体分析等应用。它具有高扩增效率、低偏差和良好的均一性，对于研究单细胞的遗传变异和基因表达具有重要意义。

4. 纯线性扩增技术　　　通过引入线性扩增特性，MALBAC 在一定程度上限制了随机指数扩增的程度，但扩增偏倚性仍然存在。为了完全消除指数扩增带来的偏倚性，北京大学谢晓亮队研制出一种纯线性扩增技术 LIANTI（linear amplification via transposon insertion）（Chen et al.，2017）。研究者利用 Tn5 转座酶结合 LIANTI 序列，然后用 Tn5 转座酶复合体将 LIANTI 片段随机插入单细胞基因组 DNA 中，通过转录获得大量线性扩增的转录本，再经过逆转录得到大量的扩增产物，最后进行常规的建库测序操作（图 2-11）。

单细胞基因组经 LIANTI 技术扩增后，噪声非常小，在约 90Gb 测序量时获得高达 97% 的基因组覆盖度。高均匀性使得测量拷贝数的空间分辨率得到巨大提升，可以检测到 100kb

甚至更小尺度范围内的碱基微缺失或微重复。这意味着 LIANTI 能更有效、更精准地检测出更多遗传疾病。此外，由于使用了更高效的 DNA 聚合酶，单碱基扩增错误率被降低至 1×10^{-7} 以下。

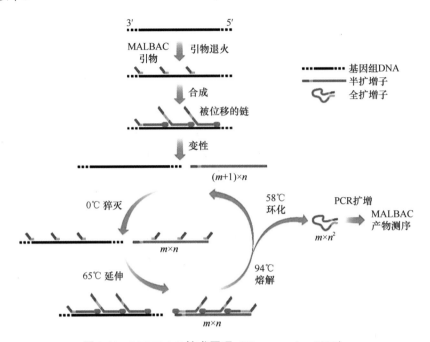

图 2-10　MALBAC 技术原理（Huang et al.，2015）

m. 扩增次数；*n*. 每个循环中结合到模板上的扩增引物数量

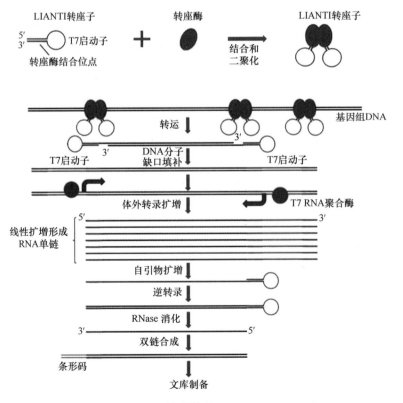

图 2-11　LIANTI 技术原理（Chen et al.，2017）

单细胞组学基础

5. 微生物单细菌基因组测序　　人类肠道微生物组就像一场盛大的派对，参与其中的成员多达数百种。2022 年哈佛大学和麻省理工学院的研究团队在 *Science* 上发表的一种具有菌株分辨率的高通量单细胞测序方法 Microbe-seq，能够从复杂的微生物群落中产生单个微生物的基因组，并将其应用于人类肠道微生物组。

Microbe-seq 通过微流控将单个微生物封装在液滴中并释放它们的 DNA，随后对其进行扩增，用液滴特异性条形码标记和测序（图 2-12）。同时将微流控液滴操作与量身定制的生物信息学分析相结合，以实现对单个人肠道微生物组基因组结构的菌株解析调查，同时也能适用于其他复杂的微生物群落，如土壤和海洋中的微生物组。Microbe-seq 与其他技术（功能筛选、分类和长读长测序）的结合应用，能够更好地理解肠道微生物组及其与人类健康的关系。

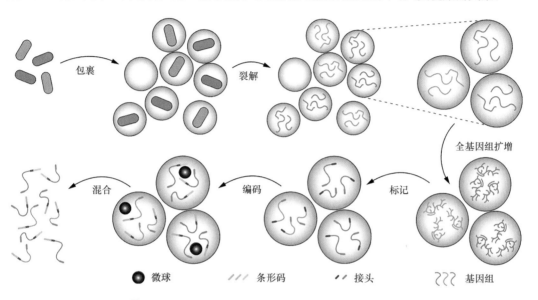

图 2-12　Microbe-seq 技术原理（Zheng et al.，2022）

对于人类这种复杂真核生物，由于其基因组比微生物要大许多，所以对所有的基因组序列进行单个细胞的测序成本较高。为了权衡测序的成本、覆盖度和准确度，研究者们会根据研究目标选择相应的扩增方法，并针对基因组特定区域（如特定基因集、全外显子等）进行 scDNA-seq（所谓靶向测序）。如果要进行单核苷酸变异（SNV）研究，主要利用准确性高的 MDA 方法，对外显子区域或指定的位点进行高深度测序。而如果要进行拷贝数变异（CNV）检测，则会利用覆盖更为均匀的 DOP-PCR 或 MALBAC，对全基因组进行低/高深度测序。在目前高通量（>10 000）的靶向测序研究中，SNV 的鉴定主要以 Mission Bio 公司的 Tapestri 平台为代表，其通过两步微流控流程，分别从单个细胞中进行 DNA 的提取与条形码的添加，目前已被广泛用于癌症的研究中。在 CNV 的鉴定上，10X Genomics 公司在2018 年推出了基于微液滴进行检测 CNV 的商业化解决方案（但 2020 年已停止对此产品的支持）。近几年，一些科学工作者致力于开发新的、无偏的 CNV 检测平台。例如，Laks 等在 2019 年开发了 DLP+，通过使用基于转座子的无偏扩增方法和微孔板，一次可以在不同细胞类型、不同物种中实现超过 5 万个细胞的拷贝数鉴定（Laks et al.，2019）。Minussi 等（2021）开发了声学细胞标记（ACT）方法，主要是通过结合单核荧光分选（FACS）和声学液体转移（ALT）技术，在单分子分辨率下进行高通量 sc-DNA 测序。相较于 10X Genomics 的 CNV 检测平台、DLP、DOP-PCR 平台产生的数据，ACT 方法的覆盖度更高，技术误差更小。Yu 等在 2023 年开发了基于数字微流控（digital microfluidics，DMF）的自动化单细胞全基因组测序新方法 dd-scCNV Seq（Yu et al.，2023）。

虽然目前在获得高质量的单细胞基因组数据方面取得了重要的进展，并对批量基因组测序无法解释的新的生物学现象进行了探索，但是细胞的分离、单细胞基因组的扩增、测序成本及数据分析方法等方面仍然存在极大的挑战。

二、单细胞三维基因组测序技术

三维基因组学是一个新兴学科方向，主要研究真核生物核内基因组空间构象及其对不同基因转录调控的生物学效应，是后基因组学时代研究的一个热门领域，研究重点是空间构象与基因转录调控间的关系。通过三维基因组学技术，科学家能够对基因组的折叠和空间构象、转录调控机制、复杂生物学性状、信号转导通路和基因组的运行机制等一系列重要问题进行更深入的探讨和研究，为系统解读生命百科全书、实施精准生物学奠定坚实的基础。

研究者先后研发出多种三维基因组技术（表2-4）。3C技术最早由Dekker及其同事于2002年开发（Dekker et al.，2002）。该技术可以捕获两个特定基因组位点之间的长程染色质相互作用。3C技术自被发明以来，经历了许多改进，包括3C（一对一位点）、4C（一对多位点）、5C（多对多位点，高通量）、全基因组（Hi-C、Micro-C等）和靶向区域（ChIA-PET、Capture-C、Capture Hi-C）等分析技术。这些技术极大地推动了基因组空间结构的研究。

表 2-4　三维基因组技术

方法	互作方式	覆盖范围	检测方式	技术限制
3C	单点对单点	通常<1Mb	位点特异性PCR	通量低，覆盖少
4C	单点对多点	全基因组	高通量测序	仅限于一个视角
5C	多点对多点	通常<1Mb	高通量测序	覆盖有限
Hi-C	全部互作	全基因组	高通量测序	分辨率较低，成本较高
ChIA-PET	特定蛋白介导全部互作	全基因组	高通量测序	依赖染色质关联的蛋白因子，忽略了其他的互作

为了更好地在单细胞分辨率下对三维基因组的动态特征进行描述，越来越多的单细胞三维基因组技术被开发出来，目前已经可以在复杂的组织中一次性对成千上万个细胞的染色质交互作用进行测定。这些技术主要可以分为两类：基于成像的方法和基于测序的方法（表2-5）。在基于成像的方法中，研究者可以通过荧光原位杂交直接对基因组的空间交互位置进行观察，但是这类方法局限于一些预先选择的基因组位点。在基于测序的方法中，虽然无法知道位点所属基因组的准确位置，需要利用计算工具来从交互图谱中进行三维基因组的构建，但是这类方法可以对基因组中的相互作用位点进行无偏标记。此外，这类方法还可以与其他表观组或转录组联合起来，构建细胞类型特异的三维基因组特征与基因组功能之间的关联。然而，由于单细胞交互数据的稀疏性，获得高质量的交互图谱十分困难。

表 2-5　主要单细胞三维基因组测定方法（改自 Zhou et al.，2021）

方法	细胞数/个	每个细胞的平均交互数目/个	参考文献
邻位连接（scHi-C）	10	18 000	Nagano et al.，2013
邻位连接（sci-Hi-C）	800～3 500	2 000～18 000	Ramani et al.，2017
邻位连接（scHi-C）	2 000	130 000	Nagano et al.，2017
邻位连接（snHi-C）	250	340 000	Flyamer et al.，2017

方法	细胞数/个	每个细胞的平均交互数目/个	参考文献
邻位连接（scHi-C）	8	75 000	Stevens et al.，2017
邻位连接（Dip-C）	35	1 000 000	Tan et al.，2018
邻位连接（Dip-C）	3 646	400 000	Tan et al.，2021
邻位连接（scNanoHi-C）	24～500	58 871～464 844	Li et al.，2023
邻位连接+WGBS（Methyl-Hi-C）	50～100	65 000～81 000	Li et al.，2019
邻位连接+WGBS（sn-m3C-seq）	6 200	230 000	Lee et al.，2019
邻位连接+RNA（HIRES）	399	304 124	Liu et al.，2023
无须连接（scSPRITE）	1 000	930 000 000	Arrastia et al.，2020
原位基因组测序	100	300～4 000	Payne et al.，2020
成像（OligoFISSEQ）	611	66	Nguyen et al.，2020
成像（多重成像+DNA-MERFISH）	5 000～12 000	650～1 000	Su et al.，2020
成像（DNA seqFISH+）	446	3 660	Takei et al.，2021
成像（hiFISH）	4 365	125	Finn et al.，2019

2023 年北京大学邢栋课题组开发的 HiRES（Hi-C and RNA-seq employed simultaneously）是一种新型单细胞多组学技术（图 2-13）（Liu et al.，2023），首次基于测序方法实现了在单细胞水平对转录组和三维基因组的同时检测。HiRES 首先在细胞群体水平进行原位逆转录和染色质构象捕获，之后通过流式分选得到单细胞，再对每个单细胞进行扩增后测序。DNA

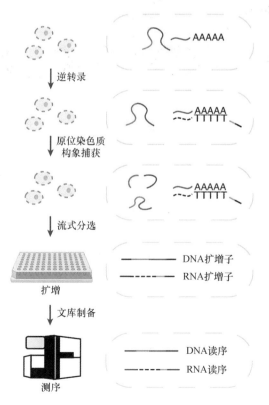

图 2-13　HiRES 技术原理（Liu et al.，2023）

或 RNA 读序通过逆转录过程中引入的 RNA 识别序列进行区分，因此该方法不涉及 DNA 和 RNA 的物理分离，最大限度地提高了检测效率。研究者可以对单细胞三维基因组进行高分辨率结构重构，并可以在三维结构上对基因表达水平进行观测。

三、单细胞表观组测序技术

在真核生物中，转录调控元件受周围染色质环境的控制，包括核小体定位、组蛋白修饰和 3D 基因组层面的结构互作（图 2-14）。因为这种染色质状态的持久性和对基因转录调控的重要作用，它们被称为表观遗传标记。常规组织水平测序只能提供整体组织中基因表达或者表观标记信号的平均值。因此，组织水平测序不适合解决细胞间基因表达或表观遗传标记的差异。

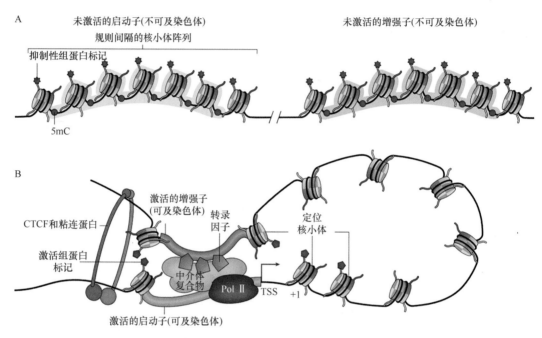

图 2-14　真核生物中转录和沉默基因的表观遗传图示（Carter and Zhao，2021）

CTCF. 一个多功能的转录因子；TSS. 转录起始位点

单细胞表观组学是研究单个细胞中表观遗传修饰的方法。表观遗传修饰包括 DNA 甲基化、组蛋白修饰、染色质可及性等，对基因表达和细胞功能起重要调控作用。单细胞表观组学技术可以揭示细胞间的表观遗传异质性，即不同细胞中的表观遗传状态的差异。通过单细胞表观组学，可以了解细胞群体中的异质性，并揭示细胞发育、疾病发展等过程中的重要机制和变化。这些技术包括单细胞甲基化测序、单细胞染色质可及性测序、单细胞组蛋白修饰测序等，通过对单个细胞的表观遗传特征进行高分辨率的分析，可以深入了解细胞异质性的来源和影响。

1. 单细胞甲基化测序技术　　DNA 甲基化是研究最广泛的表观遗传标记之一，涉及 DNA 分子上甲基基团的添加和去除。甲基化通常发生在 CpG 二核苷酸位点，可以对基因的转录进行调控，影响基因的表达水平。单细胞 DNA 甲基化测序可以揭示不同细胞之间的表观遗传差异和表观遗传调控机制。DNA 甲基化是一种重要的表观遗传修饰方式，它可以影响基因的表达和功能，从而对细胞的生长、分化、发育和疾病等方面产生影响。通过对单个

单细胞组学基础

细胞进行 DNA 甲基化位点的检测和分析，可以了解不同细胞之间的 DNA 甲基化模式及其变化情况，进而揭示不同细胞之间的功能差异和调控机制。这对于癌症、心血管疾病、神经系统疾病等多种疾病的发生机制研究及药物治疗方案的制定都具有重要意义。

（1）单细胞全基因组亚硫酸氢盐测序（single-cell whole-genome bisulfite sequencing，scWGBS）　　不同于后续提到的简化基因组甲基化测序技术，该技术能够覆盖基因组中的绝大部分 CpG（图 2-15）。研究者首先利用流式细胞仪将单个细胞分选至单独的反应体系中，再使用亚硫酸氢盐处理 DNA 样本，将未甲基化的胞嘧啶（C）转化为尿嘧啶（U），而甲基化的胞嘧啶不被转化。然后对 DNA 进行测序，通过比对测序数据的 C 和 T，可以推断出单个细胞中 DNA 的甲基化状态。整个流程均在单独的反应试管中进行，减少了纯化步骤，大幅降低了 DNA 的损失和污染的风险。

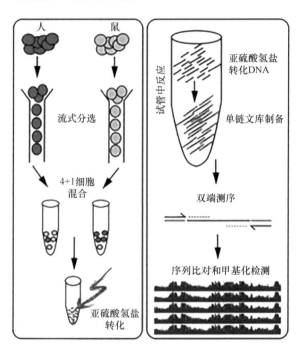

图 2-15　scWGBS 技术原理（Farilk，2015）

（2）单细胞简化基因组亚硫酸氢盐测序（single-cell reduced representation bisulfite sequencing，scRRBS）　　该技术使用特定的限制性内切酶来对基因组 DNA 进行酶切富集。酶切后的 DNA 可以通过亚硫酸氢盐测序来分析甲基化的位置和水平。

（3）单细胞甲基化特异性 PCR 测序（single-cell methylation specific PCR sequencing，scMSP-seq）　　该技术使用甲基化特异性的 PCR 引物，选择性地扩增甲基化的 DNA 片段。扩增后的片段可以进行测序，从而分析单个细胞中的甲基化模式。

（4）单细胞甲基化数组测序（single-cell methylation array sequencing，scMethyl-Array-seq）　　该技术使用 DNA 甲基化芯片或甲基化基因组测序芯片，通过探针或引物的杂交来检测单个细胞中的 DNA 甲基化模式。

（5）scTAM-seq（single-cell targeted analysis of the methylome sequencing）（Bianchi et al.，2022）　　它基于 Mission Bio 的单细胞 DNA 测序技术，结合限制性内切酶对甲基化的敏感性，对单细胞中的特定位点做甲基化分析。scTAM-seq 一次可以检测多达 10 000 个细胞，在每个细胞中测量 1000 个靶向位点。scTAM-seq 方法不经过亚硫酸氢盐处理，能够覆盖多达 650 个 CpG 位点，信息丢失率小于 7%。scTAM-seq 方法聚焦于在不同组织和细胞类型中甲基化有差异的一小部分 CpG 位点，信息量较大。

2. 单细胞染色质可及性测序　染色质本身是一种立体的结构，包括高密度的紧缩区域和更加松散的开放结构区域。DNA 在染色质上的可及性，特别是在顺式调控区域如增强子和启动子等，能够影响基因的转录活性，在促进基因表达或抑制基因表达上起到重要作用。

染色质可及性可以通过 DNase Ⅰ 超敏感位点测序（DNase-seq）在全基因组层面进行检测。DNase-seq 可以根据 DNase Ⅰ 的酶消化敏感性来确定那些 DNA 可及性位点或区域。DNase Ⅰ 酶超敏位点（DHS）通常代表核小体缺失（nucleosome-depleted）的顺式调控元件，或者说核小体缺失区域。理论上，这些区域允许转录因子和其他调节蛋白的结合。

染色质可及性也可以通过 ATAC-seq 来测定，该方法与 DNase-seq 比较相似，根据 Tn5 转座酶对那些染色质的松散区域具有酶切的敏感性来进行测定。Tn5 对开放区域的 DNA 剪切后马上可以连接上测序接头，进行建库测序。DNase-seq 和 ATAC-seq 这两种技术均可以达到单细胞水平，在此基础上升级为 scDNase-seq 和 scATAC-seq。scATAC-seq 最早发表在 2015 年的 *Nature* 上（Buenrostro et al.，2015），但是该技术无法平衡细胞通量和每个细胞所产生的读序数之间的关系。2019 年，来自哈佛大学的 Buenrostro 课题组在 *Nature Biotechnology* 上发表了 dscATAC-seq（Lareau et al.，2019），其中 d 表示 Droplet，即基于微流控液滴技术 Drop-seq 所衍生出的新型 scATAC 测序方法。dscATAC-seq 能够同时对上万个细胞进行分析，每个细胞能产生超 10 万个读序。同年，来自斯坦福大学的 Chang 课题组在 *Nature Biotechnology* 上发表了另一种基于微流控液滴技术的新型 scATAC-seq（Satpathy et al.，2019）（图 2-16）。该方法的核心原理在于利用 Tn5 转座酶处理完细胞核以后，在微流控液滴内进行恒温扩增，大幅降低了单细胞 ATAC 文库回收造成的损失，在提升单细胞 ATAC 分析通量的同时还获得较高质量的 ATAC 测序文库，每个细胞产生的片段数多于 1 万。基于该技术，10X Genomics 推出了商业化的 Single Cell ATAC 平台。

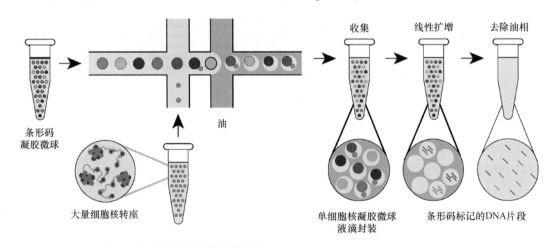

图 2-16　基于微流控液滴技术的 scATAC-seq（Satpathy et al.，2019）

3. 单细胞组蛋白修饰测序　染色质状态通常用组蛋白修饰程度来描述。这些修饰是通过表观遗传机制来沉积的，并对染色质的结构和基因表达产生了巨大的影响。组蛋白修饰是指在组蛋白分子上发生的化学修饰，如乙酰化、甲基化、磷酸化等。这些修饰可以改变染色质的结构和稳定性，从而调控基因的表达。目前常见的两种分析组蛋白修饰的方法分别为 ChIP-seq 和 CUT&Tag。ChIP-seq 是 2007 年 Wold 课题组发表在 *Science* 上的一种方法。该方法将染色质免疫共沉淀（ChIP）和二代测序（NGS）相结合，利用特异性抗体捕获关注的组蛋白，随后获得与组蛋白修饰结合的 DNA 片段，通过二代测序来实现对组蛋白修饰序列的分析。CUT&Tag 是 2019 年 Henikoff 课题组开发的一种基于融合 Tn5 的抗体（pA-Tn5）靶向标记捕获组蛋白相互作用的 DNA 片段的新方法，相比 ChIP-seq，其由于融合了具有 DNA 打断功能的转座酶 Tn5，流程更为简便，同时在抗体的引导下，CUT&Tag 技术仅在目的组蛋白修饰标志、转录因子或染色质调控蛋白结合染色质的局部进行 DNA 片段化，大幅降低了信噪比。

2015 年，哈佛大学的 Weitz 与博德研究所的 Bernstein 课题组合作开发了基于微流控技术的单细胞 Drop-ChIP，发表了世界上第一篇有关单细胞 ChIP-seq 的论文（Rotem et al., 2015）。该方法利用微流控平台分别将带有条形码的液滴和含有细胞的液滴融合在一起，分别给每个细胞的 DNA 片段带上单独的条形码，再进行 ChIP 处理，最后通过扩增获得 DNA 文库，分析与靶向组蛋白相互作用的 DNA 片段（图 2-17）。由于 ChIP-seq 需要较高的细胞量来确保免疫共沉淀的效率，同时转录因子和染色质的结合较为松散容易遭到破坏，导致 Drop-ChIP 存在样本需求量大、信噪比低等缺陷。

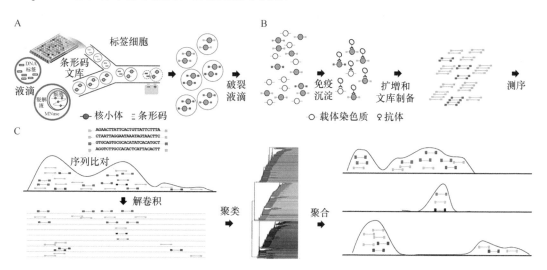

图 2-17　基于微流控液滴技术的 Drop-ChIP（Bernstein，2015）

A. 微流控单细胞标记；B. ChIP-Seq 文库构建；C. 数据分析

2019 年，来自瑞典的 Castelo-Branco 课题组基于 10X Genomics 公司的微流控液滴平台开发了全新的单细胞 scCUT&Tag 平台。他们先利用蛋白 A-Tn5 将每个细胞的基因组打断，随后通过微流控液滴平台给每个细胞打断后的 DNA 片段加上独特的细胞条形码，再利用二代测序获得单个细胞水平的 CUT&Tag 信息（图 2-18）。

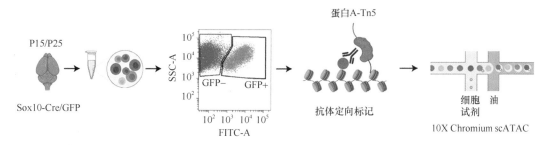

图 2-18　基于微流控液滴技术的 scCUT&Tag（Castelo-Branco，2021）

总而言之，好的抗体是保证单细胞组蛋白测序成功的关键因素。随着单细胞 CUT&Tag 技术的不断成熟，研究人员更容易通过较低细胞数的样本获取重复性好、信噪比低的组蛋白修饰的相关信息，为破解生命体的表观遗传信息提供了有力的工具。

第四节　单细胞蛋白质组和代谢组测序技术

一、单细胞蛋白质组测序技术

蛋白质是生命活动所必需的生物大分子，决定了细胞的结构和活性，参与和控制所有的细胞过程，是细胞功能的主要执行者。1994 年，Wilkins 首次提出"蛋白质组"的概念，表示基因组所表达的全部蛋白质。作为功能基因组学的重要支柱，蛋白质组学应运而生，其以蛋白质组为研究对象，研究内容包括蛋白质的组成成分、修饰状态、表达变化、蛋白质间相互作用及蛋白质功能等。尽管单细胞基因组和转录组能够分析单细胞水平的 DNA 和 RNA，但是在细胞内发挥主要功能的成分是蛋白质，RNA 和蛋白质表达之间的关系对于大多数基因来说并不具有直接的相关性。此外还存在着多样的翻译后蛋白质修饰，这些修饰不是由 mRNA 序列编码或由转录本丰度反映的。因而单细胞蛋白质组学成为科学研究中的重要领域，有助于我们从蛋白质水平深入认识生命活动和疾病发生的分子调控机制。

单个细胞中蛋白质的总量通常少于 1ng，少于常规蛋白质组分析用量的 1%，而且数以千计的不同种类蛋白质具有高度的动态范围和化学计量，因而单细胞蛋白质组学研究目前还存在诸多难点：首先，蛋白质与 DNA 或 RNA 不同，不能被扩增。因此，最大限度地减少样品制备和处理过程中及实验过程中的损失成为一个重要的挑战。其次，蛋白质可以以每个细胞一个到一千万个拷贝的任何数量存在，动态范围横跨了七个数量级。目前的大多数方法只能捕获其中的一小部分，缺少低丰度蛋白质——"暗蛋白质组"。不同的策略被用于解析细胞的蛋白质组构成，包括基于质谱的方法、基于抗体的方法、基于标记的方法（荧光标记）、基于二代测序的方法和基于单分子测序的方法，然而，在单细胞级别上实现这些需要进一步优化，研究人员目前主要聚焦在基于二代测序的方法和基于质谱的方法（Bennett et al.，2023）。

（一）基于二代测序的单细胞蛋白质组测序技术

二代测序（NGS）已被用作许多新兴多模态分析的检测范式，包括蛋白质丰度的测量。将蛋白质亲和试剂或抗体与寡核苷酸结合，将蛋白质检测事件转化为核酸检测，可以更容易地在更大的尺度上进行量化（图 2-19）。相关单细胞技术主要是与 RNA 测序结合的蛋白质组测定［如细胞转录组和蛋白抗原表位共检测的 CITE-seq（Rahul et al.，2017）］，其在肿

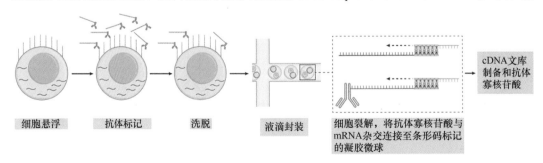

图 2-19　基于二代测序的单细胞蛋白质组学检测技术（Bennett et al.，2023）

瘤学、免疫学、神经科学、发育生物学和传染病等各个领域取得了重大的科学进展。CITE-seq 使人们对免疫肿瘤学领域产生了新的见解，特别是定义了与 T 细胞激活相关的新细胞类型和状态，这些类型和状态无法通过 RNA-seq 数据进行区分。

这些技术的实现和发展，本质上依赖于亲和试剂（如抗体等）的筛选，以及单细胞转录组技术的完善。不同于流式细胞术的荧光标记抗体，CITE-seq 使用寡核苷酸偶联抗体，从而不受限于荧光通道和荧光补偿，可以在单细胞表面标记上百种甚至上千种蛋白质，从而显著提高单细胞蛋白质组检测蛋白质通量。主流的商业化单细胞蛋白质组检测产品有 BD 公司的 AbSeq 和 Biolegend 公司的 TotalSeq。这两个产品都是通过抗体-寡核苷酸技术将蛋白质信号转化为核酸信号，进而通过单细胞测序平台读取蛋白质信号。研究者可以在同一实验中同时检测蛋白质（抗体-抗原相互作用分析）和 mRNA 表达。利用抗体偶联样本标签（寡核苷酸序列）对不同来源样本进行标记，然后混样进行检测，可以显著降低时间成本和实验成本。

（二）基于质谱的单细胞蛋白质组测序技术

然而，基于抗体等亲和试剂识别的单细胞蛋白质组检测方法受限于抗体本身，每个待检测蛋白质都要找到合适的抗体，且抗体间容易存在非特异性结合，产生交叉污染信号，难以大规模应用于单细胞蛋白质组，且无法检测未知蛋白质。最近在单细胞质谱分析（scMS）方面的进展为分析更多的蛋白质和翻译后修饰提供了机会，它无需亲和试剂，为单细胞多模态分析提供了一种有吸引力的替代方法。2018 年，Zhu 等和 Budnik 等分别报道了哺乳动物单细胞组学的研究成果，优化了基于液质联用的单细胞蛋白质组学技术，在单个哺乳动物细胞中鉴定到数百种蛋白质，开启了真单细胞蛋白质组学研究的新纪元。目前，利用无标记定量技术及同位素标签技术，单个哺乳动物体细胞中可鉴定一千种以上蛋白质，在几百个细胞中可鉴定六千种以上蛋白质（图 2-20）。单细胞蛋白质组学技术由于发展时间较短，虽然已被应用于多种细胞和组织研究中，包括单个人体细胞、单个人卵母细胞、显微切割组织等，但仍然处于起步阶段，面临诸多技术挑战。

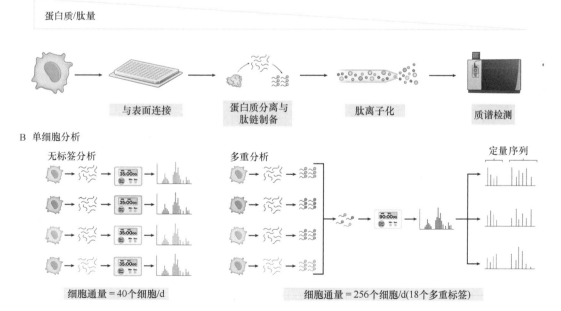

A 样本制备过程中的材料损失

蛋白质/肽量

与表面连接 → 蛋白质分离与肽链制备 → 肽离子化 → 质谱检测

B 单细胞分析

无标签分析　　　　　　　　多重分析　　　　　　　　　　定量序列

细胞通量 = 40 个细胞/d　　　　　　细胞通量 = 256 个细胞/d(18 个多重标签)

图 2-20　基于质谱的单细胞蛋白质组分析技术（Bennett et al.，2023）

2024 年，浙江大学方群团队开发了 PiSPA，可进行"点取式"单细胞蛋白质组学分析（pick-up single-cell proteomic analysis）（Wang et al.，2024），可以灵活地选择任意感兴趣的单个细胞进行深度覆盖的蛋白质组分析（图 2-21）。PiSPA 平台集成了基于序控液滴（SODA）技术的微流控液滴处理机器人，能够在"点取式"操作模式下实现细胞分选、多步样品前处理和自动进样操作。该流程主要包括以下 4 个步骤：①利用自动化的明场或荧光成像技术，基于细胞的明场表观特征或荧光信号，从细胞悬液样品中识别目标细胞；②利用与高精度注射泵相连的具有锥形尖端的毛细管探针，精准捕获单个目标细胞；③将目标细胞精准注射到微反应器——内插管中，利用探针在原位完成细胞裂解、蛋白质还原、烷基化、酶解和反应终止等一系列样品前处理操作；④自动进样，基于 LC-MS 系统完成高效色谱分离与高灵敏质谱检测。上述操作流程在优化条件下可实现至少 95% 的单细胞操作成功率。该流程实现了单细胞的精准捕获、前处理与自动进样，首次从单个哺乳动物细胞中实现了高达 3000 种蛋白质的超高定量深度。

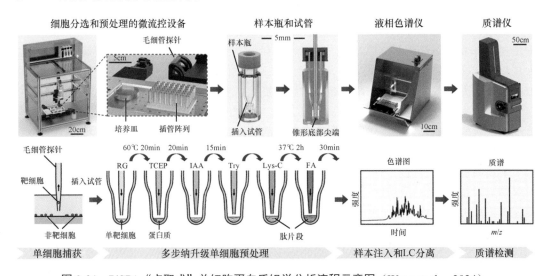

图 2-21　PiSPA "点取式"单细胞蛋白质组学分析流程示意图（Wang et al.，2024）

样本制备及进入质谱分析仪之前的蛋白质分子丢失是制约单细胞蛋白质分析能力的关键因素，也对质谱的检测和数据分析带来了挑战。采用传统蛋白质组学的前处理方式、质谱采集方法和分析策略，在单个细胞中很难获得理想的蛋白质鉴定效果。制约单细胞蛋白质分析能力的主要挑战有：①蛋白提取效率和酶切效率；②样品在前处理过程中的吸附损失；③肽段的分离和离子化效率；④质谱采集速度；⑤数据分析策略。

基于质谱的单细胞蛋白质组学技术的突破有赖于常规蛋白质组学流程每个环节的优化，下文主要介绍以液质联用为核心的单细胞蛋白质组学技术，在单细胞挑选、样品前处理、同位素标签技术、肽段分离、质谱采集等方面的研究进展，以及单细胞质谱未来的发展。

1. 单细胞挑选　　生物样本中单个细胞的获取是单细胞蛋白质组学技术开展的前提。目前，单细胞分选技术包括荧光激活细胞分选（fluorescence-activated cell sorting，FACS）、激光捕获显微切割（laser capture microdissection，LCM）和 cellenONE 全自动单细胞分选等。FACS 被广泛应用于单细胞的分离分析，但 FACS 分选过程中的鞘液压力会对细胞活性产生一定的损伤。LCM 是一种利用显微镜根据形态特征识别细胞获得组织细胞簇的方法，但该技术通量较低，不利于大规模应用。相较而言，cellenONE 是一种温和的全自动分选系统，可于数分钟内实现数百个细胞的分离，已应用在单细胞蛋白质组学研究中。单细胞挑选技术的不断成熟，尤其是专用自动化仪器的使用，提高了单细胞挑选的准确性和成功率。

2. 样品前处理 单个哺乳动物体细胞所含的蛋白量低至皮克级。因此，在总蛋白量极低、操作步骤烦琐的情况下，最大限度减少蛋白质损失，并保证蛋白酶对蛋白质的消化效率，是单细胞蛋白质组学样品制备的关键。通常采取的策略包括简化样品处理步骤、减少蛋白质吸附损失和最小化样品反应体积。单细胞蛋白质组学样品前处理方法的优化对于减少蛋白质样品损失、提升酶切效率均有重要意义。未来高效的自动化样品制备设备研发，以及样本制备体系的进一步简化和效率优化，有助于进一步提高单细胞定量蛋白的种类，提高单细胞样本之间的制备可重复性。

3. 单细胞蛋白质组技术

（1）基于同位素标签标记的载体增强单细胞蛋白质组技术 单个细胞样品的质谱检测时间为1~3h，极大地限制了单细胞蛋白质组学的高通量分析。Russell等（2017）率先在单细胞蛋白质组学分析中引入串联质谱标签（tandem mass tag，TMT）技术，借助载体（carrier）通道的使用，可有效降低处理过程中的蛋白质吸附损失，提升蛋白质鉴定数量，并一定程度上解决了单细胞蛋白质组低通量的问题。Slavov团队（Budnik et al.，2018）由此开发了质谱分析单细胞蛋白质组（SCoPE-MS）技术，实现了在单个细胞中定量1000种蛋白质的可能。Woo等（2021）将同位素标签技术与nanoPOTS芯片结合开发出先进的N2芯片，该芯片在单个细胞中平均可定量1500种蛋白质。然而，同位素标签技术仍存在部分缺陷：试剂纯度不足会导致蛋白质定量比例压缩，载体通道过多也会影响细胞定量的准确性。基于同位素标签标记的载体策略可以提高单细胞中蛋白质的鉴定数量和通量，但如何解决载体对单细胞蛋白质定量的准确性的影响仍需要进一步研究。

（2）液相色谱肽段分离方法 肽段的高效分离可降低给定时间内进入质谱仪的样品成分的复杂性，扩大动态范围并减少电离抑制，肽段分离和电离的改善是进行超灵敏质谱分析的重要条件。目前，大多数蛋白质组学分析采用75μm内径的色谱柱和300nL/min左右的流速。此外，多孔层空心柱（porous layer open tube，PLOT）、窄孔径纳米色谱柱、毛细管电泳（capillary electrophoresis，CE）皆可以显著提高微量样品中的蛋白质鉴定效果。内径更细的高效液相色谱柱和更低的色谱流速能提升单细胞蛋白质组学的检测灵敏度，但也会提高实验操作难度、延长色谱梯度时间、降低分析通量。开发适用于单细胞样品的高灵敏度新型色谱柱是未来的发展方向。

（3）质谱仪及采集方法 质谱性能的提升驱动单细胞蛋白质组学的飞速发展。目前微量样品的分析可以使用基于Orbitrap的高分辨质谱检测器。最近，离子淌度（ion mobility）技术在蛋白质质谱中的应用显著提升了单细胞蛋白质组的鉴定效率。基于漂移管的离子迁移谱（ion mobility spectrometry，IMS）和高场不对称波形离子迁移谱（high-field asymmetric waveform ion mobility spectrometry，FAIMS）可以过滤单电荷物质，提高质谱对肽段的选择性，以提升单细胞蛋白质组的鉴定效果。

数据依赖采集模式（data-dependent acquisition mode，DDA）是蛋白质组肽段鉴定的最常用方法。在该模式下，质谱会选择强度最高的N个离子（一般10~20个）进行碎裂并采集二级谱图。这种方法受限于质谱仪扫描速度和检测灵敏度，不能保证每个前体离子在每次运行中都碎片化，从而在肽段和蛋白质鉴定中产生显著变异。在单细胞蛋白质组学中，这一缺点被进一步放大，而数据非依赖采集模式（data-independent acquisition mode，DIA）模式可以克服这一缺点。在DIA中，整个质谱扫描范围被划分为多个小窗口，这些窗口内的所有前体离子都被反复碎片化，从而可以无遗漏、无差异地获得样本中所有离子的信息。相比于DDA，DIA可以鉴定复杂样品中的低丰度蛋白，极大提升鉴定的蛋白质数目，也已在单个哺乳动物体细胞的蛋白质质谱鉴定中发挥优势。

虽然现有的质谱仪灵敏度已经能用于单细胞蛋白质的鉴定，但是很多低丰度表达的蛋白质，质谱仪仍然无法检测。未来更高灵敏度质谱仪的研发，能促进单细胞蛋白质组学方法的发展，更好地实现低丰度蛋白质的检测覆盖度。

4. 单细胞质谱未来的发展　　将单细胞质谱的定量深度提高到更常规地定量参与重要生物过程的低水平蛋白质是研究的关键领域，具有快速推进的潜力。改善单细胞质谱深度或数据质量的途径之一是优化数据采集和分析，包括肽段分离、质量分析和肽段鉴定。与基于测序的方法不同，基于质谱的方法通常没有标准化，仪器配置和参数往往是特定实验室进行分析的特定设置，这意味着最终需要质谱学家来优化方法。

（三）单细胞蛋白质组学的挑战和展望

基于基因组测序的单细胞蛋白质组技术可以成功地测量同一细胞中的多种特征，通过放大和条形码化蛋白质测量，以高通量的方式从大量的单个细胞中获得信息。然而，基因组方法依赖于定制的靶向亲和试剂，这些试剂可能只涉及复杂蛋白质组中的几百种蛋白质。NGS方法面临的最大挑战之一是扩展可用试剂的数量和质量。相比之下，质谱学领域可以通过分析数千种蛋白质来揭示新的生物学机制，而无需靶向亲和试剂。对于单细胞质谱学而言，仍然存在巨大的挑战，因为与基因组测定不同，蛋白质必须在处理过程中从单个细胞保留到检测器。此外，与NGS方法相比，质谱学的吞吐量目前也存在限制。

单细胞质谱学（scMS）和NGS方法是高度互补的，每种方法都提供了一种方法学上的特殊优势，可以在联合应用中发挥巨大的作用。质谱学可以在较少的细胞中评估广泛的蛋白质范围，从而提供有助于生成假设的数据，随后可以使用基于NGS的更具针对性的高通量蛋白质特异性分析方法对其进行验证。例如，通过单细胞质谱学实验识别出的一组特定细胞类型的表面标记物可以在后续的研究中针对更多细胞使用亲和试剂与基于NGS的方法相结合进行分析。

我们已经看到，在测序分析中，单细胞的通量变得越来越重要，从96个细胞扩展到数十万个细胞。随着质谱工作流程中的样品制备体积减小，并且变得更加接近NGS方法中使用的体积，许多单细胞RNA测序样品制备技术很可能被单细胞质谱学借鉴。然而，基于液滴的样品制备技术不太可能用于发现性单细胞质谱学分析，因为这些技术需要大量的唯一条形码来标记单个细胞。即使如此，为了实现更高通量的细胞处理，扩展质谱学中的样品条形码选项也是必要的。在单细胞上进行质谱学的微流控创新仍处于初级阶段，正如过去十年间我们目睹了微流控设备如何彻底改变单细胞基因组学分析一样，我们认为这是未来研究的一个关键领域。此外，空间单细胞蛋白质组学也是一个蓬勃发展的领域。

二、单细胞代谢组测序技术

决定细胞命运的因素通常有两类：一类是以细胞因子、生长因子、激素、小分子等为主的细胞外因素，另一类则是以细胞转录组和代谢组为主的细胞内的相关因素。学界对细胞外因素的研究已取得了一系列成果，揭示了细胞外信号对细胞分化及功能调控的一系列机制，然而对细胞内的自身因素的研究甚少，细胞自身因素对细胞命运决定的机制有待发掘。

代谢组通常被定义为细胞、组织或系统中代谢物的净含量。代谢物可以被定义为代谢的结果，即通过酶催化的生化反应将一种分子转化为另一种分子。因此，系统中的大多数分子都是代谢物，无论是内源性的还是外源性的，逻辑上包括通过合成代谢过程从较小的活化前体中构建的大分子。如果代谢组学包括对代谢物的确定和代谢物的定量分析，那么单细胞代谢组学就是在单个细胞水平进行的相同分析。细胞代谢组反映了每个细胞在其特定环境中的生化活动。

单细胞代谢组学是一个新兴且迅速发展的领域，它对基因组学和蛋白质组学的单细胞分析发展起到了补充作用。其主要目标是以足够详细的方式绘制和量化代谢组，以提供关于高度异质系统（如组织）中细胞功能的有用信息。代谢物的化学多样性和动态范围对检测、鉴定和定量提出了特殊的挑战，包括：①虽然部分代谢物可以达到毫摩尔浓度，但单个细胞能提供的用于分析的体积非常小；②代谢物在单个细胞中的丰度差异很大，微量代谢物需要高灵敏度才能检测；③细胞内代谢物的浓度可能会在几秒之内发生巨大变化；④代谢物种类（及异构体）很多，人类代谢组数据库（human metabolome database）包含超过 42 000 种代谢物的记录，这些代谢物包括糖、肽和辅因子等，事实上，代谢物种类远多于这个数。正因为代谢组学如此复杂，所以单细胞代谢组学的发展远落后于其他"组学"。已经有几种不同的方法用于单细胞代谢组测定，包括基于单细胞转录组和基于质谱的方法。

1. 基于单细胞转录组 直接检测单细胞 RNA 测序数据中特定关键代谢基因的表达被证明在描述代谢方面是有效的。但在单细胞分辨率下全面绘制代谢全景的方法仍然相对缺乏，并且处于发展的早期阶段。大多数基于单细胞 RNA 测序数据的代谢分析方法可以大致分为两大类：①基于通路富集的分析；②基于通量平衡分析（FBA）方法。

2. 基于质谱 由于质谱具有高灵敏度，并且通过结构来阐明和鉴定代谢物，所以成为单细胞代谢组学研究的首选方法。目前基于单细胞的质谱方法可以大致分为两类：质谱成像和活体单细胞质谱（LSC-MS）（图 2-22）。单细胞质谱成像通常使用基质辅助激光解吸电离质谱（MALDI-MS）或激光烧蚀电喷雾离子化质谱（LAESI-MS），可以在三维空间中绘制细胞代谢组。次级离子质谱具有更高的空间分辨率，但这会牺牲通量，并增加测量分析物的碎片化，这使得下游分析变得复杂。成像质谱方法通常需要烦琐的样品制备过程，可能会干扰细胞的微环境，从而影响代谢组。活体单细胞质谱试图通过直接在质谱仪中对活细胞进行采样和测量来解决这个问题，尽量减少对其微环境的干扰。成像质谱只允许在样品和气相中处理分子，而活体单细胞代谢组学允许在质谱分析之前在液相中处理样品，这可以获得更

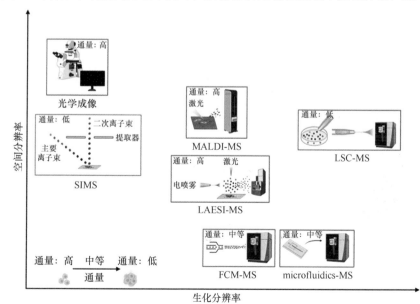

图 2-22 基于质谱的单细胞代谢组测定技术示意图（Zhang et al., 2023）

SIMS. 二次离子质谱；FCM-MS. 流式细胞术-质谱；microfluidic-MS. 微流控-质谱

多定量结果或通过衍生化等方法提高灵敏度。

基于质谱的代谢组学测量可以分为与采样和样品制备相关的程序和方案、基于质谱的测量及数据分析三个步骤。细胞的代谢组在化学微环境的变化下可以迅速改变以应对压力并执行必要的任务。为了测量单个细胞的静息代谢组，样品制备方法需要在不引入额外压力的情况下保持其稳定。原则上有两种策略：要么将细胞保持活在最佳环境中，要么快速冻结样品以保留代谢物的原始状态。如果选择保持细胞活性的策略，可以使用微流控技术，如微流控芯片或微滴技术，将单个细胞包裹在微小的环境中。这样可以提供细胞所需的适宜条件，并防止细胞在制备过程中受到压力或损伤。微流控技术还可用于在细胞内进行化学反应，如添加荧光探针或底物，以监测代谢物的产生和转化。另一种策略是快速冻结样品以保留代谢物的原始状态。这可以通过快速冷冻技术（如液氮冷冻）或冷冻干燥技术（冷冻后在低温下去除水分）实现。快速冷冻可以防止细胞内代谢过程的继续进行，并捕获细胞中代谢物的即时快照。冷冻干燥则可以将样品保存得更长久，并方便后续的质谱分析。

无论采用哪种策略，样品制备过程中都需要注意以下几个方面。①避免污染：样品制备过程中应采取严格的无菌操作，以防止细胞样品被外源性污染物污染。②样品数量控制：对于单细胞代谢组学，样品制备的关键是确保每个样品只包含一个细胞，这可以通过显微操作或自动化的细胞分选技术来实现。③代谢停止：为了捕获代谢物的原始状态，需要在样品制备过程中迅速停止细胞的代谢活动。这可以通过快速冷冻或添加代谢抑制剂来实现。④代谢物稳定性：某些代谢物在样品制备过程中可能会发生降解或转化。在制备过程中应尽量减少这些不良影响，并选择适当的条件来保护代谢物的稳定性。

总之，单细胞代谢组学的样品制备需要细致的操作和选择合适的策略，以保留代谢物的原始状态并获取可靠的测量数据。不同的实验设计和样品制备方法可以根据研究目的和样品特性进行选择和优化。

目前在单细胞进行代谢分析方面已经取得了重大进展，然而仍存在一些技术问题。除发展技术以增加代谢物的鉴定和定量的灵敏度与可靠性之外，将代谢信息与蛋白质和基因表达数据进行整合也是未来的发展方向。

学科先锋

我的导师 David Weitz

我的导师 David Weitz 教授（我们通常叫他 Dave）是美国哈佛大学工程与应用科学学院的著名教授、美国科学院院士、美国工程院院士、美国艺术与科学学院院士、中国工程院外籍院士。Dave 是国际上软湿功能材料、胶体微粒系统、生物物理、生物材料、微流控、单细胞检测等研究领域的知名专家，具有很高的学术地位和广泛的国际影响力。迄今，Dave 已发表高水平学术期刊论文超过 500 篇，其中包括 *CNS* 等国际顶级期刊论文。基于获得的授权专利，先后创立了十多家高新技术公司。

我是 2015 年进入美国哈佛大学化学与生物化学系攻读博士学位，也是在那年，Dave 在 *Cell* 首次报道了基于液滴微流控的高通量单细胞测序技术 inDrop 和 Drop-seq，为单细胞测序领域带来了革命性的变革。该技术为高通量单细胞技术的应用推广打开了道路，使得大

David Weitz

规模的单细胞研究成为可能。该技术的出现迅速吸引了学术界和产业界的关注，哈佛大学随即将该技术授权给美国 10X Genomics 公司，当时 10X Genomics 还是一家初创公司，后来该公司成功将该技术实现了商业化，成为单细胞测序领域全球领先企业，并于 2019 年在美国纳斯达克上市。

2016 年，怀着对单细胞测序领域的好奇和向往，我进入 Dave 实验室。Dave 经常说，强烈的好奇心才是驱动我们投身科研的主要原因，要了解事物背后的运作原理，以及如何能够让事情朝着更好的方向发展。在 Dave 的指导下，我们攻克了一个个难关，通过不断尝试，在哈佛大学的 5 年博士生涯及随后在浙江大学工作中，我们开发了基于随机引物的液滴微流控单细胞 RNA 测序技术，突破了现有高通量单细胞测序技术无法应用于全长转录组、微生物样本和固定样本的限制，推动单细胞测序技术从基础科研走向临床应用。

Dave 一直活跃在创新创业及产业化领域，他认为，能够将某些"科学提出的问题"转化为真正的技术，实现技术的应用，才是最大的价值。这个价值可以来源于学习新知识，发表一篇好论文，也可以是开发一些新产品，并通过商业化来实现落地。因此，Dave 非常忙碌，经常奔波在世界各地，与世界各地的科学家和企业家交流合作。我们的学术讨论也经常会由于 Dave 的忙碌被安排到凌晨，经过几个小时的头脑风暴，甚至可以看到哈佛清晨的太阳。在 Dave 的影响下，回国后我也组建了自己的科研产业化团队，将我们开发的新一代单细胞测序技术实现了产业化。

回首与 Dave 在液滴微流控单细胞测序领域的探索之旅，我感到无比荣幸。他的悉心指导和无私支持让我收获了丰富的科学知识和宝贵的人生经验。他不仅是我在学术上的导师，更是我的人生榜样。

王永成（浙江大学良渚实验室，研究员）

第三章 空间组学成像与测定技术

第一节 单细胞空间转录组学技术

一、单细胞空间转录组学技术原理

空间分辨转录组学（spatially resolved transcriptomics，SRT 或 ST），为生物学家提供单细胞生物学的特殊观点，同时保留空间背景的信息，填补了空间甚至三维组织分子基础的空白。基于测序技术和单细胞组学技术的发展，SRT 技术迎来了革命性的发展。一般来说，SRT 技术可以分为两类：基于成像（原位杂交）和基于测序的方法（Cheng et al.，2023）。两类方法主要通过提高分辨率和捕获能力（包括基因通量和捕获效率）实现单细胞水平空间转录组测定，具体的实现策略有所区别。

（一）基于成像的空间分辨转录组学技术

基于成像的 SRT 技术通过将显色基团与探针相结合来实现空间可视化，具有直接原位反映目的基因分布的优势，如荧光原位杂交（fluorescence *in situ* hybridization，FISH）应用荧光标记探针定位核酸分子（Langer-Safer et al.，1982）。该方法的主要挑战包括提高信号强度和增加基因检测的数量。当前最具创新性和最广泛应用的基于成像的 SRT 方法是 seqFISH（sequential FISH）（Lubeck et al.，2014）和 MERFISH（Chen et al.，2015）。

1. seqFISH 即顺序单分子荧光原位杂交（single-molecule RNA fluorescence *in situ* hybridization）方法，通过连续几轮杂交、成像和探针剥离进行条形码编码。由于转录本固定在细胞中，相应的荧光点在多轮杂交中保持在原地，可以对齐读出荧光团序列。这种顺序条形码被设计用来一对一识别一个 mRNA（Lubeck et al.，2014）。

在每一轮杂交中，对每个靶标使用一组标记为单一类型荧光团的 FISH 探针来检测每个转录本。对样品进行成像，然后用 DNase I 处理，以去除 FISH 探针。在随后的一轮实验中，mRNA 与相同的 FISH 探针杂交，但用不同的染料标记（图 3-1A）（Lubeck et al.，2014）。

通过顺序颜色编码来区分 RNA（Lubeck et al.，2014）。在 seqFISH 中，不同的 RNA 组合在每一轮杂交中被分配不同的颜色，之后用一组新的颜色组合的 FISH 探针与细胞 RNA 杂交，通过 C 种颜色和 N 轮杂交，可以区分 $C×N$ 个不同的基因。最初 seqFISH 实现了单细胞中 12 个基因的定位，之后通过引入杂交链信号放大实现了约 250 个基因成像（图 3-1B）（Shah et al.，2016）。

单分子水平 FISH 能够高度精确定位 RNA 在细胞中的位置（Raj et al.，2008）。然而，有限数量的颜色通道限制了 FISH 的通量，只能检测 10～30 种 RNA。多轮的杂交需要增加相应的 smFISH 探针，这使得 seqFISH 既昂贵又费时。为解决这个问题，2013 年庄小威团队开发了 MERFISH（Zhuang，2021）。

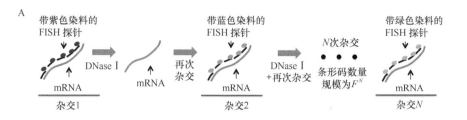

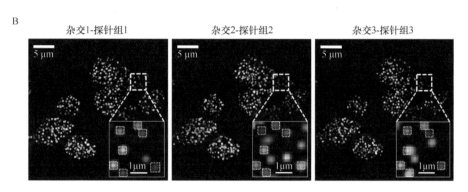

图 3-1　seqFISH 技术原理（Lubeck et al.，2014）

A. 顺序条形码的原理图：在每一轮杂交中，每个转录本上杂交 24 个探针，成像，然后经 DNase Ⅰ 处理剥离。不同轮次的杂交使用相同的探针序列，但探针与不同的荧光团连接。B. 对多个酵母细胞进行三轮杂交得到的复合四色 FISH 图像：两轮杂交编码了 12 个基因，第三轮杂交使用了与第一轮杂交相同的探针。每张图片右上角的虚线框区域被放大。杂交之间的共聚焦斑点会被检测到（如图所示），并提取其条形码。没有共聚焦的斑点是由细胞内探针的非特异性结合及杂交错误造成的。每个条形码的实例数量可以量化，以提供单个细胞中相应转录本的丰度

2. MERFISH　　通过来自多轮杂交的信号组合来识别基因，每个基因都分配一个 N 位二进制条形码，每位的"1"或"0"值对应于该基因是否在一个特定轮的杂交中被检测到。该进制编码方案可以通过 N 轮杂交区分 $2N$ 个基因（当在 N 轮杂交中使用 C 种颜色进行成像可达到 $2N \times C$ 个基因）。现在 MERFISH 可以通过 23 轮杂交和三色成像，实现在单细胞中对大于 10 000 个基因成像。

（二）基于测序的空间分辨转录组学技术

随着测序技术的发展，基于测序的 SRT 技术已经成为现实，其明显的优势是不需要先验的基因序列知识，可以无偏倚地捕获目标分子。虽然仍存在许多挑战，但该领域的空间分辨率和捕获效率发展得非常快。

到目前为止，基于测序的 SRT 技术可进一步分为基于显微切割的方法、基于原位测序的方法和基于原位空间条形码的方法。

1. 基于显微切割的方法

（1）LCM-seq　　激光捕获显微切割（laser capture microdissection，LCM）（Asp et al.，2020）是一种利用激光束在显微镜下切割组织区域的技术（Emmert-Buck et al.，1996；Simone et al.，1998）。LCM 与整体转录组图谱分析相结合可以实现对细胞群体的精确分析，

无须组织解离，但迄今为止需要相对大量的细胞。

LCM-seq 将 LCM 与 Smart-seq2 RNA 测序技术相结合，用于对从小鼠和人体组织中分离的神经元中的 poly+RNA 进行稳健和高效的测序。通过优化该过程中的多个步骤，包括直接裂解细胞而不进行 RNA 提取，可以获得高质量的 RNA 测序数据，直到单个 LCM 解剖细胞（Nichterwitz et al.，2016）。

（2）Geo-seq　　2017 年，LCM 方案的一个扩展版本 Geo-seq（geographical position sequencing）被开发（Chen et al.，2017），其将 LCM 与 scRNA-seq 相结合，以分析小到 10 个单细胞组织区域的转录组。

2. 基于原位测序的方法

（1）STARmap　　在最初原位测序（*in situ* sequencing，ISS）（Ke et al.，2013）技术中，需在靶向原位测序中预选一组基因，将特异性核苷酸序列作为条形码通过挂锁探针杂交传递到这些基因，然后进行循环扩增和原位测序检测（Ke et al.，2013）。

STARmap（spatially resolved transcript amplicon readout map）使用条形码挂锁探针，与靶标杂交，通过添加第二个引物，针对挂锁探针旁边的位点，避免了逆转录（reverse transcription，RT）步骤，并降低了噪声。STARmap 能够对完整的组织样本进行 3D 分析，保留了细胞的方向性，而不仅仅是单一的 2D 层。但需要注意的是，这种能力只表现在 100～150μm 厚的切片和较少的目标数量上。STARmap 能够对单细胞中 1020 个目标基因成像，检测效率与单细胞 RNA 测序相当（Wang et al.，2018）。

（2）基于杂交的原位测序技术（Gyllborg et al.，2020）　　通过对探针设计的修改，可以通过序列杂交化学方法建立新的条形码系统，从而改进 RNA 转录物的空间检测。由于对探针进行了扩增，扩增子可以用标准的荧光显微镜进行观察，从而实现高通量效率，这种测序方法消除了 ISS 的逐序连接的方法所带来的限制。基于杂交的原位测序技术（hybridization-based *in situ* sequencing，HybISS）的设计提高了灵活性和多路复用性，增加了信噪比，且不会影响大视场成像的通量效率。

此外，HybISS 已被证明可用于使用基于图像的空间分析技术分析的人脑组织样本。HybISS 技术可作为一种易于实现的靶向扩增检测方法，用于改进空间转录组学的可视化。

3. 基于原位空间条形码的方法　　该方法包括 ST、Slide-seq/Slide-seqV2、HDST（high-definition spatial transcriptomics）、DBiT-seq（deterministic barcoding in tissue for spatial omics sequencing）、Stereo-seq（Asp et al.，2020）等。

（1）工作流程　　迄今为止所描述的空间技术要么是基于部分组织的分离分析，要么基于通过杂交或测序对 RNA 分子进行原位可视化。而基于原位空间条形码的原位捕获技术的重点在于原位捕获转录本，然后进行异位测序（图 3-2）。该技术能够直接避免此前可视化技术的固有限制，并允许对完整的转录组进行无偏的分析（Asp et al.，2020）。根据 SRT 技术的核心原理，基于原位空间条形码的方法可以归纳为四个工作流程（图 3-3）：载体设计，组织处理和 RNA 捕获，逆转录和 cDNA 扩增，文库的构建、测序和数据分析。

1）载体设计。与空间探针相连的载体是实现原位 RNA 捕获的基本区域，这也是大大提高技术性能的关键部分，如从玻片表面的低水平到测序芯片表面高水平的独特的空间探针的密度变化决定了从多个细胞到单细胞或亚细胞水平的空间分辨率。

2）组织处理和 RNA 捕获。新鲜冷冻组织和福尔马林固定的石蜡包埋（formalin-fixed paraffin-embedding，FFPE）是目前在 SRT 的组织处理步骤中最常用的方法。与 FFPE 组织相比，新鲜冷冻的组织具有更高的 RNA 质量，并保留了更全面的核酸信息。

值得注意的是，这些事实解释了为什么基于新鲜冷冻组织包埋的时空实验方法是目前

SRT 最常见的方法，而对于需要长期保存和需要保持组织形态的组织，FFPE 是更好的选择。组织需要切成直径约 10μm 的切片，组织切片放置在载体表面，使用蛋白酶进行渗透，这样做能够使空间探针有效地捕获组织中的 RNA。

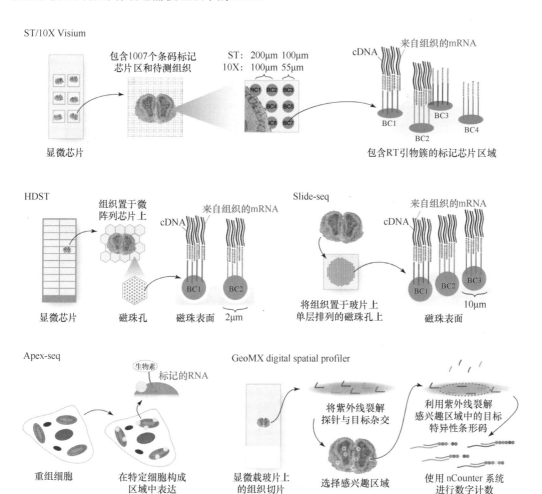

图 3-2　原位捕获技术概述图（Asp et al.，2020）

ST/10X Visium. 包含标记的 6.5mm×6.5mm 区域的显微载玻片用于放置薄组织切片并成像。每个区域包含 1007 个（ST）或 5000 个（10X Visium）条形码 mRNA 捕获探针的打印区域，其直径为 100μm（ST）或 55μm（10X Visium），中心距为 200μm（ST）或 100μm（10X Visium）。组织被透化，mRNA 与正下方的带条形码（BC）的捕获探针杂交。cDNA 合成将空间条形码和捕获的 mRNA 连接起来，随后将测序读数与组织图像叠加。HDST. 与 ST/10X Visium 类似的方法，但使用有序磁珠阵列，其上随机沉积有 2μm 大小的磁珠。每个磁珠都包含带条形码的 mRNA 捕获引物，其 X 和 Y 坐标通过几轮杂交解码。Slide-seq. 与 ST/10X Visium 和 HDST 类似的方法，但没有组织成像步骤。此处使用一个盖玻片，其中包含随机沉积的 10μm 大小的条形码磁珠，磁珠的位置通过边连接边测序（SBL）的方式解码。Apex-seq. 使用在已知的亚细胞区域表达 APEX2 的重组细胞系。当 APEX2 被生物素-苯酚/过氧化氢复合物激活时，它将用生物素标记其周围的所有 RNA。用链霉亲和素对标记的 RNA 进行纯化。GeoMX digital spatial profiler（GeoMX 数字式空间多靶标分析系统）. 首先将组织切片暴露于已知的条形码杂交探针组中，然后手动选择感兴趣区域。该区域受到紫外线照射，目标特异性条形码被切掉

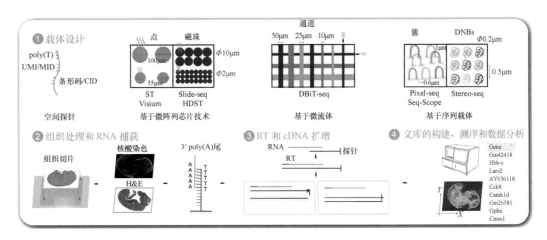

图 3-3 基于原位空间条形码方法的工作流程（Cheng et al., 2023）

3）逆转录（RT）和互补 DNA（cDNA）扩增。捕获的 RNA 和空间探针连接，形成一个长链进行 RT，并生成具有空间条形码的 cDNA。一些 SRT 技术利用 cDNA 为模板合成第二链，然后解开第二链进行扩增。相反，其他的则使用酶或化学试剂从载体中直接释放 cDNA，然后进行扩增。

4）文库的构建、测序和数据分析。收集扩增后的 cDNA，作为文库制备的模板，进行测序。对测序数据进行计算分析，可以实现空间分辨的转录组学研究（Chen et al., 2022）。

（2）Stereo-seq 时空组学技术 Stereo-seq 基于 DNA 纳米球（DNA nano ball, DNB）开发，是具有高通量、超高分辨率、大视场的原位全景式技术，可以实现同一样本在组织、细胞、亚细胞、分子"四尺度"同时进行空间转录组分析（Chen et al., 2022）。该技术通过时空芯片捕获组织中的 mRNA，并通过时空条形码（coordinate ID, CID）还原空间位置，实现组织原位测序，为深入了解细胞的基因表达及形态与局部环境之间的关系建立强大的研究基础。时空组学测序技术按原理可分为六部分：DNA 纳米球阵列芯片、空间标识测序、时空组学芯片、原位捕获 RNA、建库和测序、时空图谱构建。

1）DNA 纳米球阵列芯片。空间转录组学技术测序结合 DNB 芯片和原位 RNA 捕获技术开发了大视场纳米级分辨率时空组学技术（Stereo-seq）。

首先将包含随机条形码序列的 DNA 纳米球沉积到经光刻蚀刻修饰的芯片上，与网格图案阵列点 DNB 有效地对接，每个点直径约 220nm，中心到中心的距离为 500nm 或 715nm（图 3-4，步骤 1），与基于磁珠的方法相比，使用滚环扩增放大产生的标记为 DNB 的随机条形码取得更大的空间条形码池，同时保持序列保真度。

2）空间标识测序。然后对阵列进行显微照相，用引物孵育并测序，以获得包含每个蚀刻 DNB 的时空条形码的数据矩阵（图 3-4，步骤 2）。

3）时空组学芯片。这种基于 DNB 的策略能够生成包含更高的条形码探针的大型芯片。通过与 CID 杂交，在每个点上连接分子编码（molecular ID, MID）和含有寡核苷酸的 poly(T) 序列（图 3-4，步骤 3）。

4）原位捕获 RNA。组织中 RNA 的原位捕获是通过将新鲜氮气冷冻组织切片加载到芯片表面，然后进行固定、渗透，最后进行逆转录和扩增（图 3-4，步骤 4）（Chen et al., 2022）。

5）建库和测序。收集扩增后的 cDNA，作为文库制备的模板，并与 CID 一起进行测序（图 3-4，步骤 5）。

6）数据分析与时空图谱构建。对测序数据进行计算分析，可以实现空间分辨率转录组分析，其分辨率为 500nm 或 715nm（图 3-4，步骤 6）。

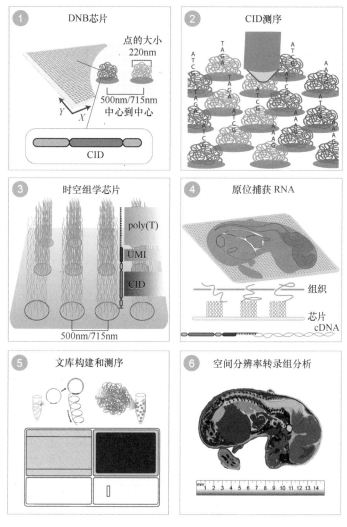

图 3-4　**Stereo-seq** 流程示意图（Chen et al.，2022）

步骤 1.DNB 阵列芯片的设计；步骤 2.进行原位测序，确定唯一的条形码寡核苷酸的空间坐标；步骤 3.通
过将含有寡核苷酸的 CID、UMI 和 poly(T) 连接到每个点来制备捕获探针；步骤 4.从组织中原位捕获
RNA；步骤 5、6.cDNA 扩增、文库构建、测序和数据分析

4.基于测序的 SRT 技术方法的比较　基于测序的 SRT 技术方法具体分为三种（表 3-1）。

1）基于显微切割的方法。使用不同的方法，如冷冻切片、显微切割和紫外线释放来获
得感兴趣的目标区域。这种方法可以实现转录组范围内的检测；然而，由于释放方法的局限
性，达到高分辨率仍然很困难。

2）基于原位测序的方法。使用挂锁或滚环放大原位放大目标信号，然后用显微镜识别
基础信号。同样，对于基于成像的 SRT 技术，这些方法可以实现亚细胞分辨率；然而，考
虑到先验知识的要求和有限的细胞空间，该方法只能以有限的吞吐量捕获目标转录本。

3）基于原位空间条形码的方法。这种方法是最新的突破，它使用固定在载体上的高密度
条形码探针来捕获组织切片内的空间 RNA，这是一个在组织中无偏捕获整个转录本的过程。

表 3-1   基于测序的 SRT 技术方法的比较

方法	描述	优点	缺点
基于显微切割	使用不同的方法,来获得感兴趣的目标区域	实现转录组范围内的检测	达到高分辨率困难
基于原位测序	使用挂锁或滚环放大原位放大目标信号,用显微镜识别基础信号	实现亚细胞分辨率	只能以有限的吞吐量捕获目标转录本
基于原位空间条形码	使用固定在载体上的高密度条形码探针来捕获组织切片内的空间 RNA	无偏捕获整个转录本	技术复杂性较高,成本昂贵

(三)空间转录组学技术未来优化方向

尽管在过去的几年中,空间转录组学技术取得了显著的进展,但以下方面仍需要改进。

1)mRNA 的捕获效率。空间分辨转录组技术与目前的单细胞 RNA 测序技术的灵敏度相比仍需改进,需要通过更高的捕获能力得到更丰富的分子信息进行细致的细胞分类及亚型分类以提高 SRT 技术中的细胞分类性能。

2)空间分辨率。进一步提高分辨率对于研究细胞内空间基因调控和发现生物学的新见解仍然是必要的。膨胀显微镜(expending microscope,ExM)技术是一种利用可溶胀凝胶材料提高 SRT 技术空间分辨率的潜在技术。将高空间分辨率 SRT 技术(如 Seq-Scope 和 Stereo-seq)与 ExM 相结合,空间分辨率将有望从 500nm 进一步提高到 100nm 甚至低于 100nm,这可能会带来对生物学的新见解。

3)样本类型的普适性。目前的 SRT 技术大多适用于新鲜冷冻的组织,不利于长期保存,而且在组织透化过程中容易发生变形和基因扩散。一些 SRT 技术已经在其他样本中实施,如 FFPE 组织。然而,考虑到 FFPE 样本中 RNA 质量不足,SRT 数据集的性能及捕获基因的数量还有很大的提高空间。此外,多聚甲醛包埋也是一种常见的组织保存方法,有助于组织形态的保存和原位 RNA 捕获,精度更高,扩散更少。

4)空间多组学分析。获得空间多组学,包括分子层面的基因表达、组织细胞层面的 HE 染色,以及同一组织切片内的蛋白质分布,对于充分理解不同状态的各种组织区域的基因表达谱非常重要。同时,SRT 技术与其他传统分子生物学技术的结合也是未来发展的一个重要方向。

二、单细胞空间转录组实验流程

样本的采集与制备是开展单细胞空间转录组实验的第一步,关乎后续实验能否顺利进行。常见的样本分为新鲜组织类、冻存组织类这两大类型,它们都有各自的保存方法(各种组织类样本保存方法详见第二章)。采集样本的后续单细胞空间转录组实验流程主要分为四个步骤:包埋块制备、组织切片成像、时空转录组学芯片实验及转录本扩增与测序。

1. 包埋块制备   针对不同的样本类型,如何获取切片大小适宜、Z 轴样品厚度满足实验需求的切片,以及质检标准合格、组织形态完整的包埋块,是时空转录组实验成功与否的关键所在。包埋块的质量直接关系单细胞空间转录组实验的结果,对后续组学研究产生深远的影响。包埋块的制备可以根据不同的样本类型和要求选择不同的方法。以下是两种常见的方法。①基于冷冻包埋剂的冷冻包埋法:将异戊烷用液氮预冷,PBS、OCT 提前预冷备用,在组织包埋盒中提前加入一层约 3mm 厚的 OCT,液氮冷冻直至 OCT 变硬。取组织样本,放入预冷的 PBS 中洗涤去除表面杂质，将组织放在包埋盒中预铺的 OCT 上，将包埋盒放入液氮预冷过的异戊烷中，等待 OCT 完全变硬。组织包埋完成，在包埋盒四面标记组织方向。

②组织直接液氮速冻法：将组织块转移到置于冰上的培养皿中，用 PBS 清洗 3 次，去除表面杂质。将组织转移到大小适合的管子中，不要有组织被挤压，组织呈自然状态贴附在管壁上。放在液氮中，速冻 10min，制备成包埋块。组织包埋完成，在包埋盒四面标记组织方向。

图 3-5 为基于冷冻包埋剂的冷冻包埋法、组织直接液氮速冻法的包埋块制备方法基本流程。

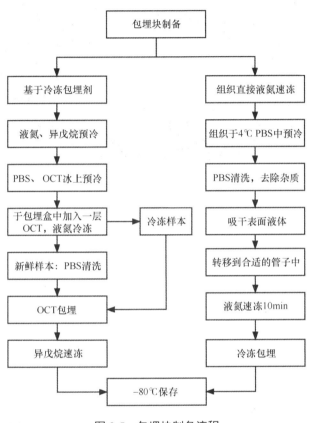

图 3-5　包埋块制备流程

在包埋块的制备过程中，根据需要选择新鲜组织样品或者冻存组织块。尺寸要求不大于 1cm×1cm×2cm。新鲜组织冷冻包埋剂的冷冻包埋方法和组织直接液氮速冻方法中，优先推荐使用基于冷冻包埋剂的方案，如实验室没有条件可使用直接液氮速冻方案。

首先准备好包埋所需试剂耗材（图 3-6）。组织直接液氮速冻方法需特别注意不要有组织的挤压和变形。组织离体后，如果不能立即处理，将组织放在预冷的 PBS 中于 4℃ 短暂保存，在 1h 内进行冷冻处理。样本包埋前应用无菌无纺布/无菌无尘纸吸去表面液体，注意一定要吸干，否则易在组织表面形成冰块，影响后续包埋切片。包埋时务必使用规定尺寸包埋盒，材料尽量将需要检测的切面贴于底面，便于切片；取材要迅速，全程冰上操作；尽量避免产生气泡，如出现肉眼可见气泡，可用镊子赶出。

2. 组织切片成像　　组织切片成像是单细胞空间转录组测序工作流程的第一步，而包埋块制备是组织切片成像的前提。制备好包埋块后，需要选取合适的包埋块进行组织切片成像，运用组织切片成像的方法将组织切片加载到芯片上进行分析。用于组织切片成像的方法，应根据需要研究的科学问题和样本类型来选择最佳方法。组织切片可以使用冷冻切片的方法。

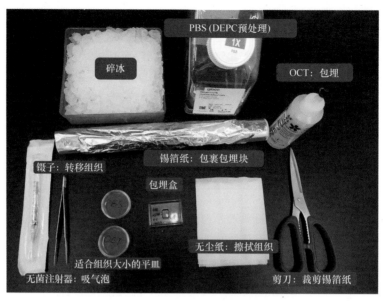

图 3-6　包埋所用试剂耗材的准备

（1）冷冻切片　　冷冻切片机箱体预冷（–20℃）和样本头预冷（–15～–10℃，根据实际操作过程调整）；提前将芯片、镊子、毛刷、刀片等置于 –20℃ 箱体预冷；用 75% 乙醇润湿无尘纸，擦拭镊子、切片台、样本头固定部位、烤片用金属板，再擦拭干净；将组织块从 –80℃ 冰箱取出放在冷冻切片机内平衡；对组织块进行修理，切去组织块周围多余的 OCT 包埋剂；使用 OCT 将组织块固定到样品托上；根据需要稍稍修理组织块后进行组织切片。图 3-7 为冷冻切片机实体与冷冻箱内部图。

 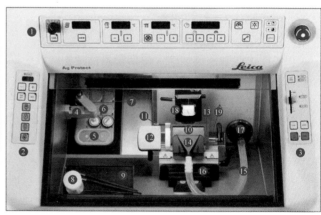

图 3-7　冷冻切片机实体（左）与冷冻箱内部图（右）

①控制面板 1：抽吸、温度和时间控制、照明、紫外线消毒；②控制面板 2：电动粗进（切片和修块厚度调节）；③控制面板 3：选配的电动切片（调节行程类型、切片速度等）；④固定式吸热块；⑤Peltier 元件；⑥速冻架；⑦速冻架定位架；⑧移动式吸热-加热块；⑨移动式储物架；⑩CE 型刀架；⑪退刀器；⑫CE 型刀架上的腕托；⑬CE 型刀架上的护刀器；⑭抽吸软管的吸嘴；⑮切片废屑抽吸软管；⑯刷子架；⑰抽吸软管接头（后面是粗孔滤网插件）；⑱定向样品头；⑲废物槽

（2）RNA 质检　　对于准备开展空间转录组实验的样本，需要首先对组织样本进行质控。通常认为，样本 RNA 的 RIN 值（RNA 完整度系数）≥7 且组织切片完整不褶皱即为样本合格。

为保证样本质量、降低实验风险，建议切 10～20 片 10μm 厚组织片存放在 −20℃ 预冷的 1.5mL EP 管中，进行总 RNA 提取和质量检测。剩余组织继续用 OCT 包埋，确认质检合格后，切片正式进行时空转录组实验。包埋盒样品示例及 OCT 切片说明见图 3-8。

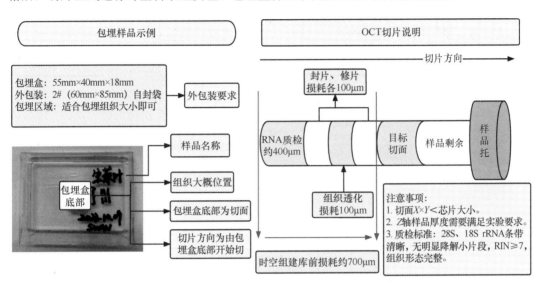

图 3-8　包埋盒样品示例及 OCT 切片说明

可根据样本情况增减取样切片数量，常规提取总 RNA 时表达丰度较高的样本，可以适当减少取样量，如花朵和发育中的器官；常规提取总 RNA 时表达丰度较低的样本，可以适当增加取样数量，如成熟叶片。

3. 时空转录组学芯片实验　　时空转录组学芯片实验的步骤主要有样本准备、优化芯片实验、功能芯片实验与文库制备（图 3-9）。首先根据包埋块制备流程将样本制备成包埋块后，冷冻切片并进行 RNA 质量评估，然后进行组织优化操作：将切片置于经处理过的荧光芯片（fluorescence chip，FC 芯片）并固定，再进行后续组织透化、逆转录反应、组织移除、荧光成像后，进行功能芯片实验及文库制备。

（1）优化芯片实验　　组织优化环节主要有六步（图 3-10）。①芯片处理与组织贴片：取芯片置于新的 24 孔板中，0.1×SSC 洗两遍，NF-H$_2$O（含 RI）覆盖芯片 1～2min，再用 NF-H$_2$O（无 RI）冲洗一次，烤干，贴片后烤片。②甲醇固定。③组织透化：时间 0～30min。④逆转录反应：加入 400μL 平衡至室温的 RT Mix，封严，42℃ 反应 3h 或过夜。⑤组织移除：加 400μL/孔组织移除试剂，37℃ 反应 1h，0.1×SSC 冲洗。⑥荧光成像：选择 10 倍镜或自行选择，CY3 或 TRITC 通道，曝光时间约 1s。组织优化判断标准：同一曝光条件下，组织形态完整，荧光值较强。

（2）功能芯片实验　　完成优化芯片实验后，根据包埋块制备流程制备好包埋块并切片后进行 RNA 质量评估，评估合格后进入功能捕获环节。功能捕获流程主要有六步（图 3-11）。①芯片处理与组织贴片：取芯片置于新的 24 孔板中，0.1×SSC 洗两遍，NF-H$_2$O（含 RI）覆盖芯片 1～2min，再用 NF-H$_2$O（无 RI）冲洗一次，烤干，贴片后烤片。②甲醇固定。③荧光染料染色，拍照。④组织透化：时间 0～30min。⑤逆转录反应：加入 400μL

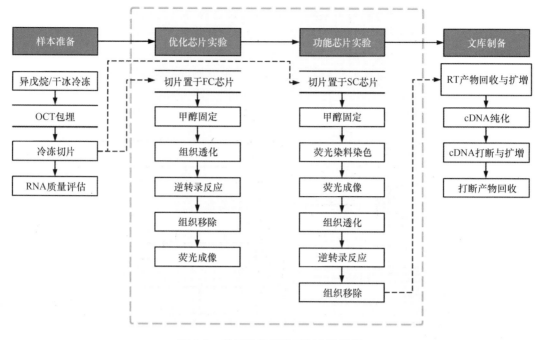

图 3-9 单细胞空间转录组实验流程

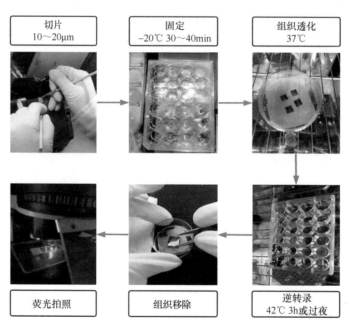

图 3-10 优化芯片实验流程步骤图

平衡至室温的 RT Mix，42℃反应 3h 或过夜。⑥组织移除：加 400μL/孔组织移除试剂，37℃反应 1h，0.1×SSC 冲洗。

4. 转录本扩增与测序 时空转录组学芯片经组织优化及功能捕获后，进入文库制备流程。单细胞空间转录组测序（以 Stereo-seq 为例）文库制备的步骤主要有四步。①逆转录产物回收与扩增：加入 cDNA Release Mix，55℃反应 3h；反应完后回收液体并用 0.8× 磁珠纯化；然后加入 PCR Mix，进行扩增，测定 PCR 产物浓度。② cDNA 纯化：将 PCR 反应液用 0.6× 磁珠进行纯化；纯化后检测 cDNA 浓度和片段分布，质控（QC）标准为片段分布

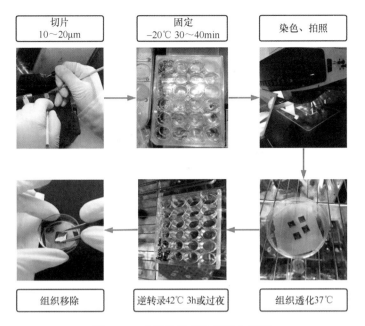

切片 10～20μm	固定 -20℃ 30～40min	染色、拍照

组织移除	逆转录42℃ 3h或过夜	组织透化37℃

图 3-11　功能芯片实验流程步骤图

主峰在 1500bp 左右。③ cDNA 打断与扩增：加入打断 Mix，55℃反应 10min；反应完后加入 PCR 扩增 Mix，进行扩增，测定 PCR 产物浓度。④打断产物回收：将 PCR 反应液用 0.6× 磁珠纯化；纯化后检测产物浓度和片段分布，QC 标准为产量大于 300ng，片段分布主峰在 400～600bp。

第二节　其他空间组学技术

一、空间基因组学技术

十多年前，高通量染色体构象捕获（high-through chromosome conformation capture，Hi-C）技术的出现开启了三维基因组学的新纪元。从那时起，解析三维基因组的组织结构的方法与日俱增，使得人们越来越了解 DNA 是如何包装在细胞核中的，以及基因组的时空组织是如何协调其重要功能的。最近，新一代空间基因组学技术已经开始揭示基因组序列和三维基因组结构是如何在不同组织环境中的细胞之间变化的（Bouwman et al., 2022）。

1. 三维基因组学和空间基因组学的不同特征　与目前已被广泛接受的"空间转录组学"术语不同（Crosetto et al., 2015），"空间基因组学"这一术语是最近才被提出的，且定义也不太明确。与"空间转录组学"相似，术语"空间基因组学"可用于指示研究基因组序列如何在健康和疾病组织或器官的不同区域间的变化，如使用多区域测序来研究肿瘤内的遗传异质性（Gerlinger et al., 2012）。自 2009 年 Hi-C 技术问世以来（Lieberman-Aiden et al., 2009），空间基因组学领域的许多研究主要集中在绘制细胞核间基因组的三维（3D）组织结构图谱（图 3-12）。

为了避免概念的混淆，使用术语"三维基因组学"来表示对细胞核中遗传物质的空间排列并与核界标（nuclear landmark）相区别，如核纤层和核体的研究，而术语"空间基因组学"则指在一个多细胞生物体中的特定组织或者器官位置中，研究不同细胞之间（或者不同的细胞类型之间）细胞核里面的基因组序列或者是基因组的空间定位的相关研究（Bouwman et al., 2022）。

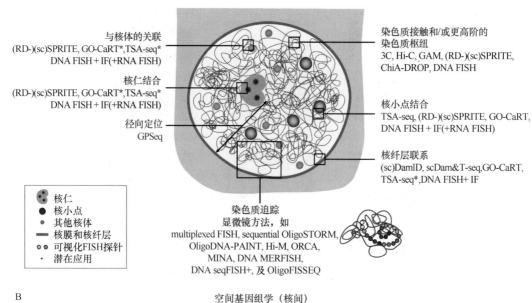

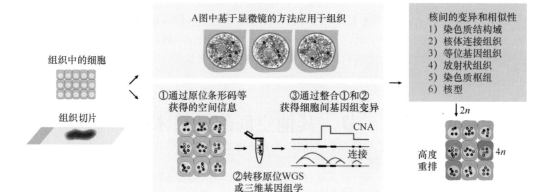

图 3-12 细胞核内基因组三维组织结构图谱绘制相关研究状况（Bouwman et al.，2022）

A. 三维基因组学研究进展，包括基于测序探测整体或单细胞的三维基因组结构，形成三维基因组的 DNA、DNA-RNA 和 DNA-蛋白质互作检测方法，以及绘制 DNA/RNA 与核标志物关联方法等；B. 空间基因组学进展，包括绘制组织切片中单个细胞的三维或线性基因组新兴技术，可以保留细胞在其组织背景中的空间定位信息

2. 染色质互作测序及其他检测技术　大多数早期的三维基因组学研究都采用了基于成像的方法（Cremer and Cremer，2001；Lamond and Earnshaw，1998）。二十多年前开发的第一种解析三维基因组互作关系的方法——染色体构象捕获（chromosome conformation capture，3C）技术（Dekker et al.，2002），在整个研究领域产生了巨大的连锁反应。3C 技术及其后续的高通量测序版本——Hi-C 技术（Lieberman-Aiden et al.，2009），是基于 3C 衍生的多种测序方法大家族中的两个主要成员（McCord et al.，2020），这些技术都是利用近端连接探测空间上相互接近的 DNA 序列之间的染色质互作。

3. 基于成像的三维和空间基因组学方法　早期基于成像技术的研究发现，成为我们目前对三维基因组组织和细胞核结构理解的基石。目前，许多基于显微成像的二维基因组学研究方法都是建立在 FISH 技术基础上的，FISH 等一系列技术的出现使得染色体领域的发现成为可能（Cremer et al.，2006），并激发了人们对基因组组织结构领域的研究。

然而，随着基于 3C 相关技术的出现，特别是 4C 和 Hi-C，FISH 方法在细胞和基因组通量方面都显著落后，需要在这一领域进行重大技术改进。得益于低成本合成 FISH 探针的新方法，包括高清晰度 DNA FISH（HD-FISH）（Bienko et al.，2013）和 Oligopaint FISH（Beliveau et al.，2012；Boyle et al.，2011；Yamada et al.，2010），以及高通量多路复用 FISH 方法等，人们又开始对 FISH 技术产生巨大的兴趣，并再一次推动了三维基因组学领域的研究发展。

1）高通量多路复用 FISH 方法。主要依靠微流控系统实现寡核苷酸（oligo）的连续多轮杂交和成像，从而实现对数百至数千个单细胞中的许多 DNA 位点进行可视化。

2）基于多重寡核苷酸探针的 FISH 技术。可用于重建 DNA 长片段的轨迹，这个过程称为染色质示踪（chromatin tracing）（Hu and Wang，2021）。染色质示踪技术通常在第一轮杂交中同时杂交非荧光靶特异性探针，随后使用自动微流体装置通过荧光标记的次级寡核苷酸序列识别用相同正交序列标记的各组寡核苷酸。随后对每组图像中检测到的单个信号进行计算拟合，以解析细胞核中单个 DNA 分子的 3D 折叠轨迹。

3）Hi-M（high-multiplexing）（Gizzi et al.，2019）和染色质结构光学重建（optical reconstruction of chromatin architecture，ORCA）（Mateo et al.，2019）技术。Hi-M 能够以 17kb 的分辨率对 22 个 DNA 位点和 1 个 RNA 靶标进行成像，ORCA 则能以 10kb 的分辨率对 70 个 DNA 位点、2kb 的分辨率对 52 个 DNA 位点及 29 个不同的 RNA 进行成像。

4）核小体结构多重成像（multiplexed imaging of nucleosome structure，MINS）技术（Liu et al.，2021）。该技术结合了多尺度染色质追踪（1Mb 分辨率的 50 个 DNA 位点和 5kb 分辨率的 19 个 DNA 位点）和 RNA FISH 对 19 号染色体中的 137 个靶标进行可视化，以及 IF 技术在单个实验中检测纤丝蛋白与核仁的相关性。此外，MINS 技术是哺乳动物组织中染色质示踪的第一个实例，将其应用于小鼠胎肝切片不仅可以对数十个 TAD 结构和调节区域进行可视化，还揭示了染色质在细胞核内组织的细胞类型特异性和细胞类型非依赖性特征（Liu et al.，2020，2021）。

5）组合成像策略 DNA MERFISH 技术。这是第一个在每个细胞的数百至数千个 DNA 位点上实现高度多路复用的 FISH 技术，并首次在 DNA FISH 中实现了全基因组范围内的检测。DNA MERFISH 能够以 50kb 分辨率可视化约 650 个 DNA 位点，以 1Mb 分辨率可视化约 1000 个 DNA 位点，并与同一细胞中核斑点、核仁和细胞周期标记的 1137 个新生转录物和 IF 成像相结合（Su et al.，2020）。

4. 空间基因组学的发展趋势　　上述基于成像的方法最初是为了绘制单细胞的三维基因组结构图谱而开发的。目前，人们已经开始使用这些方法和一些最近开发的技术解析三维基因组的单细胞图谱，并且同时保留了这些细胞在其组织环境中的空间位置信息。因此，这些方法的出现进一步激发了人们对空间基因组学领域的研究。

在过去的十年里，大量研究真核生物细胞核基因组三维结构的技术的开发，大大推动了三维基因组学领域的发展。目前，研究三维基因组学的分析方法包括数十种利用大规模并行测序或高分辨率显微成像的技术。与此同时，空间分辨率的高通量测序技术不仅可以探测三维基因组的组织结构，还可以探测线性基因组序列，并可能在天然组织环境中同时检测数百万个细胞。总之，这些技术的推广正推动着空间基因组学领域的发展（Bouwman et al.，2022）。

二、空间代谢组学技术

空间代谢组学（spatial metabolomics）是指结合了质谱成像（mass spectrometry imaging，

MSI）和代谢组学的方法，充分利用质谱成像准确识别并定位多种代谢物在组织甚至细胞间的差异性分布的能力，结合代谢组学可对目标微区域组织进行深度代谢组学分析并获得代谢物种类和含量的能力，实现了对生物学样本的代谢物空间分布的检测。

空间分辨代谢组学是近年来发展起来的一门新兴的分子成像组学技术，具有无须标记、非特异性检测等优势，可检测动物组织中外源性药物的吸收、分布、代谢和排泄，以及植物组织中多种代谢产物的生物合成、转运途径和积累规律。该技术将推动靶向药物发现、病理机制解析和动植物生长发育密切关联的空间代谢网络调控等前沿应用研究。

1. 代谢组学技术　　代谢组学（metabonomics）（Fiehn et al.，2000；Nicholson et al.，1999）旨在对某一特定条件下（病理、生理或基因型）的生物、组织或细胞中所有低分子量化合物进行定性与定量分析，以及对不同条件下代谢动态应答的定量测定（Fiehn，2002）。因此，代谢组学是一门关于生物体内源性代谢物质的整体及其变化规律的科学，它是继蛋白质组学、转录组学和基因组学发展之后的一种新兴组学技术。由于其发展迅速，目前已被成功地应用于生命科学和食品科学的多个研究领域。

代谢组学的数据采集技术主要基于：①色谱技术，如气相色谱（gas chromatography，GC）、液相色谱（liquid chromatography，LC）、毛细管电泳（capillary electrophoresis，CE）；②质谱（mass spectrometry，MS）技术；③核磁共振（nuclear magnetic resonance，NMR）技术；④傅里叶变换-红外光谱（Fourier transform-infrared spectrometer，FT-IR）技术等。其中，发展迅速、研究深入且应用广泛的主要是 NMR 技术和色谱-质谱联用技术。

2. 质谱成像技术　　质谱成像技术（MSI）也称为成像质谱技术，是最近发展起来的一门新兴成像技术，已被广泛用于动物组织、植物组织甚至单细胞中药物、代谢物、多肽和蛋白质的时空分布研究。

质谱成像的离子源是关键，按照离子源不同，常将 MSI 分为以下几种：基质辅助激光解吸电离质谱成像（MALDI-MSI）技术、二次离子质谱（SIMS）技术、解吸电喷雾电离质谱成像（desorption electrospray ionization MSI，DESI-MSI）技术、激光溅射-电喷雾电离质谱成像（laser ablation electrospray ionization MSI，LA-ESI-MSI）技术等。其中，MALDI-MSI 已成为当前最主流且应用最广泛的一类技术。

随着质谱成像技术空间分辨率和质谱仪器检测灵敏度的不断提升，使得空间分辨代谢组学逐渐朝单细胞代谢组学分析方向发展。单细胞代谢组学因其种类丰富多样、代谢过程快速、含量极低且无法对其进行信号放大和荧光标记，仍然是当前研究的热点和难点。随着高空间分辨率质谱成像技术的不断发展和完善，相信该技术将会在细胞生物学研究中展现更广阔的应用前景。例如，在人类和动物研究领域，可以研究肿瘤组织代谢通路、监测外源性药物分子在组织内的吸收（absorption）、分布（distribution）、代谢（metabolism）和排泄（excretion）即 ADME 过程，以及候选药物评价等（Sun et al.，2019）；研究药物及其代谢产物在机体中的分布，药物的作用机制研究和药效评价（Wang et al.，2019）；研究内源性代谢物和外源性药物分布、功能性代谢物的从头生物合成过程监测、纳米载药诱导癌细胞凋亡等（Masujima，2009；Mizuno et al.，2008）。在植物研究领域，可以开展代谢物的精准定位、重要功能代谢产物的生物合成和转运途径、功能基因验证等（Berisha et al.，2014）。

三、空间多组学技术

人类和许多其他真核生物由数十亿细胞组成，由于细胞内部和外部等多重因素影响，存在大量异质细胞类型和不同状态的功能细胞。从本质上讲，单个细胞内的不同"组学"存在复杂的相互作用分子层次结构：从基因组和表观基因组，到转录组、蛋白质组和代谢组，再反复。

为了发展对单个细胞中从基因组到表观基因组的分子层面理解，单细胞和空间分辨率的多组学方法是必要的。对来自单细胞的基因组、表观基因组、转录组、蛋白质组和代谢组的多组学联合分析，正在改变我们对健康和疾病状态下的细胞生物学的理解。在不到十年的时间里，该领域经历了巨大的技术革命，为控制发育、生理和病理的细胞内及细胞间分子之间的相互作用提供了重要新见解（Vandereyken et al.，2023）。

空间多组学的方法正在迅速发展，由于该技术允许在亚细胞分辨率下研究不同的分子分析物，因此被 *Nature* 列为 2022 年值得关注的七项技术之一（Eisenstein，2022），其发展和创新的基础是一系列已建立的空间单组学方法。

1. 空间多组学技术的应用策略　一个样本的空间多组学（包括基因组、转录组、蛋白质组等）表征，通常是将一个固定的新鲜冷冻样本或福尔马林固定的石蜡包埋样本的组织切片作为实验对象，结合不同的空间单组学方法来获得多组学数据。不同的空间单组学方法可以单独应用在相邻的组织切片上，如果可以保持不同的分析物的质量，则可以连续应用于同一组织切片上；如果可以联合靶向并读取出不同的分析物，则可以平行应用于不同组织切片上。在不同分子水平上同时分析目标分析物的数量因方法而异。

通常空间组学测量还辅以组织学染色，如相同或相邻组织切片的苏木精和伊红染色（HE染色），从而能结合额外的形态学注释。

（1）通过相邻（或连续）切片策略实现空间多组学研究　　在同一组织样本的相邻或连续切片上对不同的单组学层应用空间进行分析，使空间多组学技术能够在其最佳设置中进行分析，并在计算中集成它们的数据（图 3-13）。这需要所有相关流程相互协调，其中包括样本收集和制备、合适的实验设计及良好的检测。这种方法的缺点是并非所有测定都与所有样品类型兼容（如新鲜冷冻与 FFPE），存在样品异质性，不同的空间分析可能有不同的分辨率。虽然存在计算工具可以弥补这些不足，但各部分之间的一致性是不明确的。因此，能够在同一组织切片上进行空间多组学测量的创新方法正在出现。

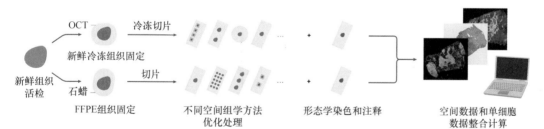

图 3-13　在相邻或连续的组织切片获得的样本的空间多组学数据示意图（Vandereyken et al.，2023）

连续的新鲜冷冻或 FFPE 组织切片可以使用不同的空间单组学分析进行，也可以结合相同或相邻切片上的形态学染色和注释，然后进行计算数据集成

（2）通过同一切片策略实现空间多组学研究　　spatial-ATAC&RNA-seq 和 spatial CUT&Tag-RNA-seq 分别描述了在同一组织冷冻切片上同时无偏分析染色质可及性或特定组蛋白修饰和基因表达的可能性（Zhang et al.，2023）。这些方法基于 spatial-ATAC-seq（Deng et al.，2022）或 spatial-CUT&Tag（Deng et al.，2022）的微流体确定性条形码组织（DBiT）策略与 DBiT-seq poly(A) 转录物分析相结合（图 3-14）（Fan et al.，2022）。

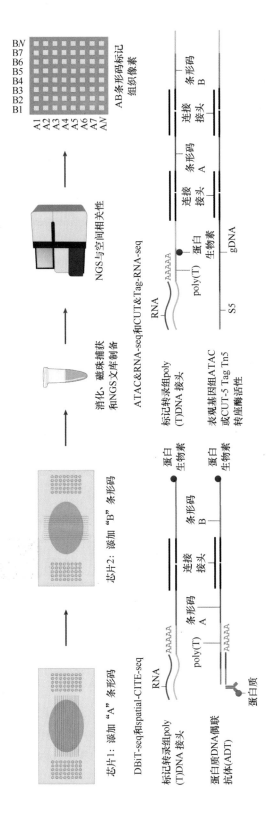

图 3-14 组织水平多组学条形码技术示意图（Vandereyken et al., 2023）

组织中的微流控策略确定确定条形码策略允许许基于二代测序（NGS）的转录组+蛋白质组空间多组学分析，如 DBiT-seq（Fan et al., 2022）和 spatial-CITE-seq（Fan et al., 2022），以及表观基因组+转录组，如 ATAC&RNA-seq 和 CUT&Tag-RNA-seq（Zhang et al., 2023）。利用基于双微流控芯片的 poly(A)RNA 空间条形码，以及芯片通过十字路口的蛋白质或表观基因组信息，创建了一个组织组学的二维像素图

单细胞组学基础

70

2. 空间多组学组合技术

（1）空间（表观）基因组学+转录组学 基于空间条形码，测序读数与组织切片的显微图像相结合，允许多组学序列信息在空间上映射（Zhang et al.，2023）。这些检测方法的局限性在于：分辨率仅接近于单细胞而非亚细胞、可分析区域较小、相邻像素点之间存在不能检测的空间，以及制造和处理微流体芯片都较为复杂，对专业知识要求较高。

基于显微镜的方法可以通过直接成像 DNA 位点、染色体和核结构及单个细胞内的转录物，以高达亚细胞的分辨率实现基因组或表观基因组信息，以及基因表达的空间分析（图 3-15）。多组学单分子荧光原位杂交（smFISH）方法，如 MERFISH（Chen et al.，2015；Xia et al.，2019）和 seqFISH+（Cai et al.，2019；Shah et al.，2017）允许表征染色质域、区室和跨染色体相互作用及其与单细胞转录的关系。

此外，OligoFISSEQ 方法允许对单个细胞中的多个基因组位点进行基于原位测序的快速可视化，具有全基因组应用的潜力，并分别与免疫荧光和其他基于 FISSEQ 的蛋白质和 RNA 表征方法兼容（Nguyen et al.，2020）。但它们需要复杂光学条形码方案和高分辨率成像模式方面的专业知识，在复杂组织中应用具有挑战性，样品成本高，通常只能表征有限的区域。

通过使用基于激光捕获显微切割（LCM）技术从组织切片中分离特定（单）细胞，基于单细胞测序的"基因组+转录组"或"表观基因组+转录组"分析方法可以应用于空间分辨率，如分析三阴性乳腺癌患者的肿瘤发展、转移和预后（Zhu et al.，2021）。

（2）空间转录组学+蛋白质组学 允许对转录组和蛋白质组进行平行空间调查的方法目前仍然有限，通常基于两种模式的串行表征，大多只允许对有限数量的蛋白质进行共同表征，而且往往缺乏单细胞分辨率。例如，基于商业芯片的 10X Genomics Visium 技术用于 55μm 分辨率的 poly(A)RNA 捕获和空间条形码，然后进行 NGS 鉴定，目前支持对同一新鲜细胞上的一个或两个靶标进行免疫荧光蛋白检测（Kwon et al.，2023）。空间蛋白质和转录组测序（SPOTS）表明，Visium 还使用聚腺苷酸化抗体衍生标签（ADT）偶联抗体对大量蛋白质进行共同分析兼容。NanoString GeoMx 数字空间分析（DSP）则通过计算独特的索引寡核苷酸来量化 RNA 和/或蛋白质的丰度（图 3-16）。基于芯片的 DBiT-seq 方法还允许在组织冷冻切片中将 poly(A) mRNA 与蛋白质联合作图（Liu et al.，2020）。迄今为止，spatial-CITE-seq 是允许最多数量的蛋白质与多聚糖同时进行空间分析的 poly(A) 转录组，具有进一步扩展的潜力。

基于显微镜的方法可用于对数百至数千个目标基因进行空间转录物分析，也兼容同一样本中的免疫荧光或 DNA 偶联抗体蛋白读数。对细胞边界或其他细胞、核或亚核标记进行染色和定位，可以实现更准确的细胞分割、转录物分配或核组织的解析。

此外，同一组织切片上的组合空间转录组和蛋白质读数对于将转录物与蛋白质表达、定位和相互作用关联起来至关重要，有助于揭示控制特定细胞类型和状态的细胞机制。

3. 空间多组学发展趋势 在未来的几十年里，单细胞和空间分辨率的多组学将进一步创新，从而对细胞生物学有更全面的理解。在多个方面将取得进展，包括通量的提高、成本的降低及在单一检测中纳入更多的方法（Vandereyken et al.，2023）。

此外，作为多组学测量的一部分，空间多组学期望在检测和表征每种模式时提高灵敏度和特异性。同样，表观基因组的测量在共同检测共同调节基因表达和其他 DNA 相关过程的表观基因组特征范围方面也受到严重限制。要实现这种从组织或空间分辨率下分离的单个细胞的整体多组分析，需要在接下来的几年中克服许多挑战。

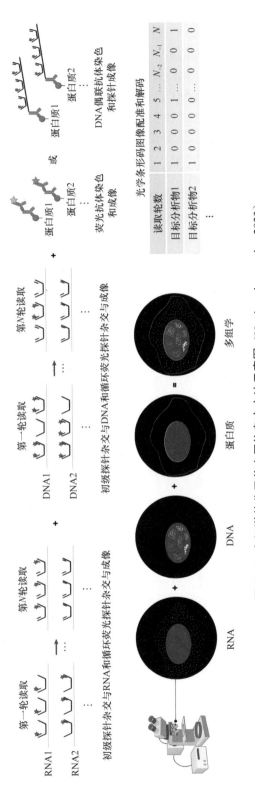

图 3-15 多组学单分子荧光原位杂交方法示意图（Vandereyken et al., 2023）

基于先进荧光原位杂交（FISH）的方法，包括 MERFISH 和 seqFISH+，除了使用荧光或 DNA

偶联抗体读取出蛋白质外，还允许基于显微镜鉴定单个细胞中的数千个转录物和基因组位点

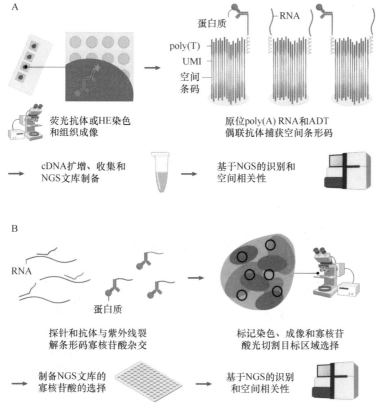

图 3-16　基于多组学微阵列与数字空间分析示意图（Vandereyken et al.，2023）

A. 基于多组学微阵列芯片方法，包括空间转录组（ST）（Ståhl et al.，2016）和 10X Genomics Visium，利用带有阵列 oligo-dT 点的载玻片来捕获空间条形码 poly(A)RNA，然后进行 NGS 分析；B. 多组学数字空间分析方法，通过计算独特的条形码寡核苷酸，对特定感兴趣区域（ROI）中的 RNA/蛋白质进行定量和空间映射等

学科先锋

超高分辨率时空组学技术 Stereo-seq 横空出世

2022 年 5 月 5 日，华大基因等机构的研究人员利用自主研发的时空组学技术 Stereo-seq，首次实现了全球生命全景地图绘制，即小鼠、斑马鱼、果蝇、拟南芥四种模式生物胚胎发育或器官的时空图谱，相关成果在 *Cell* 及其子刊 *Developmental Cell* 在线发表。该批时空图谱首次从时间和空间维度上对生命发育过程中的基因和细胞变化过程进行了超高分辨率解析，包括利用高精度大视场 Stereo-seq 技术绘制的小鼠胚胎发育时空图谱。同时，由深圳华大生命科学研究院等机构发起的时空组学联盟（STOC）在深圳宣布成立。

发表于 *Cell* 的论文第一作者、深圳华大生命科学研究院时空组学首席科学家陈奥称，通过时空组学技术 Stereo-seq，人类首次以 500nm 的空间分辨率（即亚细胞水平，国际上首次实现了真正意义的单细胞水平空间转录组测序）实现了生命全景时空图谱的绘制。论文共同通讯作者之一、深圳华大生命科学研究院单细胞组学首席科学家刘龙奇表示，时空组学技术的出现，令研究人员可以在细胞甚至亚细胞分辨率下，观察到正常状态和疾病状态下分子和细胞的分布，以及细胞之间的互作情况，推动研究人员对生命复杂性和人类疾病的全面认知。

深圳华大生命科学研究院院长、系列文章通讯作者徐讯表示，时空组学联盟旨在推动时空组学技术在生命科学各个领域的广泛应用，绘制人类器官、疾病、发育、演化等时空图谱，目前已有来自哈佛大学、剑桥大学、牛津大学等 16 个国家的高校或科研机构的 80 多位科学家加入。

（樊龙江改自 2022 年 5 月 5 日中国青年报记者刘芳的报道）

第四章 单细胞转录组数据基础分析

第一节 测序数据预处理、比对与表达定量

一、测序数据基本分析流程

由于单细胞转录组测序和常规转录组测序技术 Bulk RNA-seq 产生的数据都是以 FASTQ 格式存储的读序（read）信息，因此两者在读序预处理、比对到参考基因组、定量等方面没有本质区别。适用于常规 RNA-seq 数据的基本流程和分析软件（图 4-1）同样也适用于 scRNA-seq 数据。

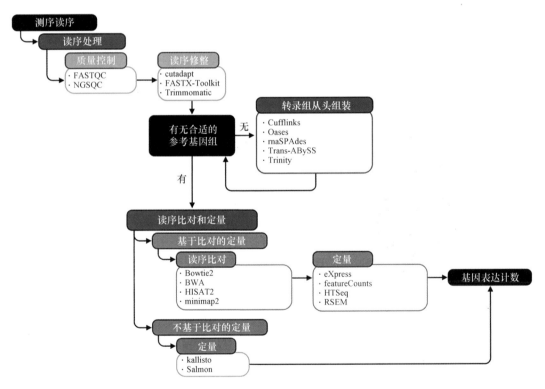

图 4-1 常规转录组测序数据质控、比对、定量等分析流程及所涉及的相关生物信息学软件

（Chung et al.，2021）

具体来说，原始测序数据下机之后，利用 FASTQC、NGSQC 等软件对数据进行质量评估；利用 cutadapt、FASTX-Toolkit、Trimmomatic 等软件去除低质量读序和测序接头；若所测序的物种具有参考基因组，则通过 Bowtie2、BWA、HISAT2、STAR 等软件将读序比对到

参考基因组；若没有参考的物种基因组，则利用 Cufflinks、Trinity 等软件从头组装转录组；转录物的表达定量使用 RSEM、featureCounts 等软件实现。

值得一提的是，10X Genomics 公司为单细胞转录组测序数据量身打造的官方数据分析软件 CellRanger，可以直接输入高通量测序的原始数据，并且对测序数据进行基因组比对、表达矩阵定量、降维、聚类及可视化等分析。一般常用 CellRanger 软件来获得"基因-细胞"表达矩阵。CellRanger 软件高度集成化，使得单细胞转录组测序数据的分析变得更加简单，给予研究者更多机会去解析单细胞分辨率下的生物学意义。

二、条形码和 UMI 分析

单细胞转录组测序技术引入了细胞条形码（barcode，BC）和唯一分子标签（unique molecular identifier，UMI）两个概念。其中条形码序列是指为了识别不同的细胞，每个细胞的转录物都会带有唯一的细胞条形码；UMI 序列是为了避免 PCR 扩增引起的偏差，从而提高基因表达定量的准确性。因此在读序比对前/后需识别条形码和 UMI 序列。

条形码和 UMI 序列的结合能清楚地识别每个细胞中的转录物表达情况，如 10X Genomics 和 BD 公司的 Rhapsody 等单细胞转录组测序结果中会输出 R1 和 R2 双端序列数据，其中 R1 序列包含的是条形码和 UMI 序列，R2 序列包含的是 RNA 序列逆转录之后的 cDNA 序列。

需要注意的是，10X Genomics 的 V2 试剂盒和 V3 试剂盒不同。和 V2 相比，V3 试剂盒中所用的 UMI 和 poly(T) 的长度都发生了变化，从而导致测序得到的 R1 和 R2 端的序列长度也不一致，V2 试剂盒的 R1 端长度为 26bp，包含 16bp 的条形码和 10bp 的 UMI 序列，V3 试剂盒的 R1 端长度为 28bp，包含 16bp 的条形码和 12bp 的 UMI 序列。而 BD 公司的 Rhapsody 测序技术产生的 R1 端序列更加复杂（图 4-2），包括细胞标签序列、一致性序列、UMI、poly(T) 尾巴等序列的特定排列。

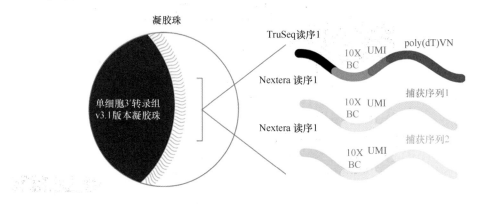

5'	细胞标签序列1	一致性序列1	细胞标签序列2	一致性序列2	细胞标签序列3	UMI	poly(T)
长度/bp	9	12	9	13	9	8	18
位置	1~9		22~30		44~52	53~60	

图 4-2　10X Genomics（上）和 BD Rhapsody（下）下机单细胞数据 R1 序列的构成
TruSeq 和 Nextera 为二代测序文库名称。上图和下图分别来自 10X Genomics 和 BD Rhapsody 的官网

通过单个细胞包含的 UMI（即来自一个条形码）情况不仅能够判断单细胞转录组测序质量的好坏，还能以此估计测序捕获的细胞数量。一般情况下，以 10X Genomics 的下机数据为例，细胞条形码和 UMI 之间的关系有以下四种不同情况（图 4-3）。

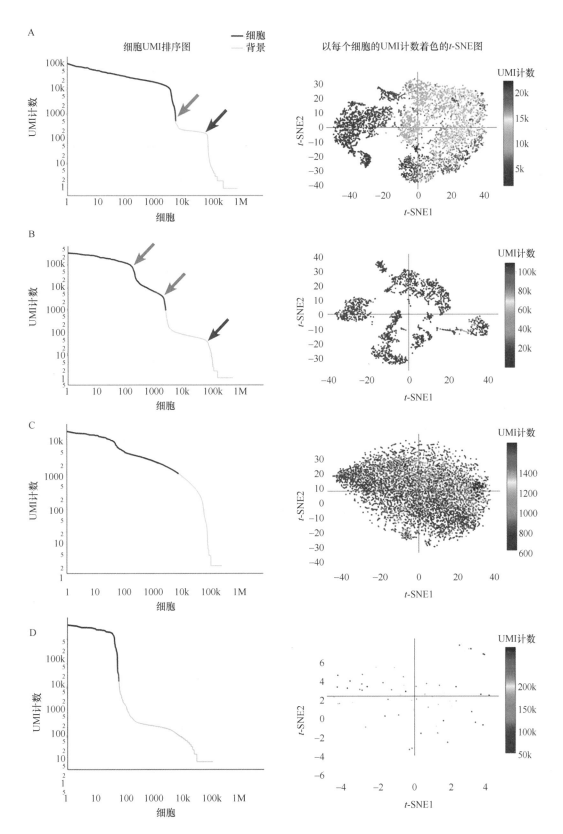

图 4-3 单个细胞的 UMI 数量（来自一个条形码）反映了不同批次的测序质量和背景污染

左图横坐标为细胞的排序、纵坐标为对应细胞的 UMI 计数；右图为对应数据的 t-SNE 图，每个点代表一个
细胞，颜色代表每个细胞中 UMI 计数的大小。图片来自 10X Genomics 官网

第一种（图 4-3A）为 scRNA-seq 数据质量较好的典型案例。图中有两个急剧下降的"悬崖"（分别为两个箭头所指之处），说明细胞与空液滴之间能够明显分离，即蓝色箭头所指之处为空液滴。右边的聚类图表示该数据有较好的聚类效果。

第二种（图 4-3B）可能表示该样本中有异质细胞群，如混入了未知的杂质细胞。图中共有三个急剧下降的"悬崖"（分别为三个箭头所指之处），其中前两个可能代表目标细胞类群和异质细胞群，最后一个可能为空液滴。右侧的聚类图也表示有一簇细胞与其他细胞类群明显区分，并且该簇的表达水平明显高于其他类群。

第三种（图 4-3C）代表了受损细胞的数据情况。图中的曲线呈现圆形，并且没有急剧下降的"悬崖"，表明样本的质量差或单细胞行为丧失。可能是由润湿失败、细胞过早裂解或细胞活力低导致。右侧的聚类图也无法将细胞聚成清晰的类群。

第四种（图 4-3D）代表了另一种受损细胞的数据情况。图中显示检测到的细胞条形码数量低于预期（只有不到 100 个）。这可能是由于样品堵塞或者细胞计数不准确而引起的。右侧的聚类图也显示由于细胞数量太少，无法获得明显的细胞类群信息。

以上所列举的仅是 scRNA-seq 数据分析过程中，条形码和 UMI 之间关系的部分情况，实际数据分析过程中遇到的情况可能比以上情况更加复杂，因此需要结合具体的实验设计和实验处理过程来解释该图所呈现的信息，并且以此来确定下游需要分析的细胞数量。

第二节　表达矩阵质控与优化

一、质控

单细胞测序样品均经过细胞解离、序列扩增、加接头等文库构建等过程，最终均由高通量测序仪（如 Illumina 或 PacBio）测序。这些过程会出现细胞损伤、文库构建失败和扩增错误等，导致低质量测序数据的产生。为了避免或减轻低质量细胞可能导致的这些问题，在单细胞数据分析之前需要清除那些低测序质量的数据，这个过程一般称为质控（quality control，QC）。

（一）低质量细胞识别

单细胞转录组测序数据中的低质量文库可能有多种来源，如细胞解离过程中出现损伤或者文库构建失败（低逆转录效率或 PCR 扩增率）。这些低质量细胞通常表现为：较低的总 UMI 或者读序数量、较少表达基因的数量、高线粒体基因表达比例、高 spike-in 转录物比例。

低质量细胞可能会导致下游分析的误差：①这些低质量细胞形成了自己独特的簇，使对结果的解析变得复杂。甚至在某些情况下，由不同细胞类型生成的低质量细胞可能基于损伤诱导的表达谱中的相似性而聚集在一起，从而在其他不同簇之间添加了人为的中间状态或轨迹。②低质量细胞在方差估计或主成分分析（PCA）过程中影响了所有细胞的异质性的特征。可能导致的结果是 PCA 前几个主要成分将捕获由于细胞质量高低引起的差异而不是生物学差异，从而降低降维效果。同样，变异最大的基因可能由于低质量细胞与高质量细胞之间的差异引起。其中最明显的一个例子是总 UMI 或读序数量非常低的低质量细胞由于标准化而放大了基因的表达变异。③低质量细胞中所包含的基因由于标准化（平衡各个细胞文库大小之间的差异，详见本节"二、标准化与归一化"）而表现为与其他细胞相比出现明显的上调。这可能会导致这个基因被误认为可能具有生物学功能，然而实际上这个基因可能并没有差异表达。

鉴定低质量细胞主要有以下三种指标：①文库大小，即每个细胞中能比对到基因上的总读序或者 UMI 数量；②每个细胞中表达的基因数量；③线粒体基因比例。一般情况下，文库较小、表达的基因数较少、线粒体基因表达占比高的细胞被认为是低质量细胞。这种方法虽然简单，但是需要根据不同的实验设计、材料、条件、方法确定合适的阈值。即使是同样的实验方案和测序系统，其阈值也可能因 cDNA 捕获效率和测序深度的不同而异。

为了使质控的效果更符合各个数据的实际情况，也可以使用自适应阈值来鉴定低质量细胞。为了获得自适应阈值，假设大多数单细胞数据集是高质量的细胞，然后根据所有细胞中每个质控指标的中位数绝对偏差（MAD）来确定异常的细胞。具体来说，如果某个值与相应的中位数相差多于 3 个 MAD，则认为该值是异常值。自适应质控指标的阈值优点是可以根据测序深度、cDNA 捕获效率、线粒体含量等方面的变化而调整，并且不需要分析人员的过多干预和先验知识。但是有以下两个因素需要注意。

一是异常值检测的假设。异常值检测的假设基础是大多数测序细胞的质量还可以（可接受），这个假设在一般情况下是合理的，并且在某些情况下可以通过肉眼检查细胞是否完整（如在微孔板上）。如果大多数细胞的质量较差（不可接受），则自适应阈值显然不准确，因为无法删除大部分细胞。当然，这里的可接受与否要根据实际情况而定。例如，神经元细胞很难分解，因此某些质量不可接受的细胞也没有被删除；而在胚胎干细胞的单细胞数据集中，这样的细胞就是低质量细胞。另一个假设是，质控指标与每个细胞的生物学状态无关。然而在高度异质性细胞群体中可能并不是这样。在某些物种中，某些细胞类型本身具有较少的基因表达数和较高的线粒体基因表达。即使没有捕获或测序方面的任何技术问题，这些细胞也可能被视为异常值并删除。高度异质性细胞在高质量细胞之间的质控指标应具有较高的可变性，增加 MAD 指标以减少错误地删除特定细胞类型的概率。一般情况下，这些假设是合理的。尽管如此，在分析结果的时候仍需要考虑这些因素。

二是实验因素的考虑。相对复杂的研究可能涉及具有不同测序深度的细胞批次。在这种情况下，自适应阈值策略应分别应用于每个批次。从包含多个批次样品的混合数据中计算中位数和 MAD 几乎没有意义。例如，如果一个批次中的测序覆盖率比其他批次低，则它将降低中位数并使 MAD 值变大。这将降低自适应阈值对其他批次的适用性。

在质量控制过程中，最主要的实际问题是可能误判并丢弃整个细胞类型。由于质控指标永远不会完全独立于生物学状态，因此这种情况始终存在发生的风险。如果我们怀疑某些细胞类型已在质控时被错误地丢弃，最直接的解决方案是放宽质控阈值以获取与真正的生物学差异相关的指标。当然，这也有可能保留了更多低质量细胞。总之，与实验操作过程中的细胞损失相比，通过计算方法利用质控指标误删某些细胞类型的担忧可能微不足道。

标记低质量的细胞，并将其保留在下游分析中，这样做的目的是允许其形成低质量细胞簇，在后续的结果解析过程中识别这些簇。这种方法避免了某些细胞类型的误删。然而保留低质量细胞也会影响方差建模的准确性，如需要使用更多的 PC 来抵消低质量细胞与其他细胞之间的差异。

对于常规分析，建议默认参数执行质控操作，以避免低质量细胞引起的一些问题。完成初始分析后，如果对丢弃的细胞类型有任何疑问，可以对标记为低质量的细胞进行重新分析。

（二）双胞的识别

在单细胞转录组测序实验过程中，由于实验技术的限制，一个反应体系（可以是一个油包水液滴或者平板反应孔）可能会包含两个或多个细胞，这种现象称为双胞（doublets）。例如，10X Genomics 单细胞转录组测序技术，上机的细胞数在 9600 左右时，其多细胞的概率约为 4.6%；随着上机细胞数量的增加，多细胞的概率也不断提升，当上机的细胞数量达到 16 000 个时，多细胞的概率高达约 7.6%（表 4-1）。当然不同单细胞转录组测序技术之间也存在差异，如 BD 公司的 Rhapsody 技术，上机细胞数分别为 10 000 个和 40 000 个时，双胞概率分别为 2%～3% 和 8%～10%。不断降低多细胞概率也是单细胞转录组测序技术不断优化的一个方向。

表 4-1　10X Genomics 单细胞转录组测序技术上机细胞数与多细胞概率情况

上机细胞数 /个	发现细胞数 /个	多细胞概率 /%
约 800	约 500	约 0.4
约 1 600	约 1 000	约 0.8
约 3 200	约 2 000	约 1.6
约 4 800	约 3 000	约 2.3
约 6 400	约 4 000	约 3.1
约 8 000	约 5 000	约 3.9
约 9 600	约 6 000	约 4.6
约 11 200	约 7 000	约 5.4
约 12 800	约 8 000	约 6.1
约 14 400	约 9 000	约 6.9
约 16 000	约 10 000	约 7.6

注：数据来源于 Chromium Next GEM Single Cell 3′ Reagent Kits v3.1 User Guide • Rev D

由于多细胞并不是真正的细胞，它们的存在会严重干扰对单细胞 RNA 测序数据的分析。因此，除了在实验技术层面要不断优化以降低多细胞的概率外，我们也可以通过数据分析的手段来识别多细胞。多细胞的识别方法有很多，如 DoubletFinder、Scrublet 等。不同方法之间的原理不同（图 4-4）。以下简单介绍几种。

DoubletFinder 是一个和 Seurat 包无缝衔接的鉴定单细胞数据中多细胞的 R 包。其原理是从现有的表达矩阵的细胞中根据预先定义好的细胞类型模拟一些双胞出来（如单核和 T 细胞的双胞、B 细胞和中性粒细胞的双胞等），将模拟出的双胞和原有矩阵的细胞混合在一起，进行降维聚类，原则上人工模拟的双胞会与真实的双胞距离较近，因此可计算每个细胞 K 最近邻（KNN）细胞中人工模拟双胞的比例（proportion of artificial nearest neighborsp, pANN），可根据 pANN 值对每个细胞或条形码的双胞概率进行排序。另外依据泊松分布的统计原理可以计算每个样本中双胞的数量，结合之前的细胞 pANN 值排序，就可以过滤双胞。以类似的方式，Bais 和 Kostka（2020）提出了 bcds 算法和共表达评分 cxds 算法。

Scrublet 是一个基于 Python 的预测双胞的工具，其原理是先定义两种双胞，分别为植入型和新表型，前者通常是同一细胞类型双胞，后者是不同细胞类型双胞，Scrublet 算法只用于寻找后者。算法随机抽取成对的条形码模拟出双胞加到原表达矩阵中，并对所有细胞（包括模拟出的双胞）进行聚类。最后根据聚类结果对细胞进行打分，细胞的分值和其有关联的模拟双胞数目成正比，且分值越高越可能是真正的新表型双胞。

不同的方法有不同的优势和劣势，需要根据实际的数据情况进行筛选和判断。

识别多细胞的方法存在几点挑战：①尽管双胞/多细胞应该具有特别的基因和 UMI 的

单细胞组学基础

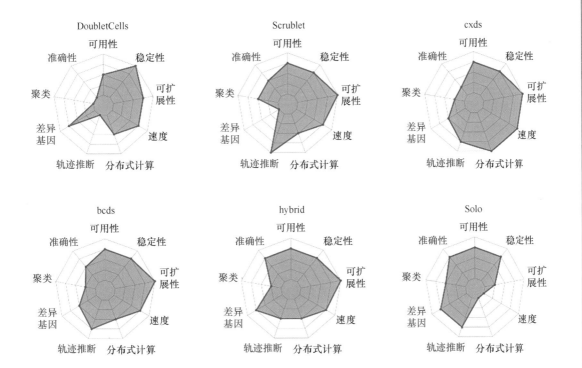

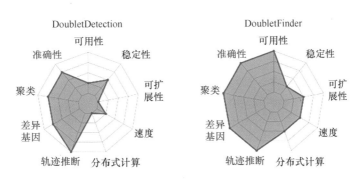

图4-4 八种不同双胞识别软件之间的差异（Xi and Li，2021）

蓝色文字代表双胞识别软件对单细胞数据下游分析的影响参数；

黑色文字代表双胞识别软件的计算效率参数

分布，以及具有两倍及以上的RNA含量，但这些变量不足以准确地预测单个细胞是双重态的；②不同的RNA丰度和/或合成cDNA中的技术差异可能导致每个细胞信号的贡献不均。因此，认为双胞中两个不同细胞的贡献程度相同可能会过于简单，并且还需要明确考虑过渡和混合谱系细胞状态的复杂性。

软件识别出来的双胞/多细胞是否需要去除？真正的双胞可能是单独成簇，或者具有多种不同类型细胞的标记基因。如果识别出这些细胞不是重要研究对象，则可以选择不去除。

（三）细胞周期识别

细胞周期（cell cycle）是指细胞从一次分裂完成开始到下一次分裂结束所经历的全过程，分为间期与分裂期两个阶段。其中间期又分为三期，即DNA合成前期（G1期）、DNA合成期（S期）与DNA合成后期（G2期）。G1（gap1）期为细胞大小增加（细胞中遗传物质加倍）准备期；S（synthesis）期为DNA合成期，如人类基因组的46条染色体（23对）

中的每一条都复制成功；G2（gap2）期细胞器发育、蛋白质合成活跃，为细胞分裂做准备。M（mitosis）期为分裂期，在该时期亲代进行核分裂和细胞质分裂，产生含有与亲代细胞相同遗传物质的子细胞。

在分析单细胞数据时，同一类型细胞可能来自不同的细胞周期阶段，这可能对下游的聚类分析、细胞类型注释产生混淆。通过分析细胞周期有关基因的表达情况，可以对细胞所处周期阶段进行注释。在单细胞周期分析时，通常只考虑三个阶段：G1、S、G2M（即把 G2和 M 合并看作一个时期）。

基于单细胞转录组测序数据对细胞周期进行判断的方法有 Seurat 包的 CellCycleScoring()函数和 Scran 包的 cyclone() 函数。

Seurat 包提供了人细胞中分别与 S 期、G2M 期直接相关的标记基因，其中 S 期相关标记基因有 43 个，G2M 相关标记基因有 54 个（表 4-2）；若是小鼠等其他物种，则可以通过同源基因转换等方法来判定细胞周期相关标记基因。Seurat 包利用 CellCycleScoring() 函数，根据细胞类型标记基因的表达量，对每个细胞的 S 期、G2M 期可能性进行打分。打分规则根据每个细胞的 S 期（或 G2M 期）基因集是否显著高表达，对应的分值表示在该细胞中 S期（或 G2/M 期）基因集高表达的程度（如果是负数，则认为不属于该时期）。

表 4-2　Seurat 包中收录的人类细胞周期相关基因

基因类别	具体基因						
S 期标记基因	HELLS	PCNA	TYMS	FEN1	MCM2	MCM4	RRM1
	GINS2	GMNN	UBR7	DTL	PRIM1	MCM6	RFC2
	MLF1IP	WDR76	NASP	MSH2	RPA2	MCM5	UNG
	RAD51AP1	SLBP	POLD3	ATAD2	RAD51	RRM2	CDC45
	CASP8AP2	CCNE2	CDC6	EXO1	TIPIN	DSCC1	BLM
	CDCA7	UNRF1	USP1	CLSPN	POLA1	CHAF1B	BRIP1
	E2F8						
G2M 期标记基因	HMGB2	CDK1	ECT2	UBE2C	BIRC5	TPX2	TOP2A
	ANP32E	CTCF	CKS2	CKAP2	AURKB	BUB1	KIF11
	CDC25C	KIF2C	SMC4	GTSE1	NUSAP1	CDCA2	CDCA8
	TUBB4B	NEK2	G2E3	GAS2L3	CBX5	CENPA	CCNB2
	RANGAP1	KIF23	NUF2	NDC80	HMMR	CKS1B	HJURP
	NCAPD2	ANLN	TMPO	MKI67	AURKA	KIF20B	PSRC1
	DLGAP5	HN1	TTK	CDCA3	TACC3	FAM64A	CENPE
	CKAP2L	CDC20	LBR	CENPF	CKAP5		

Scran 包的 cyclone() 函数是利用标记基因对（表 4-3）的表达来对细胞所在周期阶段进行预测。具体来说，对于某个时期的标记基因对，某个细胞的第一列基因表达量大于对应的第二列基因的情况越多，则越有把握认为该细胞就是处于该时期。标记基因对是根据训练集细胞（已注释了细胞周期）的基因表达特征产生，Scran 包中包含人和小鼠这两个物种的标记基因对。

表 4-3　Scran 包中收录的标记基因对示例（小鼠基因组）

| 细胞周期 | 标记基因对 | | 标记基因对数量 |
	第一列	第二列	
G1 期	ENSMUSG00000000001	ENSMUSG00000001785	
	ENSMUSG00000000001	ENSMUSG00000005470	12 052
	ENSMUSG00000000001	ENSMUSG00000012443	
	...	...	
S 期	ENSMUSG00000000001	ENSMUSG00000002014	
	ENSMUSG00000000001	ENSMUSG00000004771	6 459
	ENSMUSG00000000001	ENSMUSG00000007656	
	...	...	
G2M 期	ENSMUSG00000000001	ENSMUSG00000014402	
	ENSMUSG00000000001	ENSMUSG00000017499	9 981
	ENSMUSG00000000001	ENSMUSG00000022432	
	...	...	

在单细胞转录组测序数据分析过程中，细胞周期产生的基因表达差异是否要去除可以根据实际的情况而定，若细胞周期产生的影响造成细胞聚类的差异并且严重影响了要研究的生物学问题，则可以考虑去除；若没有对聚类产生很大影响，或者对关注的生物学问题影响不大，则可以考虑标记每个细胞的细胞周期（图 4-5），在后续生物学问题的解析过程中综合分析生物学效应和细胞周期效应。

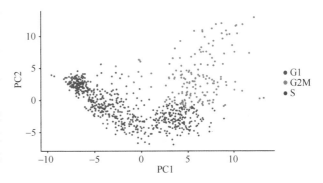

图 4-5　利用 Seurat 包标记的每个细胞的不同细胞周期

每个点代表一个细胞；红色、绿色、蓝色分别代表 G1、G2M 和 S 期；PC1 和 PC2 分别代表主成分分析时的两个成分

二、标准化与归一化

（一）标准化

一般情况下，单细胞 RNA 测序数据中，不同细胞文库之间的测序深度和覆盖度存在差异。这些差异可能是由于文库构建过程中 cDNA 捕获或 PCR 扩增效率方面的差异所引起的。标准化（normalization）的目的是消除文库大小的差异，从而使不同细胞之间的表达谱能够比较。这确保了在不同细胞群体中观察到的异质性或差异表达都是由生物学而不是技术差异引起的。

标准化的常规流程是通过每个细胞的比例因子（size factor）来处理单细胞转录组原始表达数据，再通过 Scater 包的 logNormCounts() 函数对其进行对数转换。计算细胞比例因子的方法有缩放、反卷积等。

常用的文库大小的标准化方法主要是缩放标准化（scaling normalization）。文库的大小即每个细胞中所有基因的 UMI 或读序计数总和。缩放标准化即将每个细胞的所有计数（UMI 或读序总数）除以特定细胞的比例因子。这里的假设是任何细胞特异性偏倚（如捕获或扩增效率）都会通过缩放该细胞的预期平均计数同等地影响所有基因。每个细胞的比例因子表示该细胞中相对偏差的估计，因此，将其总计数除以其比例因子可以消除该偏差。这样可确保原始计数标准化后的表达值在同一范围内，可用于下游分析，如聚类和降维。基于该原理的常用方法为 Scater 包的 librarySizeFactors() 函数。严格来说，文库比例因子的使用前提是假定任何一对细胞之间的差异表达基因中均不存在"不平衡"现象。也就是说，任何一个子集基因的上调都可以通过不同子集基因的相同幅度的下调来抵消。但是，在 scRNA-seq 数据中基本不存在所谓"平衡"的差异表达基因，这意味着文库大小标准化可能无法为下游分析产生十分准确的标准值。然而在实践中，标准化的准确性并不是 scRNA-seq 数据分析的主要考虑因素。成分偏差（composition bias）通常不会影响簇的分离，只会影响簇或细胞类型之间的差异程度。因此，文库大小标准化通常在许多分析中都是默认参数，这些分析的目的是识别簇和定义每个簇的标记基因。

如上所述，当样本之间存在任何不平衡的差异表达时，就会出现成分偏差。以两个细胞为例，其中基因 X 在细胞 A 中（相比于细胞 B）上调。这种上调意味着更多的测序数据将集中于细胞 A 中的基因 X，因此当每个细胞的总文库大小（总测序量）一定时，会导致其他非差异表达基因的覆盖度降低；或者为了获得基因 X 更多的读序或 UMI，需要增加细胞 A 的文库大小，从而增加了文库比例因子，导致标准化之后，非差异表达基因的表达值较小。在这两种情况下，最终结果都是与细胞 B 相比，细胞 A 中的非差异表达基因将被错误地下调。

对于普通 RNA 测序数据分析而言，如何消除成分偏差已有充分研究，如 DESeq2 包的 estimateSizeFactorsFromMatrix() 函数或 edgeR 包的 calcNormFactors() 函数。这些方法的假设是，在细胞之间大多数基因不是差异表达基因。但是由于单细胞数据稀疏性（大量低计数或者零计数）的特点，这些常规转录组的标准化方法可能会出现问题。为了克服这个问题，可以汇总多个细胞的计数以增加计数的大小，并且进行准确的比例因子估算。然后，为了标准化每个细胞的表达谱，将汇总后的比例因子去卷积，分解为基于细胞的比例因子。基于该原理的标准化方法有 Scran 包的 calculateSumFactors() 函数。

但是换一个角度来说，对于基于细胞的分析（如聚类分析），与简单的文库大小标准化相比，成分偏倚控制所提供的信息仍十分有限（好处较少）。成分偏差的存在已经暗示表达谱有很大差异，因此更改标准化策略不太可能影响聚类结果。

（二）归一化

需要注意标准化和归一化（scaling）之间的差异。标准化一般是对文库大小进行处理，目的是消除技术差异，常用的方法是对数转换；而归一化一般是对基因表达量进行处理，目的是消除不同样本中基因表达的平均水平和偏离度的影响，为了后续的分析不受基因表达的极值影响，常用的方法是 Z 值（Z-score），即表达量减均值再除以标准差。

在常规的单细胞转录组数据分析过程中，先用标准化方法保证细胞之间具有可比性（消除文库大小差异），确定高变基因之后，为确保不同细胞间同一基因具有可比性，采用归一化方法（消除基因表达的极值影响）。其中一个例子如图 4-6 所示。

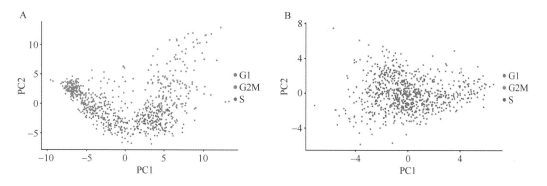

图 4-6 细胞周期效应归一化前（A）后（B）的 PCA 降维结果

每个点代表一个细胞；红色、绿色、蓝色分别代表 G1、G2M 和 S 期；PC1 和 PC2 分别代表主成分分析时的两个成分

三、数据优化

（一）数据插补

1. 概述　　虽然单细胞数据能够测得单个细胞中的不同组学信息，包括转录组、染色质开放组、DNA 甲基化组、组蛋白修饰组等，但是单细胞组学数据具有规模大、噪声高等特点，使其数据分析充满挑战。特别是单细胞组学数据中的数据缺失（dropout）对下游分析会造成严重影响（具体见第九章）。数据缺失是由于单细胞测序技术的限制，只能捕获每个细胞转录组（或其他组学）的小规模的随机样本，这可能导致基因表达检测的缺失（即零值），而基因检测的缺失导致表达信号（或其他组学信号）的改变，进而可能导致基因与基因之间关系的丢失或错误判断。

为了解决单细胞数据的这些问题，降低数据噪声，目前已经开发了基于不同原理的缺失数据插补或平滑（imputation）方法。数据平滑的原理主要分为三类：仅对单细胞数据中的零值进行处理；基于测序技术噪声对所有基因产生影响的假设，不仅对数据中的零值进行处理，对于非零值也进行调整；将表达相似的细胞信息整合到一起形成元细胞（metacell）用于后续分析。

2. 分析方法和工具　　基于马尔可夫亲和性的细胞图插补工具 MAGIC（Markov affinity-based graph imputation of cells）（van Dijk et al., 2018），是一种通过数据扩散在相似细胞之间共享信息的方法，用于填补细胞表达矩阵缺失的表达信息。MAGIC 方法认为单细胞数据中的所有零值都为缺失数据，它在恢复基因与基因之间的关系方面十分有效。

以一个植物 scRNA-seq 数据为例，进行 MAGIC 数据平滑分析。该数据经上游初步过滤后总细胞数为 38 832 个，总基因数为 34 636 个。运行 magic() 函数的 genes 参数设置为 "all_gene"，处理前后如图 4-7 所示。

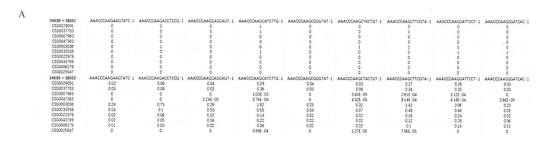

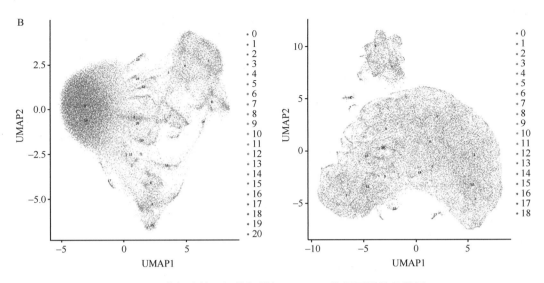

图 4-7　单细胞转录组数据进行 MAGIC 数据平滑处理举例

A. 处理前（上半部分）后（下半部分）的表达矩阵变化，处理前的大部分零值（缺失数据）在处理之
后被赋予相应的表达值；B. 处理前（左图）后（右图）的降维聚类图变化

scImpute（Li and Li，2018）是一种准确而稳健地估算 scRNA-seq 数据中数据缺失的统计方法。scImpute 自动识别可能的缺失数据，只对这些值进行插补，而不会对其余数据引入新的偏差。scImpute 还可以检测异常细胞并将其排除在插补之外。scImpute 被证明可以识别潜在的细胞，增强细胞簇的聚类，提高差异表达分析的准确性，并有助于基因表达动力学的研究。SAVER（single-cell analysis via expression recovery）（Huang et al.，2018）是一种利用基因与基因之间的关系来恢复每个细胞中每个基因的真实表达水平的方法，这种方法消除了测序技术带来的噪声，同时保留了跨细胞之间的生物学变异。ALRA（adaptively thresholded low-rank approximation）（Linderman et al.，2022）是一种基于低秩矩阵近似的方法，该方法能够估算单细胞数据中的缺失值，同时将生物中未表达的基因（真正的生物零点）保留在零表达水平。上述三种方法的共同点是将单细胞测序数据中的零值分为测序技术引起的"技术零值"和真正的"生物学零值"。其中生物学零值有两种情况：一种是某些基因在某些细胞类型中确实不表达，另一种是基因在间歇性表达的过程中，取样的阶段正好处于间歇性不表达的状态。

单细胞状态聚合方法 SEACells（single-cell aggregation of cell states）（Persad et al.，2023）是一种用于识别元细胞的算法，它克服了单细胞数据的稀疏性，同时保留了传统细胞聚类可能掩盖的异质性。SEACells 在具有离散细胞类型和连续分化轨迹的单细胞转录组和染色质可及性数据集中识别元细胞的表现优于其他算法。SEACells 可以用于改善基因峰值关联、计算 ATAC 基因评分并推断分化过程中关键调节因子的活性。元细胞分析方法还包括 MetaCell（Baran et al.，2019）等，元细胞分析的一个主要问题是容易忽略罕见细胞类型或细胞状态的代表性不足的情况，并且基于元细胞的策略在常规 scRNA-seq 数据分析中尚未得到广泛应用。

（二）数据整合——批次校正

1. 概述　单细胞测序项目通常会产生大量细胞，但这些样本制备过程很难保持时间一致和试剂一致，同时，在上机测序阶段也不一定使用同一台测序仪。简而言之，不同时间、操作者、试剂、仪器造成的实验误差，反映到细胞的表达量上就是批次效应，尽管批次效应难以完全消除，但可以尝试减小其影响。如果效应较小且可接受，那么问题不大；然而，如果批次效应很严重，可能会和真实的生物学差异混淆，使结果难以解读。因此，我们需要确定批次效应的程度，以及它是否会对我们的生物学样本产生影响。

需要注意标准化和批次校正（batch correction）之间的区别：标准化与批次校正无关，它仅考虑实验技术引起的偏差；而批次校正仅在不同批次之间发生，并且必须同时考虑实验技术偏差和生物学差异。实验技术偏差一般对基因造成类似的影响，或者影响测序过程中的某些生物物理特性（如长度、GC含量）；而批次之间的生物学差异很可能是无法预测的。因此，标准化和批次校正涉及不同的假设，并且通常涉及不同的计算方法，分析过程中需要注意避免混淆标准化和批次校正。

2. 分析软件和原理　　校正批次效应的目的是减少批次之间的差异，尽量让多个批次的数据重新组合在一起，这样下游分析就可以只考虑生物学差异因素。目前我们常用的 Seurat 包有一定的去除批次效应的能力，但是批次效应目前仍然是大数据分析的一个难题。常见的校正批次效应的工具有 Harmony、Seurat3、BBKNN 等（图 4-8）。

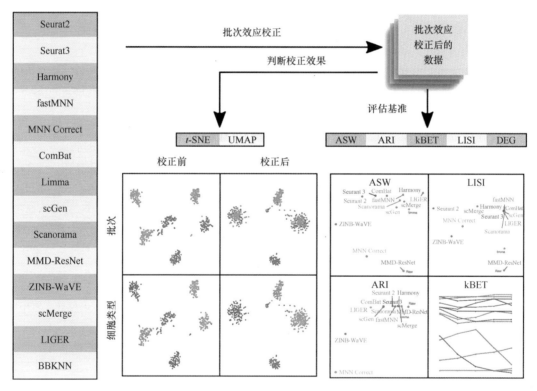

图 4-8　常见批次效应处理工具及其处理效果的评估方法（Tran et al.，2020）

评估方法/参数包括平均轮廓宽度（ASW）、调整兰德指数（ARI）、K 最近邻批量效应检验（kBET）、
局部逆辛普森指数（LISI）和差异表达基因（DEG）

Harmony 使用一种迭代聚类的方法，找到一个细胞特异性线性校正函数。首先，将不同批次中的数据整合，使用 PCA 降维后进入迭代过程。每一次迭代包括四个步骤：首先，使用一种新开发的 K-means 软聚类方法聚类，将每个细胞分给多个潜在的类别；然后，计算出每个类别中的质心和每个类别中每个批次的质心；其次，根据质心计算出细胞特异性的线性校正因子；最后，每个细胞可以根据每个类别的加权平均得到一个线性校正因子，因为每个细胞属于多个类别，所以每个细胞都有不同的校正因子。

Seurat3 使用典型相关分析（canonical correlation analysis，CCA）进行降维，然后在标准化 CCA 空间寻找最小互近邻（被称为锚，anchor）。为避免非相似细胞间异常锚的产生，使用共享最近邻（shared nearest neighbour，SNN）来评估细胞类型的相似性。寻找批次间的最小互近邻（mutual nearest neighbor，MNN），即批次间相似类型的细胞在批次间共有的邻居，再根据这些细胞对计算校正因子，用于后续校正。

由于单细胞实验的复杂性和特殊性，批次效应在单细胞数据分析中尤为突出，规避批次效应最好的方式就是在实验设计阶段降低风险，其次再考虑用生物信息学的方法校正。每一种批次效应去除方法都有其优点和局限性，没有明显的最优解（表 4-4）。综合不同应用情景，Harmony、LIGER 和 Seurat3 等在去除批次效应方面表现良好。Harmony 在使用相同细胞类型和不同技术的数据集上表现良好，并且其运行时间相对较短；LIGER 在不同细胞类型的数据集上表现尤为良好，不过其主要缺点是运行时间比 Harmony 长；Seurat3 也能够处理大数据集，但运行时间比 LIGER 长 20%～50%，同时它在处理多个批次数据时表现出良好的批次混合效果，因此在多批次数据场景下也是一个推荐的选择。针对超大细胞数的数据（如百万级数据）可以考虑使用 Scanpy 等基于 Python 的工具。Python 对于大规模数据的处理比 R 更具优势。

表 4-4　不同场景推荐使用的批次校正工具

使用场景	推荐的批次校正工具
不同技术处理的相同细胞类型	Harmony、Seurat3、LIGER
每个批次的细胞类型不完全相同	Harmony、LIGER
多个批次	Harmony、Scanorama、scGen、scMerge、Seurat3
大数据集（大于 10 万个细胞）	Harmony、LIGER、ZINB-WaVE、MMD-ResNet、Seurat3
超大数据集（100 万个细胞以上）	Scanpy、BBKNN、CellHint、Seurat5
综合	Harmony、Seurat3、LIGER

第三节　特征基因选择、降维与聚类

单细胞组学技术的特点是可一次性获得成千上万个单细胞分辨率的各类分子数据（所谓高通量），这类数据包括 DNA、RNA 甚至蛋白质分子。这类数据往往都有一个普遍分析需求——降维和聚类。降维是为了便于理解和可视化，聚类是为了更好地描述细胞群体的异质性。有关降维和聚类的相应算法详见第九章，本节主要介绍降维和聚类的实现及其主要工具。

一、特征基因选择

单细胞转录组数据中，聚类和降维等分析过程通过比较细胞的基因表达谱来进行分析。因此选择的特征基因对下游分析可能会产生显著影响。理想的状态是选择包含有关生物学意义有用信息的基因，同时去除包含随机噪声的基因。其中最简单的选择特征基因方法是根据它们在整个群体中的表达变异性来挑选高可变基因（highly variable gene，HVG）。该方法基于真正的生物学差异将表现为受影响基因的变异增加的假设。

特征基因选择的最简单方法是根据基因在整个细胞群的表达量来选择变化最大的基因。假定与仅受技术噪声或基线水平的"无用"生物学变异影响的其他基因相比，真正的生物学差异将表现为受影响基因的变异增加。有几种方法可用于量化每个基因的变异并选择适当的一组高度可变的基因。

　　量化每个基因变异的最简单方法，是直接计算细胞群间所有细胞的每个基因对数归一化后的表达值（为简单起见，称为"对数值"）的方差。其具有一个优点，即特征基因的选择是基于与后续下游步骤使用相同标准的数值，特别是对数值方差最大的基因对细胞之间的欧几里得距离贡献最大。通过在此处使用对数值，我们可以确保在整个分析过程中对异质性的定量定义是一致的。每个基因的对数值方差很容易计算，但是特征选择需要对均方差关系进行建模。对数转换无法实现完美的方差稳定化，这意味着基因的方差更多的是由其丰度驱动，而不是其潜在的生物异质性。

　　Seurat 包中的 FindVariableFeatures() 函数可以用来实现高可变基因的确定。其中 selection.method 参数可以选择不同计算高可变基因的方法，nfeatures 可以设置高可变基因的数量。Scanpy 包中 highly_variable_genes() 函数可以实现同样功能。

二、降维

　　单细胞转录组数据通过比较多个细胞中多个基因的表达量来揭示细胞之间的差异。每个细胞中的每个基因都代表数据的一个维度，一次单细胞测序会得到成千上万个细胞的成千上万个基因数据，也就是说单细胞数据是一个高维的数据。而人眼无法识别三维以上的数据，因此我们需要将多个特征压缩到几个维度中，便于理解和可视化。

　　降维是把高维数据或特征的维数降低，一般会降到二维或者三维。降维方法一般分为线性降维和非线性降维。线性降维方法有主成分分析（principal component analysis，PCA）；非线性降维方法有 t 分布随机邻近陷入（t-SNE）和统一流形逼近与投影（UMAP）等。

　　Seurat 包中的 RunPCA、RuntSNE、RunUMAP 三个函数分别实现 PCA、t-SNE 和 UMAP 非线性降维分析。以一个人类 scRNA 数据为例进行非线性降维分析。该数据经上游初步过滤后总细胞数为 13 424 个，总基因数为 28 803 个。RunPCA 的 npcs 参数设为 50，RuntSNE 和 RunUMAP 的 dims 参数均设为 1：50，运行后可以获得图 4-9 结果。由此可见，UMAP 降维图中各个类群相对集中，而 t-SNE 图类群相对更多更细。

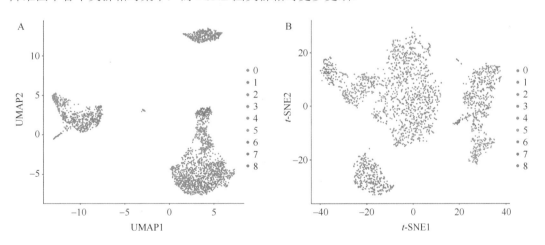

图 4-9　非线性降维分析方法 UMAP（A）和 t-SNE（B）对同一个单细胞转录组数据（10X Genomics 官网的 pbmc3k 数据）的降维结果

不同颜色代表不同细胞簇（细胞簇即聚类结果）

三、聚类

聚类(clustering)是一种无监督的学习过程,用于根据经验定义具有相似表达谱的细胞组。聚类的主要目的是将复杂的 scRNA-seq 数据汇总成可供解析的格式。聚类能够使我们用易于理解的标签来描述细胞种群的异质性,而不是试图理解细胞所在的高维空间。利用标记基因对细胞簇进行注释之后,这些簇可以被认为是某些生物学概念(如细胞类型或状态)。聚类算法包括基于图的聚类(Seurat 包中所使用的即是基于图的聚类方法)、K 均值聚类(K-means,非监督聚类最常用的一种方法)和层次聚类(又称树聚类算法)。

Seurat 包中的 FindNeighbors() 函数可以确定 K 最近邻图,其中 dims 参数可以选择 PC(主成分)数量来构建最邻近图;FindClusters() 函数可以根据不同的分辨率来确定细胞簇,即细胞聚类。

第四节　标记基因鉴定与细胞类型注释

一、标记基因鉴定

细胞类型鉴定是单细胞数据分析中的关键,对后续的生物学解释具有重要意义,这也是单细胞数据分析的难点。标记基因是细胞类型注释的关键依据。

(一)标记基因的获得

细胞类型标记基因是在某种类型细胞中高表达的基因。需要注意的是标记基因与差异基因的区别,标记基因也可被认为是一种特殊的差异基因,但是标记基因的定义更加严格,其特异表达的要求更高,最好是在其中一种细胞类型里面表达,而在其他细胞类型内不表达。

标记基因的获得可以来源于实验、文献及单细胞转录组测序数据。在单细胞转录组测序数据中,通常使用 Seurat 包的 FindAllMarkers() 函数,将每个簇与所有其他簇进行比较,以识别潜在的标记基因。每个簇中的细胞被视为重复,本质上是通过一些统计测试进行差异表达分析。默认的统计检验方法为 Wilcoxon 秩和检验。

FindAllMarkers() 函数具有以下三个重要参数,它们提供了确定基因是否为标记基因的阈值。① logfc.threshold:簇中基因平均表达相对于所有其他簇中平均表达的最小 log2 倍变化。默认值为 0.25。该参数的局限性:如果平均 logfc 未达到阈值,可能会错过在感兴趣簇内的一小部分细胞表达的细胞标记,但不会错过在其他簇中表达的标记。由于不同细胞类型的代谢产物略有差异,可能会返回大量代谢/核糖体基因,这对于区分细胞类型身份没有太多帮助。② min.diff.pct:在簇中表达基因的细胞百分比与在所有其他簇中表达基因的细胞百分比之间的最小百分比差异。该参数的局限性是可能会错过那些在所有细胞中表达但在这种特定细胞类型中高度上调的细胞标记。③ min.pct:该参数指定了在数据集中的最小细胞百分比阈值,该阈值用于过滤控制或变量基因选项。即在一个数据集中,对于每个基因或特征,只有在达到特定百分比的细胞中表达该基因或特征的情况下,才会保留该基因或特征进行后续的分析。这个阈值可以帮助过滤掉在较少细胞中表达的基因,减少噪声或稀有事件对分析的影响。默认值为 0.1。该参数的局限性是如果设置为非常高的值可能会导致许多假阴性,因为并非在所有细胞中都检测到所有基因(即使它被表达)。

以上参数可以任意组合,具体取决于标记基因鉴定的严格程度。此外,默认情况下,

FindAllMarkers() 函数将返回阳性和阴性表达变化的基因。通常，使用参数 only.pos 来选择只保留阳性表达变化的基因。

（二）标记基因数据库

截至目前，有很多数据库收集了不同物种的不同细胞类型标记基因（表 4-5）。这些标记基因数据库为人工和自动细胞类型注释提供了重要支持。

表 4-5　代表性标记基因数据库及其收录情况

标记数据库	涉及物种	标记收录数量（物种种类）	最近更新日期（版本号）
CellMarker	人类和小鼠	26 915（2）	2022 年 10 月 27 日（v2.0）
PanglaoDB	人类和小鼠	8 286（2）	2020 年 5 月 21 日（未知）
PlantscRNADB	植物	114 770（15）	2023 年 8 月 15 日（v3.0）
PCMDB	植物	81 117（6）	2021 年 9 月 15 日（v1.1）
Plant Single Cell Hub	植物	104（5）	2021 年 12 月 10 日（第三次）
scPlantDB	植物	229 551（17）	2023 年 7 月 10 日（v1.1）

CellMarker 收集了经过人工整理并得到实验支持的人类和小鼠各种类型细胞的标记。当前版本收录了 656 个组织、2578 种细胞类型和 26 915 个细胞标记，还开发了 6 个在线小工具，功能包括细胞注释、细胞聚类、细胞分化和细胞通信等。CellMarker 可以用来查找特定组织或细胞类型对应的标记基因，反过来，也可以通过搜索细胞簇的差异基因来确定细胞类型。

PanglaoDB 是一个收集整合小鼠和人类多种单细胞转录组数据的综合数据库。目前共计收录了 1368 例样本、258 种组织、约 550 万个细胞的数据。对于单细胞测序分析中的细胞注释工具，这个数据库也是不错的选择。

MCA（mouse cell atlas）是基于 Microwell-seq 高通量单细胞测序的小鼠单细胞数据库。MCA 数据库的主要功能分为三类：浏览、搜索和注释。MCA 3.0 数据库的当前版本涵盖了小鼠 40 多种器官组织，超过 260 万个单细胞的数据集。

HCA（human cell atlas）即人类细胞图谱计划，是一项与"人类基因组计划"媲美的大型国际合作项目。通过 HCA 可以查找和下载单细胞测序项目数据。

PlantscRNADB 是一个植物单细胞 RNA 分析数据库，新版的 PlantscRNADB 3.0 收录了 15 种植物（包括拟南芥、水稻、番茄、玉米、草莓、杨树、烟草、白菜、木薯、大豆、苜蓿等）的数据，共计包含 114 770 个标记基因。

PCMDB（plant cell marker data base）是一个植物细胞标记基因数据库。PCMDB 收录了 6 种常见模式植物（拟南芥、水稻、玉米、大豆、番茄和烟草）的 3 种不同类型的细胞标记，包括实验验证的标记基因（3119 个），基于普通 RNA-seq 数据的差异表达标记基因（40 625 个），以及通过 scRNA-seq 鉴定的特定细胞间的差异表达基因（46 915 个）。

Plant Single Cell Hub 除了分享植物单细胞研究相关的方法和文献外，还提供了一个植物标记基因数据库，其中所有的标记基因都通过 RNA 原位杂交或 GFP 报告基因得到了证实。

二、细胞类型注释

细胞类型注释是进行单细胞数据分析的重点，也是最复杂、最耗时的步骤。研究者推荐单细胞数据注释分为 3 个主要的步骤,分别为自动注释、人工注释和实验验证(图 4-10)。下文介绍人工注释和自动注释,实验验证将在本书第十章介绍。

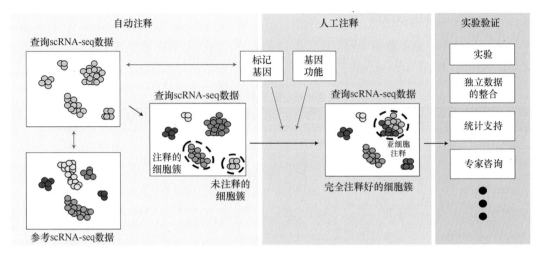

图 4-10 单细胞数据注释的推荐步骤(Clarke et al.,2021)

(一)人工注释

细胞类型的注释方法有很多,其中利用传统的标记基因进行注释属于人工注释,人工注释比较适合有经验的科研工作者,准确性相对较高;但随着单细胞的研究越来越多,提供给我们的细胞类型的标记基因信息越来越丰富,人工注释比较耗费精力且受主观因素影响。即便如此,人工注释或核实仍是单细胞数据分析中不可缺少的步骤。本节第一部分所述的"标记基因"相关内容即是人工注释的基础,可以根据细胞簇中不同细胞类型的标记基因表达情况,来确定该簇是哪种细胞类型。

Seurat 包的 FindAllMarkers() 函数可以找到未知细胞簇的差异表达基因,通过将这些差异表达基因与细胞类型标记基因进行对照,即可确定细胞类型。此外,可以通过直接可视化[如 Seurat 包的 featurePlot() 函数]细胞类型标记基因在不同簇中的表达情况,表达高的细胞簇即为该标记基因对应的细胞类型。假设某个细胞簇中没有对应的已知标记基因高表达,则可以通过 GSEA、GSVA、GO 富集、KEGG 富集等分析方法来识别特异性通路,从而确定具体的细胞类型。

(二)自动注释

细胞类型的自动注释是使用计算机算法和适当的先验生物学知识来标记细胞簇的方法。一般原理是识别单个细胞或细胞簇中与已知细胞类型或状态的特征基因表达特征相匹配的基因表达信号(模式或特征);然后为对应的单个细胞或簇分配相应的标签(即细胞类型)。自动注释主要分为两种,分别为"基于标记基因的自动注释"和"基于参考图谱的自动注释"。具体软件方法见表 4-6 和附表 1。

表 4-6 不同自动注释的相关软件方法(Clarke et al.,2021)

工具名称	类型	语言	数据类型	说明
singleCell Net	基于参考图谱	R	单细胞	速度是其他方法的 1%～10%;高精度
scmap-cluster	基于参考图谱	R	单细胞	速度快;平衡假阳性和假阴性;包括用于大型预构建参考或自定义参考集的 web 界面

工具名称	类型	语言	数据类型	说明
scmap-cell	基于参考图谱	R	单细胞	根据参考图中的最邻近细胞注释单个细胞；允许绘制细胞轨迹；快速且可扩展
SingleR	基于参考图谱	R	单细胞	包括多个大型参考数据集；无法用于大于一万个细胞的数据集；包括带有标记数据集的 web 界面
Scikit-learn	基于参考图谱	Python	多种	正确设计和适当训练分类器需要专业知识，同时应注意避免过度训练
AUCell	基于标记基因	R	单细胞	由于单细胞水平的检测率较低，因此每种细胞类型都需要许多标记物
SCINA	基于标记基因	R	单细胞	同时对细胞进行聚类和注释；对包含错误标记基因具有鲁棒性
GSEA/GSVA	基于标记基因	R/Java	细胞簇	标记基因列表必须以 GMT 格式重新格式化；必须在基因集中的同一方向上有差异地表达

关于 SingleR 软件的报道，最早来自一篇有关肺巨噬细胞的单细胞研究论文，在这篇文章中，作者使用多份实测数据证明了 SingleR 软件可以有效地基于单细胞转录组数据对各个细胞进行识别。该算法的基础工作原理很简单：准备一套参考数据集，参考数据中每个样品被人工注释为一种主要的细胞类型及相应的细胞亚型标签；然后通过差异表达的方法或方差分析的方法获取已知细胞类型的差异基因，在差异基因中计算每个单细胞与参考数据集中每个样品的 Spearman 相关系数，同一细胞类型下多个参考样品的相关系数的 80% 分位数作为这个单细胞注释到此细胞类型的得分；保留与参考细胞类型注释最大得分差值在 0.05 以内的参考细胞类型，重新计算差异基因，再次计算测试细胞与剩下参考细胞类型集的相关系数，迭代，直到只剩下两种细胞类型时，保留相关性得分最高的已知细胞类型，为此细胞注释到的细胞类型。目前 SingleR 内置的数据库有 7 个，其中包括 5 个人类的数据库和 2 个小鼠的数据库（表 4-7），应用于相应物种及组织的单细胞结果注释。

表 4-7　SingleR 内置的数据库说明

数据库名称	说明
HumanPrimaryCellAtlasData	包含 713 个微阵列样本，分为 38 个主要细胞类型，进一步注释为 169 个子类型。大多数标签指的是血液亚群，但其他组织的细胞类型也可用
BlueprintEncodeData	由 Blueprint 和 ENCODE 项目产生的纯基质和免疫细胞的大量 RNA-seq 数据组成
DatabaseImmuneCellExpressionData	由来自同名项目的细胞群的大量 RNA-seq 样本组成
MonacoImmuneData	来自 GSE107011 的免疫细胞群的大量 RNA-seq 样本组成
NovershternHematopoieticData	由 GSE24759 中的造血细胞群的微阵列数据集组成
ImmGenData	收集了 830 个微阵列样本，将其分为 20 个主要细胞类型，进一步注释为 253 个子类型
MouseRNAseqData	包含从 GEO 下载的小鼠 RNA-seq 数据集。有各种各样的细胞类型，细胞主要来自血液也包括其他一些组织

最近发表的 CellTypist 整合了来自 20 个组织的 19 个免疫细胞单细胞测序公共数据集，

构建了一个能够自动注释细胞类型的跨器官免疫细胞数据库。与其他自动注释算法不同，CellTypist 可以自定义高精度和低精度，也就是说，在高精度下 CellTypist 可以直接注释出细胞簇。此外，对于未知的细胞类型，CellTypist 则会选择性注释。

不管是用哪种自动注释的方法，最终都需要人工检验，因为软件自动化注释一般是使用软件内置数据集进行注释，操作相对简单但极其依赖参考数据集的准确程度。此外，一般来说，自动注释的准确性在不同数据集中可能存在较大差异，因此可以作为一种辅助注释手段。

学 科 先 锋

Raul Satija 与 Seurat

乔治·修拉（Georges Seurat）（1859～1891 年）为法国印象派中点描派的代表画家，后期印象派的重要人物。他的画作风格与众不同，画面充满了细腻缤纷的小点，当你靠近看时，每一个点都充满着理性的笔触，与凡·高的狂野和塞尚的色块都大为不同。代表作包括《大碗岛的星期天下午》等。

Raul Satija　　　**Georges Seurat**

2015 年，修拉创作《大碗岛的星期天下午》130 周年之际，Raul Satija 以修拉的名字命名了他开发的单细胞组学工具——Seurat（Satija et al., 2015）。单细胞错综复杂的空间分布，使他们联想到了修拉用小点颜料绘制的彩色斑斓画作。目前该工具已成为单细胞组学领域最为著名的生物信息学工具之一。

Raul Satija 是在哈佛大学的 Aviv Regev 实验室做博士后期间开发了该工具，他具有统计学背景，哈佛大学统计学博士毕业。2014 年 12 月他进入纽约大学基因组学与系统生物学中心，建立了自己的实验室（https://engineering.nyu.edu/advisory-council/rahul-satija），并继续在单细胞组学领域开展研究，不断完善和更新 Seurat。目前该工具已开发到第五版。

（樊龙江）

第五章 单细胞转录组数据高级分析

第一节 拟时序分析

一、拟时序分析原理与方法

拟时序分析主要是基于细胞在时间上的动态变化及细胞状态的连续性演化。其基本原理是利用单细胞 RNA 测序数据，通过量化细胞之间的相似性和差异性，在低维空间中对细胞状态建模，从而揭示细胞在时间上的排序和动态演变。

拟时序分析的核心思想是将细胞状态的变化视为连续的时间演化过程，类似于观察时间序列数据。通过对细胞之间的相似性进行测量，可以将它们在低维度空间中的坐标位置确定为细胞状态的连续性轨迹。这些轨迹反映了细胞状态的动态变化，揭示了细胞在时间上的排序。拟时序分析的方法可以通过降维技术，如 t-SNE 和 PCA，将高维度的基因表达数据映射到低维度空间，以更好地理解细胞状态的演化。拟时序分析不仅有助于理解细胞的分化和发育过程，还可以用于研究细胞在疾病进展中的时间动态。这种方法提供了一种全新的视角，使研究人员能够更全面地理解细胞状态和其在时间上的变化。通过在不同时间点上比较细胞状态的演变，拟时序分析为研究细胞动力学和时间相关生物学现象提供了有力的工具和方法。这一基础背景是拟时序分析在单细胞 RNA 测序研究中的重要应用，也是推动该领域不断发展和深化的理论依据。

生物学中的许多过程以细胞状态的动态变化连续体形式展现出来。其中最明显的例子就是细胞分化为越来越特殊的亚型，但还有其他现象，如细胞周期或免疫细胞激活，这些现象伴随着细胞转录组的逐渐变化。为了从单个细胞的表达数据中描述这些过程，可以使用一种叫作"轨迹分析"的方法，即在高维度表达空间中找到一条路径来代表细胞状态的连续变化，这条路径贯穿于分化等连续过程相关联的各种细胞状态。这个路径则被称为"轨迹"（trajectory）。在最简单的情况下，轨迹只是从一个点到另一个点的简单路径，但我们也可以观察到单个或多个起点经过分支发展到多个终点或者类似闭环的复杂轨迹（图 5-1）。

| 环形 | 线性 | 单分支 | 多分支 | 树形分支 | 连通结构 | 非连通结构 |

图 5-1 多种不同复杂度的轨迹类型（Saelens et al.，2019）

在轨迹分析中，还引入了一个概念叫作"伪时间"（pseudotime），用来表示细胞在轨迹上的位置，它可以量化潜在生物过程的相对活动或进展程度。以细胞分化轨迹为例，伪时间可以表示从多能干细胞到终态分化的程度，其中具有较大伪时间值的细胞分化程度更高。通过使用伪时间这个度量指标，我们可以更加定量地研究全局细胞群体结构相关的问题。最常见的应用是将基因表达数据与伪时间进行拟合，以识别在生成轨迹的过程中起关键作用的基因，尤其是在出现分支事件的关键时刻。通过这些方法，我们可以更好地理解细胞在分化过程中的变化，并且可以发现驱动细胞分化轨迹形成的关键基因。这有助于我们对生物过程的整体理解，以及开展与细胞分化和发育相关的研究。

（1）获取伪时间排序　　伪时间是一个简单的数字，用于描述细胞在轨迹中的相对位置，其中较大的伪时间值表示细胞位于较小伪时间值的细胞之后。对于分支轨迹，通常会有多个伪时间与之相关，每条路径都有一个伪时间值；然而，这些值通常无法在不同路径之间进行比较。需要注意的是，"伪时间"这个术语可能与实际时间关系不大，这个名词并不是非常准确。例如，我们可以想象一个连续的压力状态，细胞可以随着时间的推移朝两个方向移动（或不移动），但是伪时间仅仅描述了从连续状态的一端过渡到另一端的过程。对于描述与时间相关的过程（如分化）的轨迹，可以将细胞的伪时间值用作其相对年龄的代理，但前提是我们能够推断出轨迹的具体方向性。想要获取伪时间排序最关键的问题是如何从高维表达数据中识别轨迹，并将单个细胞映射到轨迹上。有许多不同的算法可用于此目的，Saelens等利用110个真实数据集和229个合成数据集对其中的45种方法进行了基准测试，评估了其在细胞排序、拓扑结构、可扩展性和易用性方面的表现，凸显了现有工具的互补性，以及选择方法应主要取决于数据集的维度和轨迹拓扑结构。基于这些结果制定的一套指南，可以帮助用户为其数据集选择最佳的方法。虽然本书仅介绍一些特定的方法，但许多概念通常适用于所有轨迹推断策略。此外，在分析之余，还有一个需要深入思考的问题，即在单细胞转录组数据集中是否真的存在轨迹。我们可以将一系列紧密相关但又稍有不同的亚群体解释为状态的连续体，也可以将两个明显分离的簇解释为轨迹的起点和终点，并假设中间存在着稀有的中间状态。对于这两种观点之间的取舍完全取决于分析人员根据哪种观点更有用、更方便或更符合生物学意义来做出决策。因此，在确定轨迹时需要综合考虑数据的特点、研究问题的背景和目标。这意味着我们需要权衡不同观点，并根据我们希望获得的信息及对想要研究的生物过程的理解来做出适当的选择。这种选择性的观点取决于研究的上下文，而不同的观点可能会揭示不同的见解和解释，从而促进对细胞发展和分化的更全面的理解。

（2）基于聚类绘制最小生成树　　TSCAN/Monocle2算法使用了一种简单而有效的方法来重建轨迹。它利用聚类将数据总结为一组较小的离散单元，通过计算其成员细胞坐标的平均值来计算聚类中心点，然后在这些聚类中心点之间构建最小生成树（minimum spanning tree，MST）。最小生成树是一个无向无环图，通过每个聚类中心点恰好一次，因此是最简洁的结构，能够捕捉到聚类之间的转变关系。

（3）拟合曲线确定主曲线　　为了识别一条轨迹，可以想象简单地通过在高维表达空间中的细胞群中"拟合"一条一维曲线来实现。这正是主曲线（principal curves）的思想（Hastie and Stuetzle，1989），它是主成分分析（PCA）的非线性推广，允许主要变化的轴弯曲。在分析中使用Slingshot软件包（Street et al.，2018）对Nestorowa数据集进行一条主曲线的拟合，再次利用低维主成分坐标进行去噪和加速计算。通过细胞在曲线上的投影位置来确定它们的相对顺序，从而建立了基于伪时间的细胞排序。

（4）沿轨迹变化的基因表征　　在构建了一个轨迹之后，下一步是根据差异表达基因（DE gene）来描述潜在的生物学特征。这里的目标是找到在伪时间上表达显著变化的基因，因为它们很可能是最早推动轨迹形成的关键因素。总体策略是将每个基因的表达与伪时间拟合一个模型，从而可以推断关联的显著性。我们可以根据 P 值的大小优先考虑那些具有较低 P 值的基因，以进行进一步的验证研究。目前已经有许多模型拟合的选项可供选择，本书将重点介绍最简单的方法，即根据伪时间将基因的对数表达值拟合成线性模型。

（5）分支点（不同路径间）基因变化表征　　更高级的分析涉及寻找分支轨迹中路径之间的表达差异。这对于接近两条或多条路径分支点的细胞最为有趣，差异表达分析可以突出负责分支事件的基因。在这里，一般的策略是将一个趋势拟合到分支点后每条路径的独特部分，然后比较路径之间的拟合结果。为了实现这一目标，一种有效的方法是使用基于样本的模型进行另一次方差分析，并测试路径之间样本参数的显著差异。在 MST 的一个路径中的伪时间值通常与另一个路径中的相同值没有任何关系；伪时间可以被诸如差异表达的幅度或细胞密度等因素任意地"拉伸"，这取决于算法。

（6）根节点识别　　伪时间的计算需要确定轨迹的根部，以定义其"位置零"。在某些情况下，这个选择只会改变差异表达基因梯度的符号，对结果影响不大。而在其他情况下，这个选择可能是任意的，取决于所研究的问题，例如，哪些基因驱动了轨迹中特定部分的转变？然而，对于与时间相关的生物过程的轨迹来说，将根部选择为与最早时间点对应的位置是最佳的默认选择。这样做可以简化解释，将伪时间视为实际时间的代理，更好地理解数据的变化。

二、拟时序分析工具

拟时序分析工具在单细胞 RNA 测序数据的解析中扮演着重要的角色，其核心目标是帮助研究人员揭示细胞内部时间相关性和动态变化，尤其在细胞分化、发育和其他时间相关的生物学过程中具有重要意义。目前，有许多专门用于拟时序分析的工具和算法（图 5-2）。Monocle 是其中的代表性工具之一，它使用非线性降维方法，如 *t*-SNE 和 DDRTree，将细胞状态在低维空间中建模，从而推断细胞之间的时间顺序。Slingshot 是另一个常用工具，它通过流行的分支分析方法来构建和比较不同细胞分支的拓扑结构。PAGA 工具则侧重于通过计算基因表达的连接性图，揭示细胞之间的拓扑关系，用于时间点的推断。此外，还有其他工具如 Waterfall、URD、DPT 等也在拟时序分析中发挥关键作用。研究人员通常根据其具体研究问题和数据类型的特点来选择合适的工具，而随着单细胞领域的不断发展，拟时序分析工具将为我们提供更深入的时间维度理解，有助于揭示单细胞内复杂的时间相关生物学现象。

第二节　RNA 速率分析

RNA 速率（RNA velocity）是一项创新性的单细胞 RNA 测序分析方法，它通过区分未剪接和已剪接的 mRNA 分子，直接推断 RNA 发展的速度和方向。这一技术突破性地使我们能够预测单个细胞在未来几个小时内可能的状态变化，为我们提供了深入探究时间相关现象的独特洞察力。RNA 速率的应用领域非常广泛，包括但不限于细胞发育和分化、疾病发展等，这使其成为单细胞 RNA 测序领域的一项极其重要的技术创新。通过 RNA 速率，我们可以更深入地理解细胞内基因表达的时空动态，有助于揭示生物学和医学中的复杂现象。

一、RNA 速率分析原理

编码 RNA 的形成和剪接涉及一个复杂而高度调控的分子生物学过程，这个过程从细胞核内开始，通过一系列复杂的分子交互和酶催化来实现。首先，转录是 RNA 形成的关键阶段。在这个过程中，DNA 的特定区域（启动子和调控区域）充当模板，在 RNA 聚合酶引导下合成 RNA 链。RNA 聚合酶通过与 DNA 模板上的核苷酸互补配对的方式，将核苷酸依

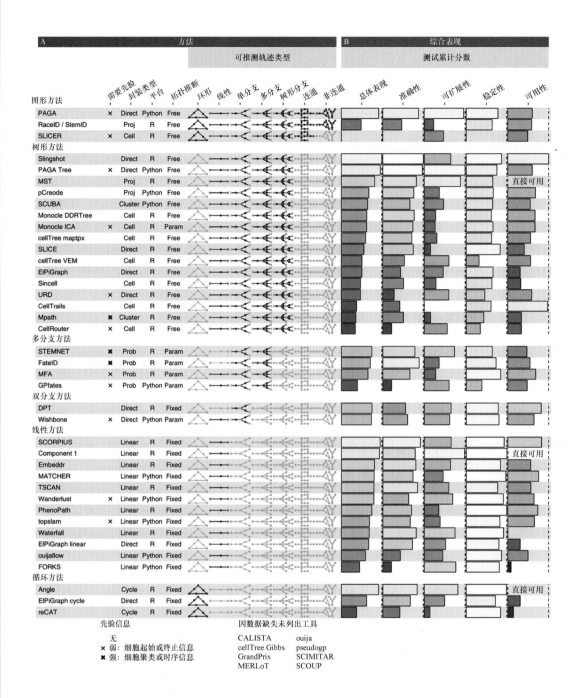

图 5-2 不同轨迹分析方法综合评价和特征描述（Saelens et al.，2019）

A. 根据方法的封装类型、是否所需先验知识、推断的拓扑结构是否受算法或参数限制及可推断的拓扑类型进行特征描述。根据方法能够推断的最复杂轨迹类型进行垂直分组。B. 展示评估结果的综合表现，包括在真实数据和合成数据上推断轨迹的准确性、随着细胞数量和特征数量的增加其扩展性的表现、在数据集子样本间的稳定性及实现质量

次添加到新合成的 RNA 链上，形成互补于 DNA 的 RNA 分子。这个合成的 RNA 被称为核不均一 RNA（hnRNA），它是未经剪接的，包含外显子和内含子。外显子是 RNA 中的编码区域，而内含子是非编码区域。接下来是剪接过程，其中核不均一 RNA 的内含子被精确地剪除，而外显子被连接在一起，形成成熟的 mRNA。这个过程是由剪接体（spliceosome）

完成的，剪接体是由蛋白质和小核 RNA 组成的复合物。剪接体首先识别外显子和内含子之间的剪接位点，通常以 GU 和 AG 序列结尾。然后，内含子被剪除，剩余的外显子被连接在一起，形成了成熟的 mRNA 分子（图 5-3）。这个成熟的 mRNA 只包含外显子，它将被核糖体翻译成蛋白质。此外，一些 RNA 分子在剪接之后可能会经历额外的后处理步骤。这包括在 5′ 端添加帽子和在 3′ 端添加多聚腺苷酸尾巴。帽子和尾巴的添加有助于保护 RNA 分子免受降解，并有助于其在细胞质中被翻译成蛋白质。总之，编码 RNA 的形成和剪接过程是高度调控的，以确保生成具有正确信息的成熟 mRNA。这个过程对于维护生物体的正常功能和遗传信息传递至关重要。剪接的复杂性和多样性使得一个基因可以编码多种蛋白质，这丰富了遗传信息的表达和调控。同时，RNA 的后处理也在细胞内维持 RNA 的稳定性和功能。RNA 速率作为一种利用单细胞 RNA 测序数据来推断单个细胞中 mRNA 分子运动速度的计算方法，是基于 RNA 存在剪接这一特点而开发的。如图 5-3 所示：RNA 以速率 α 进行合成；RNA 以速率 β 进行剪接，去除内含子并形成成熟的 mRNA；成熟的 mRNA 在发挥功能后以速率 γ 进行降解。在稳态条件下，未剪接 RNA 和剪接 RNA 处于平衡状态，也就是说，新合成的 RNA 与已剪接的 RNA 数量完全相等，类似地，降解的 RNA 数量也相等。因此，未剪接 RNA 和剪接 RNA 之间平衡状态的打破具有高度的信息性，可以指示基因是处于诱导状态还是抑制状态。这种平衡状态的破坏可以提供有关转录动力学的重要见解。因此 RNA 速率分析的基本原理是通过比较未剪接 RNA 和剪接 RNA 的比例来估计 RNA 分子在细胞内的动态变化。未剪接 RNA 代表了新合成的 RNA，而剪接 RNA 代表了成熟的 RNA，因此它们的比例可以反映 RNA 合成和分解之间的平衡。通过测定这种比例的变化，可以推断 RNA 分子在细胞内的速度和方向，从而预测单个细胞在未来的状态。同时正如之前提到的，从单细胞转录组中推断的轨迹通常缺乏自动检测的方向性，而 RNA 速率分析可以弥补这一缺点。

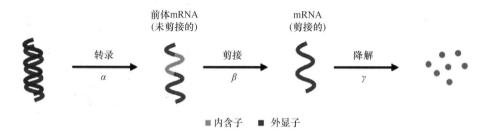

前体mRNA（未剪接的）　　　mRNA（剪接的）

转录 α　　剪接 β　　降解 γ

■ 内含子　■ 外显子

图 5-3　RNA 剪接动力学

RNA 剪接动力学的第一步骤是将 DNA 转录成未剪接的前体 mRNA。通过剪接过程，非编码区域（内含子）被移除。只保留编码区域（外显子），形成剪接的 mRNA，mRNA 最终会被降解

二、RNA 速率分析方法与工具

RNA 速率分析的核心在于获得每个细胞中每个基因的未剪接 mRNA 及剪接 mRNA 的比例信息，未剪接的 mRNA 表示基因转录过程中的早期状态，而剪接的 mRNA 表示基因转录过程中的后期状态。在单细胞 RNA 测序数据中，未剪接的 mRNA 通常包含内含子序列，而剪接的 mRNA 则不包含内含子序列。因此，可以通过检测单细胞 RNA 测序数据中的内含子序列来区分未剪接和剪接的 mRNA。具体而言，可以使用一些专门的软件和工具，如 Velocyto、scVelo 等，来进行 RNA 速率分析和未剪接/剪接状态的区分。这些工具可以根据单细胞 RNA 测序数据中的内含子序列和外显子序列来计算 RNA 速率，并区分

未剪接和剪接的 mRNA。但是在最常用的 scRNA-seq 的数据中，按理来说未剪接 RNA 的比例非常低，尤其是针对 poly(A) 富集的方案（如 10X Genomics）。换句话说，原则上，只有覆盖基因体的 3′ 端的 RNA 才能被捕获。然而，数据探究仍然可以观察到相当大比例的未剪接 RNA 存在，通常覆盖 15%～25% 的比例。这个现象的原因仍然需要深入探究，部分可能是由于生物学上的共转录剪接，部分可能是由于技术上的 poly(A) 捕获效率较低（图 5-4）。最近，一些新的技术被引入，如 scSLAM-seq（Erhard et al.，2019）和 scNT-seq（Qiu et al.，2020），用于在单细胞方案中富集新生 RNA；snRandom-seq（Xu et al.，2023）采用随机引物捕获 RNA 信息，不再局限于 3′ 端信息。尽管目前一些研究人员对 RNA 速率的使用持怀疑态度，但其具有高信噪比及自动检测轨迹方向的能力仍引起了人们的广泛关注。

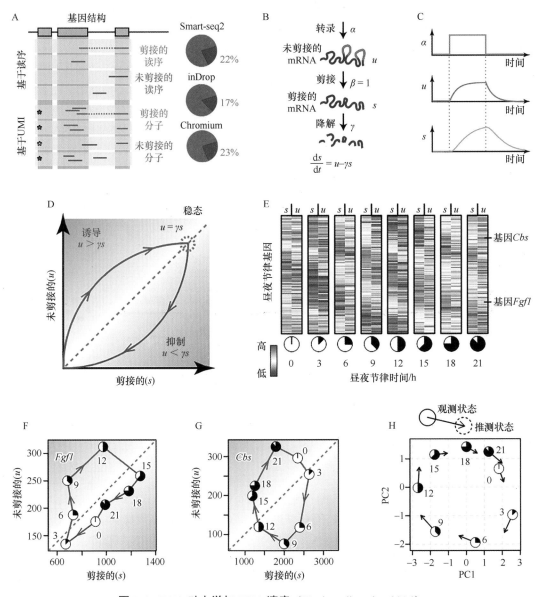

图 5-4　RNA 动力学与 RNA 速度（Haghverdi et al.，2016）

RNA 速率分析是一种复杂的计算方法，用于从单细胞 RNA 测序数据中推断 RNA 分子在细胞内的动态变化。以下是 RNA 速率分析的详细步骤。

（1）单细胞 RNA 测序（图 5-4A）　　首先，需要进行单细胞 RNA 测序，这一步骤涉及细胞分离、提取 RNA、合成 cDNA，然后通过高通量测序技术获得每个细胞的基因表达数据。

（2）区分未剪接和剪接的 mRNA（图 5-4B）　　在分析 RNA 速率之前，需要对测序数据进行基因组比对，依据是否包含内含子序列来区分未剪接的 mRNA 和剪接的 mRNA。这一步骤可以使用专门的工具和算法进行，以确定每个基因的剪接状态。

（3）计算 RNA 速率（图 5-4C～E）　　RNA 速率的计算是 RNA 速率分析的核心。它是通过比较未剪接和剪接的 mRNA 的表达水平来实现的。通常，计算方法会根据未剪接和剪接的 mRNA 之间的比例及它们随时间的变化情况来计算 RNA 的速率。不同的算法和数学模型可用于实现这一计算。

（4）预测细胞状态（图 5-4F～H）　　一旦得到 RNA 速率的计算结果，就可以使用这些信息来预测单个细胞在未来几个小时内的状态。通过对速率的变化进行数学建模，可以预测细胞在不同时间点的基因表达状态，从而提供关于细胞发育、分化和其他时间相关现象的重要见解。

（5）数据可视化　　一旦完成 RNA 速率的计算，下一步是将结果可视化。这包括将 RNA 速率数据转化为图形、图表或其他可交互的可视化形式，以便直观地展示细胞内 RNA 的动态变化。常见的可视化方法包括散点图、热图、线图等，其中每个数据点代表一个单细胞，其位置和颜色可以反映 RNA 速率的变化。

需要强调的是，RNA 速率分析方法可能会因研究目的和数据特性而有所不同。因此，研究人员在选择具体的步骤和工具时需要根据其研究问题和数据的特点来进行决策。细致而系统的数据处理和分析是 RNA 速率分析的关键，可以为细胞生物学和发育生物学领域提供宝贵的信息。

RNA 速率分析工具主要包括 scVelo、RNA Velocity、kallisto-bustools、Velocyto、URD 和 dynamo 等。这些工具广泛应用于研究胚胎发育、组织再生、疾病发展等领域，为揭示细胞内 RNA 分子的动态变化和细胞状态的转变提供了强大的工具。以 scVelo 为例，它解决了原始模型评估 RNA 速率需要满足转录阶段持续足够长时间，以达到转录活跃和不活跃状态平衡这一假设要求。但是这些假设经常被违反，特别是当一个种群包括多个具有不同动力学的异质性亚群时。scVelo 使用可能性的动力学模型，将 RNA 速率预测推广到瞬时系统和具有异质性亚群动力学的系统。在一个有效的期望最大化（EM）框架中推导出转录、剪接和降解的基因特异性反应速度和潜在的基因共享潜伏期。推断的潜伏时间代表了细胞的内部时钟，它准确地描述了细胞在潜在生物过程中的位置。与现有的基于相似性的伪时间方法不同，这种潜在时间仅基于转录动力学，并考虑了运动的速度和方向。scVelo 的潜伏时间能够重建转录事件和细胞命运的时间序列，相比于稳态模型，动态模型通常产生更一致的跨相邻细胞的速度估计，并准确地识别转录状态。此外，scVelo 还能确定调控如过渡状态和细胞命运转变的阶段变化的机制，提供了一种基于动力学的标准差异表达图谱的替代。这些方法的不断发展将进一步丰富我们对细胞生物学和发展生物学的理解。

第三节　单细胞基因调控网络分析

单细胞基因调控网络分析是一种综合了细胞生物学、生物信息学和系统生物学的强大方法，用于深度挖掘单个细胞内部的基因表达和相互调控关系。它依赖于大规模单细胞 RNA

测序数据，以帮助识别细胞类型、状态和功能，并构建复杂的细胞间调控网络，揭示转录因子、非编码 RNA 及其他调控分子在细胞内外的作用方式，进一步帮助了解细胞亚型、潜在分子标志物和生物通路。这一方法不仅拓宽了对细胞发育、组织再生、疾病发生和治疗反应的理解，还允许我们研究细胞动态变化、表观遗传学调控、代谢状态和细胞信号转导路径。其应用领域广泛，包括药物研发、癌症免疫治疗和神经系统疾病研究，为实现精准医学和个体化治疗提供了重要的理论和实验支持。此外，这一方法在植物领域同样有巨大价值，可以用于深入研究植物细胞的多样性、功能差异及其在不同环境条件下的响应机制，为农业和植物改良提供宝贵信息。

一、基因调控网络分析方法

基因调控是细胞内的一个复杂过程，它确保基因的表达与细胞内外的信号和需求相协调。这种协调主要通过控制基因的转录来实现，即将 DNA 上的遗传信息转化为 RNA 和蛋白质。转录是一个精细的过程，它在很大程度上由转录因子（TF）来管理（图 5-5）。这些转录因子具有特定的 DNA 结合能力，它们可以识别和结合到基因上游的特定 DNA 序列（启动子或增强子等），被称为 DNA 结合位点。通过与这些位点的互动，转录因子可以激活或抑制与之相关的基因的转录。在细胞内，基因组 DNA 通常以一种高度压缩的方式缠绕组蛋白，形成染色质基本结构单位，即核小体。这种紧密结合的状态使得大多数基因的 DNA 无法直接接触到转录因子，因此需要一系列复杂的调控步骤来解开核小体，使基因变得可被转录。基因的转录通常是从特定的起始位点，即启动子区域开始的。为了使基因的启动子可供 RNA 聚合酶等转录因子的蛋白质访问，需要通过转录因子的作用来改变 DNA 的可及性。这些特定的转录因子被称为先驱转录因子，它们可以定位到基因的启动子附近，对核小体进行修饰或激活其他调控元件，以便在适当的时机启动转录。此外，还有其他类型的转录因子，它们可以与 DNA 上的顺式调控元件（CRE）结合。这些元件是特定的 DNA 序列，它们能够招募辅助蛋白质和其他蛋白质，以协同作用来稳定 RNA 聚合酶-蛋白质复合物。这样，转录因子与核小体的协同作用，使基因 DNA 转录成为 RNA 的过程得以实现。这个过程是基因表达的关键步骤，因为它使细胞能够根据需要调整哪些基因会被转录和表达。这种动态的基因调控使细胞可以适应不同的生物学环境，是细胞的特化和分化的关键，也是维持生命的关键因素。更深入地理解基因调控网络的结构和功能有助于我们揭示细胞内基因的调控机制，以及它们如何响应外部环境和信号来实现细胞的适应性。这对于生物学研究和医学应用具有重要价值，如在疾病治疗和细胞工程领域。然而，基因调控网络远不止于此。其他调控分子如 miRNA、lncRNA 等也在调控基因表达中发挥着重要作用。miRNA 是一类小分子 RNA，它们可以与 mRNA 分子相互作用，导致目标基因的降解或翻译抑制。lncRNA 则是一种较长的非编码 RNA，它们可以通过多种机制来影响基因表达。这些调控因子的研究领域正在不断扩展，因为越来越多的研究意识到它们对于细胞功能和疾病机制的重要性，但目前更多关注于转录因子的调控关系，不仅因为转录因子是基因调控网络中最重要的调控因子之一，还因为转录因子的调控关系可以通过转录因子结合位点的预测方法来推测，这使得转录因子的调控关系可以比较容易地从实验数据中推断出来。同时，对于单细胞转录组学技术的应用，研究人员可以获得更高分辨率的基因表达数据，从而更好地理解细胞内调控网络。虽然这些技术在不断进步，但仍然存在难以观察和测定某些调控分子（如 miRNA 等）的情况，这些调控因子的调控关系非常复杂，且不易从当前的实验数据中获得足够的信息。因此，为了简化研究和建立基础，本节目前的关注点主要放在转录因子与基因表达的调控关系上。

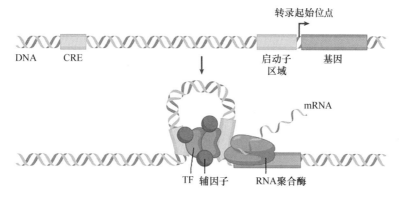

图 5-5 基因调控及其关键要素

转录因子（TF）识别、结合特定顺式调控元件（CRE），使转录起始位点变得可访问，激活或抑制邻近基因的转录。转录因子、辅因子和其他蛋白质之间的协作允许 RNA 聚合酶复合物的招募和稳定，该复合物以 DNA 为模板，从基因起始位点处合成 mRNA

基因调控网络（gene regulatory network，GRN）是生物学研究中的重要工具，用于理解和探究基因表达的调控机制。这种计算模型通常以图或网络的形式表示，通过节点和边的方式呈现，以便更好地可视化和分析基因之间的相互关系。在 GRN 中，节点代表基因，其中一部分是转录因子，这是一类能够直接或间接影响其他基因的蛋白质（图 5-6）。转录因子在基因表达调控中扮演着关键角色，它们能够识别和结合基因上游的特定 DNA 序列，这些序列通常位于基因的启动子区域。通过与这些 DNA 结合位点的互动，转录因子可以激活或抑制目标基因的转录。这种调控机制使得细胞可以根据需要精确控制哪些基因会被表达，以适应不同的生物学情境。在 GRN 的网络图中，边表示基因之间的相互作用。这些相互作用

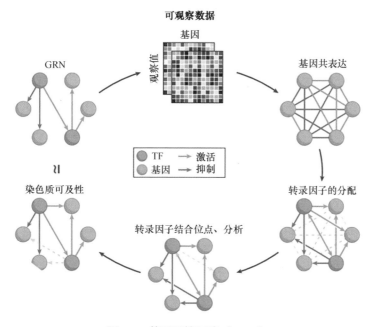

图 5-6 基因调控网络（GRN）

可以从测得的组学数据中推断出来，并通过建模附加信息，如转录因子结合预测或染色质可及性，可以进一步优化以更好地反映真实的底层基因调控网络。GRN 的节点包括转录因子和它们被调控的基因，节点之间的边表示调控方式

可以包括正向调节（激活）或负向调节（抑制），即一个基因如何通过调节另一个基因的表达来影响细胞内的基因活动。这种网络的建立和分析有助于揭示细胞内部基因的复杂调控机制，帮助科学家更好地理解生物学过程。

与传统的批量 RNA 测序不同，从单细胞转录组数据中构建基因调控网络面临着更多挑战。这些挑战源于单细胞数据的独特特点，具体而言如下：单细胞转录组数据通常受到更高水平的噪声干扰，这是因为单细胞水平的 RNA 测量受到技术限制，因此噪声在数据中更为显著。此外，细胞之间的异质性也会增加数据的复杂性，因为不同细胞可能在基因表达上存在显著差异，需要考虑这种异质性（数据噪声和异质性）。单细胞转录组数据通常表现出极高的稀疏性，即大多数基因在每个单细胞中都不会被检测到。这使得构建准确的基因调控网络变得更加复杂，因为网络的边需要在很少的数据点上进行推断。因此，需要考虑如何处理这种数据的稀疏性，以便有效地推断网络（数据稀疏性）。随着单细胞转录组技术的发展，生成的数据量不断增加。处理和分析大规模单细胞数据需要更强大的计算资源和高效的算法。此外，数据量的增加还带来了存储和数据管理的挑战（数据量增加）。单细胞转录组数据通常捕获到不同细胞状态和时间点的信息，这为基因调控网络分析提供了更多的动态信息，但也增加了分析的复杂性。需要开发方法来将这些多维度数据整合到网络中，以更好地理解基因调控的动态过程（细胞状态和时间维度）。构建基因调控网络需要大规模的计算，特别是在处理大量单细胞数据时。因此，需要高效的算法和计算资源来处理和分析这些数据，以获得有意义的结果（计算复杂性）。由于单细胞数据的噪声和稀疏性，构建的基因调控网络可能对数据中的小波动非常敏感。因此，研究人员需要开发方法来提高网络的稳健性，使其能够抵抗数据噪声和异质性的影响（网络稳健性）。最终，构建基因调控网络不仅需要数学和计算技巧，还需要生物学专业知识来解释网络中的关系。将基因调控网络与生物学过程相关联是一个具有挑战性但重要的任务（生物学解释）。总之，从单细胞转录组数据中绘制基因调控网络是一项复杂的任务，需要综合考虑数据特点和分析挑战。随着技术的不断发展和方法的改进，可以更好地理解基因调控网络，从而深入研究细胞内基因表达的调控机制。

目前基因调控网络的构建方法可以根据不同的分类方法进行分组。①基于因子分解的方法：这类方法通常用于处理高维度的基因表达数据，如单细胞 RNA 测序数据。主成分分析（PCA）和独立成分分析（ICA）等因子分解技术可以降低数据维度，提取出主要的数据特征。在基因调控网络分析中，这些方法有助于揭示数据中的潜在模式，如细胞类型、状态或群集，从而有助于识别基因调控网络的结构信息。②基于贝叶斯网络的方法：贝叶斯网络是一种概率图模型，用于描述基因之间的依赖关系。这类方法基于概率推断，通过模拟基因之间的条件概率关系，可以构建出基因调控网络的模型。它们有助于捕捉基因之间的复杂关系，包括激活、抑制、正反馈和负反馈等。③基于机器学习的方法：机器学习算法在基因调控网络分析中有着广泛应用。支持向量机（SVM）、随机森林和深度学习方法等可以从实验数据中学习基因之间的模式，包括线性和非线性关系。这些方法常用于预测新的调控关系，识别潜在的关键调控因子，以及从大规模数据中挖掘基因调控网络的结构。④基于因果推断的方法：因果推断技术允许确定基因之间的因果关系，即哪些基因直接或间接影响其他基因的表达。因果图、因果模型和因果分析方法等被用于揭示基因调控网络中的因果关系，帮助科学家理解基因之间的调控机制。⑤基于网络流的方法：网络流算法被用于将基因调控网络建模为一个流网络。通过最大流最小割算法，可以最大化或最小化基因之间的信息传输，从而预测调控关系。这类方法有助于确定哪些基因在调控网络中起着关键的中介作用，以及如何传递信号或调控信息。

单细胞转录组基因调控网络分析的主要步骤如下。①准备单细胞转录组数据：这需要获取单细胞 RNA 测序数据，其中包括每个单细胞的基因表达信息，这些数据通常通过单细胞 RNA 测序技术获得，如 10X Genomics Chromium 等。②数据清洗及特征筛选降维：在这一阶段主要处理数据中的噪声和异常值，移除低质量的细胞或基因。包括去除可能的双重细胞、死细胞或质量差的细胞。此外，也需要处理潜在的 PCR 放大偏差和批次效应。对单细胞数据进行归一化以消除技术差异。常见的归一化方法包括总数归一化、基因比例归一化和批次效应校正。为了减少数据的维度和复杂性，可以进行特征选择，保留最具代表性的基因。此外，可以使用降维技术（如主成分分析或 t-SNE）可视化数据，用于后续分析。③聚类注释：使用聚类算法，如 K 均值聚类、层次聚类或 DBSCAN，将单细胞数据中的细胞分成不同的类别。每个类别通常代表一个细胞类型或状态。聚类可以在降维后的数据上进行。④轨迹推断：利用轨迹推断算法，如 Monocle 或 PAGA，可以将细胞按照其发育或分化的时间顺序进行排列。这有助于了解细胞状态之间的时间性顺序。⑤共表达模块的构建：即一组共同上调或下调的基因，来代表潜在的基因调控网络。需要对单细胞 RNA 测序数据进行差异表达分析或共表达分析，以识别这些共表达模块。⑥ Motif 和调控因子识别：利用转录因子结合位点的信息，分析哪些转录因子与哪些共表达模块相关联。这可以帮助识别可能的基因调控关系。⑦构建基因调控网络：基于共表达模块和转录因子信息，构建单细胞基因调控网络，其中节点代表基因，边表示可能的调控关系。⑧网络分析和可视化：评估构建的基因调控网络的拓扑特征，如节点的中心性、网络密度、社区结构等，以揭示网络的结构特点。将基因调控网络可视化为图形，以便研究人员能够更好地理解和分析网络的结构和功能。

基因调控网络分析帮助理解生物系统的复杂性。它揭示了细胞内基因之间的相互关系，帮助解释细胞的功能和特性。随着单细胞组学技术的发展，未来基因调控网络分析将倾向于以下几个方面。①多组学数据整合：基因调控网络分析不仅仅依赖于基因表达数据，还可以整合其他组学数据，如染色质可及性、DNA 甲基化、蛋白质组学等。整合这些多层次数据可以更全面地理解基因调控网络的结构和功能。②深度学习方法的应用：深度学习在图像处理和语音识别等领域已经取得显著成功，近年来也在基因调控网络分析中得到应用。深度学习能够从大规模数据中学习基因调控网络的模式，用于预测新的调控关系。③基因调控网络的可解释性：基因调控网络分析通常会生成大量的调控关系。如何筛选出最重要的调控关系并解释其生物学意义是一个关键问题。因此，结合机器学习和数据可视化技术，努力提高调控网络的可解释性是未来的研究方向。

二、单细胞基因调控网络构建工具

单细胞转录组基因调控网络构建方法代表了生物信息学领域中最新、最具挑战性的研究方向之一。这一领域的快速发展为我们提供了深入探索单细胞水平基因调控的机会，揭示了细胞内基因表达调控网络的精细结构和复杂互动。我们将探讨单细胞转录组基因调控网络构建方法，包括一些常用的生物信息学工具和软件（表 5-1 和表 5-2）。① SCENIC（single-cell regulatory network inference and clustering）是一种专门用于单细胞水平的基因调控网络构建工具。它结合了单细胞 RNA 测序数据和转录因子结合位点的信息，通过评估基因表达模块的活性来构建基因调控网络。SCENIC 可以帮助研究人员了解单个细胞类型和状态之间的基因调控关系，以及单细胞水平的调控网络。② GRNBoost2 是一种用于构建基因调控网络的工具，它使用基因表达数据预测基因之间的调控关系，帮助识别基因调控网络中的重要调节通路和节点。该方法基于梯度提升算法，能够捕获基因之间的调控关系。在单细胞水平上，GRNBoost2 可以用于推断不同细胞之间的调控网络，SCENIC 分析流程的第一步也可以由 GRNBoost2 实现。③ Dictys（dynamic gene regulatory network dissects developmental continuum）是一种专门用于建模动态基因调控网络的工具。它适用于分析基因调控网络随时间变化的情况，捕捉基因之间的时序调控关系。这对于理解细胞发育和生物过程中的调控变化非常重要。④ SINCERA（single-cell regulatory network inference and clustering evaluation）是另一种用于构建单细胞基因调控网络的工具，它结合了基因表达数据和外部的调控因子信息，如转录因子结合位点。SINCERA 可以帮助鉴定细胞类型特定的调控网络。⑤ SCODE（single-cell co-expression differential expression）是一种用于分析单细胞 RNA 测序数据以推断基因调控网络的工具，它基于基因共表达分析，通过识别调控模式来捕获基因之间的调控关系，有助于理解单细胞水平的调控机制。这些方法各有其特点和适用范围，根据研究问题和数据类型的不同，研究人员可以选择最合适的方法来构建和研究单细胞转录组基因调控网络。这些工具的不断发展和改进将有助于我们更深入地理解单细胞水平基因调控的复杂性和多样性，推动细胞生物学和疾病研究的发展。

表 5-1　基于不同算法的单细胞基因调控网络构建工具

工具类型	工具名称	方法原理	文献
基于 scRNA 数据（表达矩阵）和转录因子基序（motif）信息	SCENIC	基于 GENIE3 或 GRNBOOST2 和 TF 绑定基序	Aibar et al.，2017
	GRNBoost2	基于 GENIE3 和梯度提升机（GBM）回归	Moerman et al.，2019
	PIDC	基于一种信息分解算法 PID（partial information decomposition）	Chan et al.，2017
	MINI-EX（for plant）	基于 GENIE3 或 GRNBOOST2 和 TF 绑定基序；用于植物	Ferrari et al.，2022
基于 scRNA 数据（表达矩阵）和拟时序信息	SCODE	常微分方程	Matsumoto et al.，2017
	GRISLI	常微分方程	Frankowski and Vert，2020
	SCNS	布尔网络	Woodhouse et al.，2018
	LEAP	滞后相关（lag-based correlation）	Specht and Li，2017
	GRNVBEM	变分贝叶斯（VB）	Sanchez-Castillo et al.，2018
	SINCERITIES	岭回归	Gao et al.，2018
	SCRIBE	传递或转移熵（transfer entropy）	Qiu et al.，2020
	TENET	传递熵	Kim et al.，2020
	SINGE	格兰杰因果检验（Granger causality）	Deshpande et al.，2022

表 5-2　单细胞基因调控网络算法所需相关数据库

数据库	文献	URL
CIS-BP	Kheradpour et al.，2014	http://cisbp.ccbr.utoronto.ca/
cisTarget DB	Bravo et al.，2023	https://resources.aertslab.org/cistarget/databases/
ENCODE	Kheradpour et al.，2014	https://www.encodeproject.org/software/encode-motifs/
HOCOMOCO	Kulakovskiy et al.，2018	https://hocomoco11.autosome.org/
JASPAR	Castro-Mondragon et al.，2022	https://jaspar.genereg.net/
TRANSFAC	Matys et al.，2006	https://genexplain.com/transfac/

数据库	文献	URL
UniPROBE	Newburger et al.，2009	http://thebrain.bwh.harvard.edu/uniprobe/
PlantTFDB	Tian et al.，2020	https://planttfdb.gao-lab.org/
AnimalTFDB	Shen et al.，2023	http://bioinfo.life.hust.edu.cn/AnimalTFDB4/#/

第四节 细 胞 通 信

一、细胞通信及其分析方法

1.组织细胞构成与通信 在了解细胞通信这个概念之前，有必要先了解细胞连接。细胞连接（cell junction）是动物细胞与细胞之间普遍存在的一种重要的连接结构，与细胞间隙的封闭、细胞之间的黏附及细胞通信密切相关。细胞连接一般分为三种类型，即紧密连接、缝隙连接和锚定连接。①紧密连接（tight junction），又称封闭连接。细胞之间不具有通透性。在电镜下观察（图5-7A），相邻细胞膜的外层为间断融合，融合处无间隙（为互相吻合成网状的镶嵌蛋白质颗粒），不融合处有窄隙（10～15nm）。这种细胞连接方式能有效地封闭、隔离细胞间隙。例如，在生理情况下，肾脏终尿留在肾小管内而不会被重吸收就是由于其上皮细胞通过紧密连接相连而成。②缝隙连接（gap junction），又称为通信连接。这是一种平板状的连接方式（图5-7B）。连接处细胞膜之间的间隙仅2～3nm。在钙离子等的作用下，通道可以开放或关闭，从而可以使相邻细胞交换某些小分子物质和离子。这种连接方式除了增加强度，还能传递化学信息。③锚定连接（anchoring junction）（图5-7C），细胞膜胞质一侧有由致密蛋白形成的斑状附着板，胞质中有许多细胞骨架纤维附着在上面。有些仅一侧有斑状附着板或细胞之间没有斑状附着板，即细胞间丝由细胞骨架纤维直接延展而来。锚定连接广泛存在于各类细胞之间，比较牢固，为分散的细胞间或者细胞与胞外基质间提供作用力。

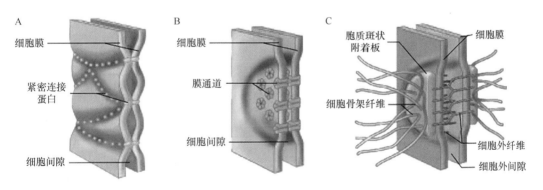

图 5-7　细胞连接（Mader，2004）

组织通过以下方式相互连接：A.紧密连接，具有不可渗透性；B.缝隙连接，允许物质在细胞之间传递；
C.锚定连接，允许组织拉伸

与动物细胞相比，植物细胞与细胞间的连接和信息传递方式稍有不同。一个基本区别是每个植物细胞被一层坚硬的细胞壁（cell wall）包围，每个带细胞壁的细胞与相邻细胞都由细胞间层黏合起来。各种信号，包括蛋白质、RNA、激素、离子和营养物质等，在被称为胞间连丝（plasmodesmata）的纳米通道中传递（图5-8）。胞间连丝是细胞膜的管状延伸，直径 40～50nm，能穿越细胞壁，使相邻细胞间的胞质连接，形成称为共质体（symplast）的连续体。因此，通过胞间连丝的溶质胞间运输被称为共质体运输（symplastic transport）。动植物之间的上述差异导致植物细胞与动物细胞在发育方面存在明显的差异：①在动物中，胚胎干细胞能移动，发育中的组织和器官可以包含起源于生物体不同部位的细胞，而植物中，没有这样的细胞移动，生长发育只能依赖于细胞分裂和细胞增大的模式；②在调节生长发育的过程中，动物的发育过程主要受内部生理信号调控，而植物的发育过程主要受环境信号调节。尽管如此，它们在信号转导体系方面却存在共性。动物细胞和植物细胞都会使用大量激酶受体和激酶信号传递蛋白，都使用共同的胞内第二信使通路触发各种生理反应。这些受体通常位于细胞膜。对于动物细胞和植物细胞而言，细胞膜都是感受胞外信号的理想部位。

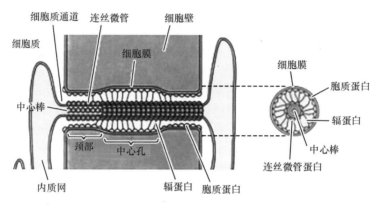

图 5-8　含有胞间连丝的细胞壁模式图（Taiz and Zeiger，2015）

胞间连丝由两个狭窄的颈部间的中心孔组成，直径约40nm，水和小分子在细胞间自由扩散，连丝微管是从相邻细胞间的内质网延伸而来。蛋白质位于连丝微管的表面和质膜的内表面间，丝状蛋白将内表面连起来，并将胞质通道分成许多微通道。蛋白质重排的距离调控开放空间的大小，决定了胞间连丝分子筛的特性

　　细胞通信（cell communication，CC），也称细胞互作网络，是指细胞之间通过信号传递和相互作用，允许各种代谢物质通过，使组织内的细胞协调执行特定功能，从而来实现信息交流和协调功能的过程。细胞通信的变化高度依赖于时间、空间和特定条件下的环境（包括细胞内和细胞外的微环境）。细胞通信可以通过多种方式进行，包括细胞间的直接接触、细胞表面的配体-受体相互作用及细胞释放的信号分子等。细胞通信是单细胞组学研究中一个重要的方向，对其的深入解析和分析，对于了解细胞类型和状态的转变、细胞发育分化和器官形成、疾病发生发展，揭示植物发育调控、环境适应和应激响应、植物互作和共生关系，以及了解免疫和防御机制等都具有重要的研究意义和价值。

　　多细胞生物组织内细胞通信的基本原理可以概括如下（图 5-9A）：细胞之间通过细胞表面受体和配体之间的相互识别和结合进行信号传递。细胞可以通过直接接触或释放信号分子的方式将信息传递给周围的细胞。受体通常位于细胞膜上，可以感知和结合特定的配体分子。配体受体相互作用触发并激活下游信号转导通路，从而调控细胞的基因表达和功能。

　　信号分子可以是蛋白质、短肽、氨基酸、小分子化合物、核苷酸、脂类及胆固醇衍生物等，可以由细胞分泌的细胞外囊泡释放，也可以通过直接释放扩散或通过细胞间的联系传递给目标细胞，进而引发特定的生物学效应。如前所述，植物细胞通过胞间连丝的方式，将相应的信号分子从一个细胞传递到另一个细胞。而在动物细胞中，这些信号分子可以运输至远

距离的靶细胞发挥作用（如人体通过血液循环），称远距分泌（telecrine）；也可以由组织液扩散作用于邻近细胞，称旁分泌（paracrine）；还可以局部扩散后返回作用于自身细胞，称自分泌（autocrine）。它们通过与受体结合来触发下游信号转导通路，从而影响细胞的功能和行为。这种通信方式常见于免疫系统中的细胞相互作用、神经系统细胞之间的突触传递等。

在多细胞生物中，细胞与细胞之间的信号传递与相互作用非常频繁，由此构成了极其复杂的细胞互作网络。过去研究细胞通信主要基于各种实验验证，如免疫共沉淀和酵母双杂交筛选（Armingol et al.，2021）。传统实验验证具有一定的局限性，例如，通常需要特定的实验条件和操作步骤，这可能导致结果的可重复性和可比性受到限制；往往基于特定的假设或预设，限制了对细胞通信中未知或意外事件的探索；通常难以提供高分辨率的数据，无法捕捉到单个细胞水平的细胞通信事件，等等。而随着高通量转录组测序技术的快速发展，系统关注细胞簇之间的关系并推测其可能的互作机制和调控网络逐渐成为可能。在单细胞转录组数据中，通过分析表达的细胞表面受体和配体的基因情况，同时也可以通过分析细胞外囊泡相关的基因表达和调控网络，了解不同细胞类型之间的相互作用、传递机制及其对细胞状态的调控作用（图 5-9B、C）。换句话说，单细胞组学能帮助我们在无偏、单细胞分辨率、高通量水平观测细胞与细胞之间的配受体互作及其背后的分子机制。

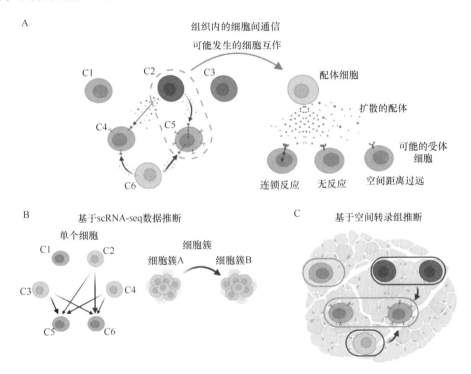

图 5-9　细胞通信原理及其单细胞和空间转录组推断比较（Almet et al.，2021）

A. 细胞通信原理。细胞分泌扩散的配体，结合到附近细胞表面表达的受体上。只有当结合的配体触发下游反应时，细胞通信才会发生。蓝色和橙色细胞代表不同的细胞类型，同一颜色中深色表示较强的配体表达；C1～C6 表示不同细胞簇。B. 基于单细胞转录组测序数据推断细胞通信，无论是在单细胞还是细胞簇水平上，细胞之间的空间距离都会丢失。C. 基于空间转录组学推断细胞间通信可以保留细胞之间的空间信息，但可能会损失单个细胞或基因分辨率

2. 细胞通信分析方法　针对不同类型的细胞与细胞互作方式，有多种分析方法可应用于单细胞转录组数据中：①可以通过比较不同细胞类型或不同条件下的转录组数据，鉴定差

异表达基因，进一步通过差异表达基因的功能注释和通路分析，推断其在细胞互作中的作用及不同细胞类型间的通信机制和调控网络；②可以使用已知的细胞通信相关基因集合，对单细胞数据进行基因集富集分析，识别是否存在特定的通信模式和信号通路；③共表达网络分析是另一种常见的分析方法，通过计算基因之间的共表达关系，识别出在特定条件下共同调控的基因集合，构建基因共表达网络，推断这些基因在细胞互作中的潜在作用和调控关系，从而揭示不同细胞类型间的相互影响和调控关系；④单细胞轨迹分析也是一种相当重要的分析方法，它可以揭示细胞发育过程中的细胞状态转变和通信机制。通过构建细胞发育轨迹，可以推断细胞间的发育关系和相互作用模式。这种分析方法可以帮助我们理解细胞发育过程中的细胞通信和调控机制。以上提到的这几种分析方法在本书前述章节中均有具体阐述，本节中不作赘述。

本节涉及的细胞通信分析，是指利用单细胞转录组数据，使用聚类算法将细胞分为不同的簇，通过对每个细胞簇内部基因表达模式的分析，借助配体-受体关系数据库，识别在特定条件下不同细胞类型配受体的配对及表达情况。进一步地，使用簇间基因表达差异的统计方法，确定关键的通信调控基因和信号传递路径，揭示细胞簇间的相互作用和调控机制。在单细胞组学研究中，细胞通信的分析可以提供诸多有益的信息和见解，可以帮助我们理解细胞通信的复杂性，如细胞类型间的相互作用和调控、细胞状态的转变、疾病发展的机制等。

单细胞转录组配体-受体分析的主要步骤如下。①单细胞转录组数据准备：首先，获取单细胞转录组数据，包括每个细胞的基因表达矩阵。这些数据可以通过单细胞 RNA 测序技术获取，如 10X Genomics Chromium 等。②配体和受体基因列表筛选：根据已知的配体-受体相互作用数据库或文献报道，筛选出与细胞通信相关的配体和受体基因列表。这些基因的表达水平将用于后续的分析。③配体和受体基因的表达模式分析：对于每个细胞，计算其表达矩阵中配体和受体基因的表达水平。可以使用常见的算法，如 TPM（transcripts per million）或 FPKM（fragments per kilobase million）来标准化基因表达水平。④配体和受体的配对分析：对于每个配体和受体基因对，计算它们在单个细胞中的相关性或互斥性。常见的方法包括皮尔逊相关系数、Spearman 相关系数或基于二项分布的互斥性分析。⑤细胞间通信网络构建：根据配体-受体基因对的相关性或互斥性，构建细胞间通信网络。可以使用相关性或互斥性的阈值来筛选具有显著相互作用的配对，并将它们表示为网络中的边。⑥细胞群体的功能注释：对于构建的细胞间通信网络，可以对细胞群体进行功能注释。这可以通过富集分析、基因集调控分析等方法来实现，以了解这些细胞群体在特定生物学过程或疾病中的功能和调控。⑦细胞通信关系的可视化：有多种方式对细胞通信分析结果进行表征。可视化图形是最直观有效的方式，包括圈图、弦图、热图、分层图、气泡图等（图 5-10）。

利用单细胞转录组数据开展细胞通信分析，上述基本原理和分析步骤都比较容易理解，尽管如此，目前仍有一些局限和挑战，具体如下。

1）数据噪声和稀疏性。单细胞转录组数据通常具有噪声和稀疏性，这可能导致在配体-受体分析中出现误差或偏差。噪声指由于实验技术和测量误差引起的随机变异，如 RNA 测序的技术噪声、PCR 扩增的随机误差、RNA 分子的降解和拷贝数变异等。这些噪声可能导致在测量细胞中基因表达水平时的误差和偏差。稀疏性是指在单细胞转录组数据中，每个细胞检测到的基因数量相对较少。这是由于单细胞 RNA 测序的技术限制和细胞间异质性导致的。由于细胞中的 mRNA 分子数量有限，每个细胞检测到的基因数量通常只占整个基因组的一小部分。这种稀疏性可能导致在分析细胞间通信时遗漏了一些重要的基因或相互作用。处理数据噪声和稀疏性的方法仍然是一个挑战，为了克服其可能导致在揭示细胞通信时的误差和偏差，需要开发更精确的算法和统计方法来准确地确定细胞间的配体-受体相互作

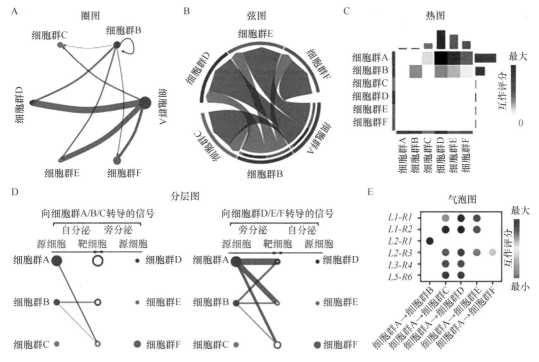

图 5-10　单细胞转录组测序数据细胞通信分析常见可视化方法（Almet et al., 2021）

A、B. 圈图（A）和弦图（B），圆的大小和边缘宽度分别与每个细胞群或细胞簇中的细胞数量，以及相互作用、细胞群之间的细胞通信评分成比例；C. 热图，行和列分别表示不同细胞群，右侧和顶部的柱状图分别表示总的外向和入向互作评分；D. 分层图（层次图），由两部分组成，左侧和右侧部分分别突出显示对细胞群A/B/C和细胞群D/E/F的自分泌和旁分泌信号，实心和空心圆分别表示来源和目标，圆的大小与每个细胞群中的细胞数量成正比，边缘宽度表示通信评分；E. 气泡图，从细胞群 A 向其他群传递的信号中贡献的配体（L）-受体（R）对

用。此外，数据质量控制和技术改进也是减少噪声和稀疏性的关键步骤。

2）配体-受体数据库的完整性和准确性。配体-受体相互作用的数据库目前还不完整，并且可能存在错误或遗漏。这可能导致在配体-受体分析中遗漏重要的相互作用或引入不准确的结果。建立更全面、准确和更新的配体-受体数据库是一个重要的改进方向。

3）配体-受体相互作用的复杂性。细胞间的配体-受体相互作用是一个复杂的过程，涉及多种因素的调控和调节。目前的配体-受体分析方法往往只考虑基因的表达水平，而忽略了其他可能的调控机制，如翻译后修饰和蛋白质相互作用。实际上，细胞信号多数发生在蛋白质水平，而且，基因表达量并不等于蛋白质表达量，因此，改进的方法应该综合考虑这些因素，以更全面地揭示细胞间通信的机制。

4）数据分析方法的局限性。目前开发得比较成熟的分析工具多数针对细胞簇与簇之间的互作分析，较少涉及单个细胞与细胞之间，同时也没有考虑受体细胞在引起相应生物反应后，与下游细胞类型之间的功能性关联。目前有一些分析软件注意到了这一点，加入了考虑配受体结合引起的下游靶基因反应的方法。

5）功能注释和验证的挑战。从配体-受体分析得到的细胞间通信网络需要进一步的功能注释和验证，这可能涉及实验验证、功能实验和动物模型等方法。然而，验证细胞间通信的功能和调控机制是一项复杂的任务，需要耗费大量的时间和资源。

6）技术限制和数据集集成。单细胞转录组数据的获取和分析仍然存在技术限制和数据集集成的挑战。不同实验室可能使用不同的技术平台和分析流程，容易导致数据异质性和不一致性。解决这些问题需要制定统一的技术标准和数据分析方法，并进行多个数据集的集成分析。

细胞通信是单细胞组学研究中一个重要的方向，对其深入解析和分析对于了解细胞类型、细胞状态的转变，以及疾病发展等具有重要意义。未来可以结合其他技术进一步完善，具体包括以下两点。①多组学数据整合：将单细胞转录组数据与其他组学数据（如蛋白质组学和代谢组学）进行整合，可以提供更全面的细胞间通信信息。通过整合不同层次的数据，可以更准确地识别配体-受体相互作用，并揭示细胞间通信的调控机制。单细胞转录组数据缺乏细胞的空间信息，与空间转录组的整合分析可以大大提高空间分辨率（图 5-11）。结合空间转录组学和成像技术，可以将细胞间通信的空间分布图与单细胞转录组数据相结合，这将提供关于细胞间相互作用和信号传递的更详细信息，揭示细胞间通信的空间特征和局部调控机制，从而有助于精准判断远距分泌、旁分泌和自分泌涉及的细胞通信。在生物信息学领域，这方面的分析工具在逐渐开发中。②与其他细胞互作分析方法整合：目前单细胞转录组数据的高级分析方法中，包括共表达网络分析和单细胞轨迹分析，它们与配体-受体分析一样，独立推断，分开计算。事实上，细胞与细胞之间的信号传导会影响分化轨迹，也同样影响基因的共表达，因此，开发整合工具有助于更全面、准确、系统性地揭示和理解细胞调控网络及其生物学意义。

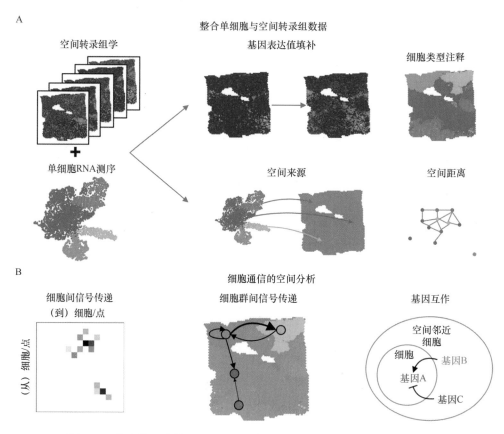

图 5-11　整合单细胞转录组数据与空间转录组数据（Almet et al.，2021）

A. 单细胞与空间转录组学整合分析，主要涉及在空间数据中填补（imputation）基因表达、细胞类型注释、单细胞转录组测序数据的空间映射和估计单细胞簇空间相互作用；B. 细胞通信空间分析，主要研究细胞之间及细胞簇之间通过基因调控网络进行的相互作用

单细胞组学基础

二、细胞通信分析工具

单细胞转录组技术的快速发展提供了研究细胞间通信的新视角。通过分析单个细胞分辨率的转录组数据，能够揭示细胞类型、细胞状态和细胞间相互作用的复杂性。在这一过程中，生物信息学工具发挥着至关重要的作用，帮助我们解析单细胞转录组数据中的细胞通信。

目前，基于单细胞转录组数据研究细胞通信的生物信息学工具和方法包括CellPhoneDB、CellChat、CellCall、iTALK、scTensor、SingleCellSignalR等（表5-3）。这些工具应用的物种基本局限于人和小鼠。以下介绍其中两个常用的主流方法。

表 5-3　基于 scRNA 的细胞通信分析工具

软件	文献	数据库特点	实现工具	可视化结果
CellPhoneDB	Efremova et al.，2020	专业数据库；包含多个配体/受体亚单位；对细胞类型基因表达矩阵进行置换，以生成交互作用得分的零分布，由此确定每种细胞类型的富集配体-受体相互作用	Python	气泡图
CellChat	Jin et al.，2021	专业数据库；包含多个配体/受体亚单位和辅助因子；使用质量动力学法计算通信概率，考虑配体和受体及它们的亚单位的表达值，并根据其激动剂/拮抗剂进行加权	R	热图、圈图、气泡图、桑基图
CellCall	Zhang et al.，2021	基于 KEGG 通路收集配体-受体-转录因子（L-R-TF）轴数据集；通过整合配受体表达和下游转录因子信号来推断细胞间通信网络，并给出某些细胞通信可能涉及的信号通路	R	热图、圈图、气泡图、桑基图、山峦图、转录因子富集图
iTALK	Wang et al.，2019	通过平均表达量方式，筛选高表达的配体和受体，根据结果作圈图	R	圈图
iCELLNET	Noël et al.，2021	人工校正、精选数据库；包括多个配体/受体亚单位；互作由配体和受体表达量的几何平均数乘积值判定	R	热图、气泡图
scTensor	Tsuyuzaki et al.，2019	人工校正、精选数据库；用有向多边超图（hypergraph）代表配受体互作对，以此构建细胞通信网络；使用张量分解（tensor decomposition）对交互进行建模，然后评分	R	细胞通信网络图
SingleCellSignalR	Cabello-Aguilar et al.，2020	人工校正、精选数据库；使用配体和受体表达量乘积的非线性函数来计算概率	R	圈图、细胞通信网络图
PlantPhoneDB	Xu et al.，2022	人工校正、精选数据库；利用四种评分方法（LRscore、WeightProduct、Average 和 Product）计算配体-受体相互作用的得分	R	热图、气泡图和圈图

（1）CellPhoneDB　　这是第一个被开发出来用于细胞通信分析的计算工具（Efremova et al.，2020；Vento-Tormo et al.，2018；Garcia-Alonso et al.，2021），由英国 Sanger 研究所的 Teichmann 实验室和 Vento-Tormo 实验室联合开发。CellPhoneDB（https://www.cellphonedb.org/）主要由公共数据库（UniProt、Ensembl、PDB、IUPHAR 等）和文献中整理的配体和受体库组成，包括 978 种蛋白质（501 种分泌蛋白和 585 种膜蛋白）参与的 1396 种互作信息，即不仅包含了数据库注释的受体和配体，也包括人工注释的参与细胞通信的蛋白质家族，配受体的亚基结构等。CellPhoneDB 通过统计学方法，通过一种细胞类型的受体和另一种细胞

类型的配体表达信息，利用配体受体表达特异性预测不同细胞类型之间的相互作用。它的优点在于它考虑了配体和受体的结构特征，配受体的相互作用通常涉及多个亚基，配体的亲和力由受体亚基的特定组合决定。CellPhoneDB 的具体分析流程如图 5-12 所示，对于不同细胞群所表达的基因，通过计算表达该基因的细胞百分比和基因表达平均值的方式进行筛选。筛选的默认值为 0.1，即如果该基因只在该群中 10% 及以下的细胞中表达时，直接被移除。然后将所有细胞的簇标签随机排列一定次数（可选参数，如 1000 次），确定细胞簇中受体平均表达水平和相互作用细胞簇中配体平均表达水平的平均值。对于两种细胞类型之间每对受体-配体对产生一个零分布（null distribution），指在被比较的组或条件之间没有影响或没有差异的假设下预期的值的分布。这是一种参考分布，可以将观测数据与之进行比较，以评估影响或差异的统计显著性。通过将观测到的数据与零分布进行比较，可以计算出一个 P 值，该值表示在假设零假设成立的情况下，获得与观测到的结果一样极端或比观测到的更极端的结果的概率。如果观察到的数据落在零分布的尾部（即极值，如图 5-12 所示），则表明有证据反对零假设，并支持替代假设。根据 P 值，判断给定配体-受体复合物细胞类型特异性的可能性。最后，根据两种细胞类型中富集到的显著的配体-受体对的数量，对高度特异性的

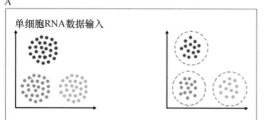

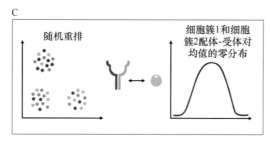

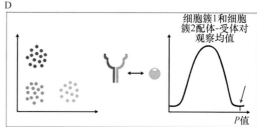

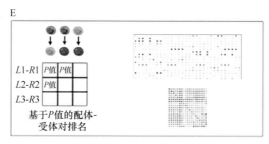

图 5-12 CellPhoneDB 基于单细胞转录组数据推断不同细胞类型的配体-受体复合物的统计方法概述

（Efremova et al.，2020）

A. 输入数据包括 scRNA-seq 计数文件和细胞类型注释文件。使用"几何草图"对大型数据集进行细胞子集采样；B. 通过一个细胞类型的受体表达和另一个细胞类型的配体来确定两个细胞类型之间的富集的配体-受体相互作用，复合物中平均表达最低的成员被认为是后续统计分析的对象；C. 通过随机排列所有细胞的簇标签来生成相互作用簇中配体和受体平均表达的零分布；D. 基于平均值与实际平均值一样高或更高的比例，计算给定配体-受体复合物的细胞类型特异性的 P 值；E. 根据它们在细胞群体中具有显著 P 值的总数，对配体（L）-受体（R）对进行排名

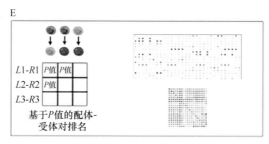

配体-受体对进行排序并给出列表，供后续进一步手动筛选具有生物学意义的配受体互作关系。总体而言，CellPhoneDB 排列检验筛选结果，可以防止假阳性，但另一方面，不能排除假阴性（即某些在数据集中具有高代表性的通讯可能在统计上不显著）。CellPhoneDB 的版本更新比较及时，目前为第四版（Garcia-Alonso et al.，2022），安装命令更为简洁方便，计算方法更新为三个选项，可以由用户自主选择给定的配受体库或自由设计。

（2）CellChat　　这是另一个比较常用的基于 R 的细胞互作计算工具（Jin et al.，2021）。该方法利用 KEGG 数据库通路注释信息，提取人和小鼠信号转导通路涉及的配体-受体对及相关的调控元件信息，并进行人工校正。与 CellPhoneDB 相比，CellChat 数据库中添加了部分配体-受体对在通路内激活或拮抗的信息，可以在配体-受体对的基础上进一步获得通路相关的调控信息，以推断可能存在的共激活或拮抗作用。CellChat 数据库（http://www.cellchat.org）包含人体中已验证的 1939 个分子互作 [其中 61.8% 为旁分泌/自分泌途径互作，21.7% 为细胞外基质（ECM）与受体互作，16.5% 为细胞与细胞接触互作]，包含小鼠体内已验证的 2021 个分子互作信息。理论上使用者也可以添加新的配体-受体互作信息以更新数据库。CellChat 利用质量作用模型（mass action model，假设理想状态下反应速率与反应物的浓度成正比）和基因差异表达分析对细胞簇进行统计检验，在给定的 scRNA-seq 数据中推断细胞状态特定的信号通讯，以此计算配体-受体互作概率并执行置换检验从中识别显著互作的配体-受体关系对。然后再通过叠加某一细胞类型中互作对数量和强度来计算、推断并整合细胞与细胞间的通信网络关系。这些细胞簇可以是离散状态，也可以是沿着拟时序细胞轨迹的连续状态。CellChat 的统计方法能够量化重要信号通路之间的相似性并依此进行分组，也能够通过识别模块推测伪时序发生过程中的关键顺序信号事件。总体上，CellChat 是一款能够从单细胞转录组测序数据中定量推断和分析细胞间通信网络的常用工具，能进行全局、整体的细胞通信互作分析，也能针对不同分组或数据集开展特定的细胞通信分析，并提供丰富直观的可视化结果图。它对互作显著的配体-受体对预测准确率更高，弱互作的配体-受体对相对难以检出。

由此可见，不同的方法各有特点，可以根据实际情况（基于数据类型、分析目标、统计方法、数据集大小等）选择合适的细胞通信分析工具（表 5-3）。除此以外，在生物信息学领域，还有一些其他的细胞通信数据驱动识别方法。例如，考虑下游反应的方法，如 CytoTalk（Hu et al.，2020）、scMLnet（Cheng et al.，2020）等；基于空间转录组或者融合单细胞转录组数据的方法，如 Cell2Cell（Armingol et al.，2020）、Giotto（Dries et al.，2021）等。

在植物领域，细胞与细胞之间同样形成了随时动态调整、复杂而精密的细胞通信网络（信号传递、调控机制等）。植物在生物或非生物胁迫条件下适应性反应都与细胞通信密切相关，其中各种信号肽和植物激素等在感知环境变化后，能以配体-受体互作方式协调植物细胞功能，并维持植物生长发育和环境相适应。然而，由于相关的基因组注释信息远远少于人和小鼠，因此，在植物领域开展单细胞转录组数据分析，尤其是开展高级分析时，常常面临资源不足的问题。

目前已有的植物配受体公共数据库为 PlantPhoneDB（https://jasonxu.shinyapps.io/PlantPhoneDB/），收录了拟南芥（3514 个配体-受体对）、水稻（3762 个配体-受体对）、番茄（1751 个配体-受体对）、玉米（2823 个配体-受体对）和杨树（3110 个配体-受体对）5 个物种的配体-受体对相互作用信息（Xu et al.，2022）。其中拟南芥配体-受体对信息主要来自 UniProt、TAIR、PlantSeckB，辅以数据库 BioGRID、Interactome v2.0、IntAct、plant.MAP 和 STRING 的蛋白-蛋白互作信息予以校正。同时，进一步参考 CellTalkDB、SingleCellSignalR 和 CSOmap 中人类的配受体互作对，借助 InParanoid 获取拟南芥的同源基因信息。另外 4 种植物的配受体互作对数据库的构建更复杂一些，基本原则是利用不同工具（如 pfam_scan、SecretomeP、TMHMM、CAMP、TargetP 等）识别可能的分泌蛋白、受体样蛋白或激酶，并预测它们之间可能的相互作用。PlantPhoneDB 计算配体-受体对互作分数主要借用 Single-CellSignalR（Cabello-Aguilar et al.，2020）和 CellPhoneDB 的评分模型。需要注意的是，在运算前先做一步筛选，即选取的每个配受体互作对在给定细胞类型中至少有 10% 的表达。一些有关植物的标记基因数据库可以辅助开展相关细胞类型鉴定，如 PlantscRNADB（Chen et al.，2021）、PsctH（Xu et al.，2022）和 PCMDB（Jin et al.，2022）等，其中 PlantscRNADB（Release 3.0）收集拟南芥、水稻、番茄、玉米等 15 个植物物种的约 11.5 万个标记基因。如果研究对象为非模式植物物种，可以借助公共数据库，自建相应的配受体库。

第五节　单细胞遗传变异分析

在漫长的生物进化过程中，由于内外环境压力、自然选择和适应等各种原因，动物、植物和其他物种个体的染色体基因组 DNA 序列会发生改变，群体或个体之间基因组多样性由此产生。这样的基因组变异主要包括 DNA 片段长度多态性和碱基序列多态性，在基因区或基因间隔区都可能发生。通常，如果在一个生物群体基因组中，某些特定位点存在两种或两种以上的变异类型，且每种类型的变异频率超过 1%，这种现象称为基因组变异或 DNA 多态性，这些变异频率大于 1% 的 DNA 片段或位点称为 DNA 多态性位点，以此区别于突变位点，即变异频率低于 1% 的序列片段。

其中，单核苷酸变异（SNV）和结构变异（SV）是两大类主要的遗传变异类型。SNV 是指在基因组中的单个核苷酸位置上发生的变异，如单个碱基的替换、插入或缺失。SNV 在体细胞和生殖细胞中都有可能出现。SV 在传统概念中被认为是长度超过 1kb 的 DNA 碱基改变。然而，近年来随着检测技术的进步，长度在 50bp 以上的 DNA 变异也被归入 SV 范畴，而长度在 50bp 以下的变异则被称为插入缺失变异（indel）。SV 包括了基因组拷贝数变异（CNV）、插入、倒位和易位等不同的基因组结构变异类型。CNV 是指某一段基因组区域的拷贝数发生变化，可以使拷贝数增加或减少，且不同拷贝之间的序列高度同源（图 5-13），主要的变异形式包括重复和删除。

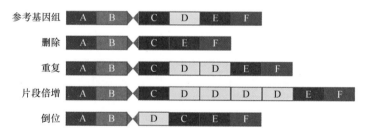

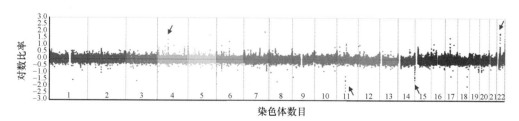

图 5-13　不同类型的 CNV 及全基因组 CNV 检测示例（Yim et al.，2015）

上图显示与参考基因组相比，部分位点的删除、重复和倒位。下图展示了全基因组 CNV 检测的示例，其中红色和蓝色箭头分别代表拷贝数增加和减少

随着单细胞测序技术的出现和发展，解析 SNV 和 CNV 的精确数量和位置有助于进一步阐明其形成机制和进化轨迹。特别是单细胞基因组测序（scDNA-seq）对于检测单个细胞内的 SNV 和 CNV 具有独特优势，为剖析细胞间异质性和基因组不稳定性等问题提供新的视角，这对于生物学和医学都非常重要。应该说，基因组 DNA 层面的 CNV 鉴定更可靠，但目前高通量单细胞基因组测序主要依赖全基因组扩增，较高的假阳性率仍然是一大阻碍，相关的检测方法也在不断优化中（Casasent et al.，2018；Xing et al.，2021；Wang et al.，2023）。同时也可以基于靶向扩增（如 50～100 个目标基因）进行单细胞 DNA 测序。目前高通量进行单细胞水平全基因组 SNV 和 CNV 检测还依赖于 scRNA-seq 数据。尽管单细胞转录组数据主要用于研究基因表达的不均一性和细胞状态的动态变化，但在原始测序数据中，也包含了 DNA 序列（外显子）信息，SNV 和 CNV 都有可能导致基因表达水平的变化，因此可以通过单细胞 RNA 测序数据来间接检测。SNV 和 CNV 推断是单细胞转录组数据分析中重要的环节，可以为研究人员提供深入了解细胞间遗传异质性和突变事件的机会。虽然单细胞转录组数据中存在许多噪声和偏差，但通过合理的统计模型和计算，仍然可以在其中得到 SNV 和 CNV 的有价值信息。同时，单细胞分析能给我们提供一个独特的角度，让我们更好地理解细胞的个体差异及群体间的动态变化。随着技术和算法的进步，可以期待在这一领域取得更多令人振奋的发现，并为与疾病相关的基础研究和临床应用提供强大的支持。在未来，CNV 分析可以与基因调控网络的系统方法相结合，并且可以显示基因 CNV 是否在基因相互作用网络中受到功能限制。将 CNV 变异与系统生物学实验方法相结合，可以更深入地了解这些变异的功能作用。本节将介绍如何利用 scRNA-seq 数据开展 SNV 及 CNV 分析，并讨论相关的方法和分析流程。

一、单核苷酸变异分析

基于 scRNA-seq 数据的单细胞水平 SNV 鉴定方法和流程如下。

（1）数据质控和变异检测　　常规的 SNV 检测工具也可以用于 scRNA-seq 数据，如 SAMtools、GATK、CTAT、FreeBayes、MuTect2、Strelka2、VarScan2 等对每个细胞的转录组数据进行 SNV 分析。除了 SAMtools 之外，大多数算法在一定程度上都基于 GATK（Li et al.，2009）。具体步骤包括将每个细胞的测序数据比对到参考基因组、数据预处理、识别变异位点并过滤假阳性。最常用的比对工具有 STAR（McKenna et al.，2010）和 GSNAP（Wu et al.，2016），后者更适用于短序列。数据预处理包括去除低质量的细胞、过滤去除质量低或覆盖度不足的变异、去除重复比对、对读取质量进行基本评估和基因表达的标准化（Khozyainova et al.，2023）。

（2）筛选和注释　　根据实验设计和研究目标，筛选出感兴趣的 SNV。通常会使用过滤标准，如基因频率、突变类型、深度和质量等。此外，将 SNV 与公开数据库（如 dbSNP、ClinVar）进行注释，以提供关于其功能相关性的信息。

（3）互相验证和可视化　　为了确保 SNV 的准确性，可以使用其他单细胞分析工具进行验证，如 Mutect、FreeBayes 等。同时，可使用可视化工具来检查 SNV 在基因组上的位置和分布。

（4）功能分析　　对于筛选出的 SNV 所对应的基因，可以进行功能分析，包括富集分析、通路分析和功能注释等，以了解其可能的生物学影响和机制。

（5）统计分析和解读　　对 SNV 进行统计学分析，比较各个细胞之间或不同条件下的遗传异质性。结合细胞表型和其他信息，探索 SNV 与细胞状态、功能和疾病相关性之间的关系。

利用 scRNA-seq 数据开展 SNV 分析的意义在于揭示细胞水平的遗传异质性和突变模式，并深入理解基因组变异对细胞表型和疾病发展的影响。这种分析可以帮助鉴定罕见细胞簇、揭示细胞状态转换过程中的变异事件，以及识别疾病相关的细胞亚型和驱动突变。需要注意的是，利用 scRNA-seq 数据进行 SNV 分析有其固有的局限性。例如，仅适用于外显子序列，而不同的基因表达模式和可变剪接也显著限制了可用于分析的序列范围。此外，通常的 scRNA-seq 测序为单端测序，所以，用于基因表达分析的 5' 端或 3' 端排除了大部分序列，从而丢失大部分外显子序列而无法进行全面的 SNV 分析。除此以外，进行 SNV 分析时，样本数量和数据量的考虑非常重要。较小的样本量和低覆盖度可能限制 SNV 的检测和统计学分析。因此，合理的实验设计（如配对末端测序，并通过经典的分子遗传学方法进行验证）和足够的深度测序是获得可靠结果的关键。同时，数据解读应综合考虑其他遗传变异信息（如 CNV）和表型数据，从而提高对 SNV 在单个细胞和整体生物系统中功能和相关性的理解。

二、拷贝数变异分析

基于 scRNA-seq 数据鉴定 CNV 的方法都基于一个假设，即差异基因表达与 CNV 相关（Shao et al.，2019），CNV 是在不同细胞中都可能发生的事件，可以引起基因的沉默、高表达或序列突变，进一步引起细胞恶性改变。据此进行 CNV 分析以提供关于差异表达基因的基因组拷贝数变异的重要信息，这些变异对于疾病易感性和表型特征等方面可能具有重要影响。

基于 scRNA-seq 数据推断的方式包括：①基于转录组的基因表达谱，即假设基因表达与拷贝数变异呈正相关，基因组上的改变可能在细胞的转录状态中得到反映，如基因的扩增会导致基因组受影响区域内基因的上调，而缺失会导致基因下调。换句话说，高表达的基因可能与拷贝数扩增有关，而低表达的基因可能与拷贝数缺失有关。通过这种方式，我们可以推断基因组的变化对于基因表达水平的影响。②基于变异等位基因频率，即假设一个 CNV 区域，如果存在基因组中的拷贝数变化，则在该区域内的等位基因频率也会发生变化。正常情况下，一个细胞中的两个等位基因 A 和 B 应该呈现相近的频率。然而，在 CNV 区域内，如果某个 A 等位基因的拷贝数增加或减少，那么与该等位基因相关的 B 等位基因频率也会相应地变化。例如，如果一个基因的拷贝数增加了，那么与该基因相关的等位基因频率可能会偏向于高拷贝数等位基因。基于这一原理，可以通过分析单细胞测序数据中的等位基因频率来推断 CNV。通常，这涉及 SNV 分析，因为 SNV 可以用来代表特定区域内的等位基因频率。通过比较预期等位基因频率与实际观察到的等位基因频率，可以检测到拷贝数变异引起的等位基因频率偏移。需要注意的是，基于变异等位基因频率的 CNV 分析方法对于具有较高测序深度和良好覆盖度的数据效果更好。③基于上述两者整合推断。鉴于单细胞数据呈现稀疏性并且单个细胞中等位基因特异性转录存在随机性，可以考虑将基于基因转录表达谱推断和基于等位基因频率算法联合使用（Harmanci，2020；Gao，2022）。

目前利用单细胞转录组数据进行 CNV 分析的主要软件有 inferCNV（Patel et al.，2014）、HoneyBADGER（Fan et al.，2018）、CaSpER（Harmanci et al.，2020）、copyKAT（Gao et al.，2021）、sciCNV（Mahdipour-Shirayeh et al.，2022）、RNAseqCNV（Bařinka et al.，2022）和 Numbat（Gao et al.，2023）等。总体上这些工具在肿瘤研究方面有更广泛的应用。肿瘤细胞的基本生物学特征如恶性增殖、分化不良、浸润及转移等，在基因组或转录组水平表现为染色体不稳定性，包括拷贝数变化、原癌基因或抑癌基因表达量失调及异常信号通路激活。但是由于缺乏明确的标记基因，仅靠转录组数据很难区分肿瘤组织中的恶性肿瘤细胞和正常细胞。而基于单细胞转录组数据的 CNV 分析，通过比较不同样本或不同细胞类型之间的基因表达量，发现拷贝数异常的细胞，提供了对肿瘤异质性和克隆进化研究的基础，一定程度上能够帮助我们更好地理解肿瘤中不同细胞群体之间的遗传变异和演化过程，有助于推断肿

单细胞组学基础

瘤中的恶性细胞（Moncada et al.，2018；Durante et al.，2020；Wang et al.，2021；Zhao et al.，2023）。

  inferCNV 由 Broad 研究所开发，属于比较主流的算法。该团队利用肿瘤细胞的转录组数据，探索细胞中大规模 CNV 事件（Patel et al.，2014）。inferCNV 使用基因表达数据的校正移动平均值来确定 CNV 分布情况，通过将每个肿瘤细胞的基因表达与平均表达或"正常"参考细胞的基因表达进行比较，在整个基因组范围内评估相对表达量，以反映染色体拷贝数变化情况。通常以热图的形式展示在每条染色体上（图 5-14）。通过这种可视化方式，显示每条染色体上基因的相对表达强度，可以直观地观察到相对于正常细胞，肿瘤细胞的基因组可能呈现出大规模的过度表达或低表达情况。这有助于揭示肿瘤细胞在基因表达水平上的异常变化，并提供线索用于进一步研究肿瘤的发生机制和潜在治疗靶点。尽管该方法可以高精度地揭示染色体臂水平的克隆变化，但使用 inferCNV 识别亚克隆差异是有问题的——inferCNV

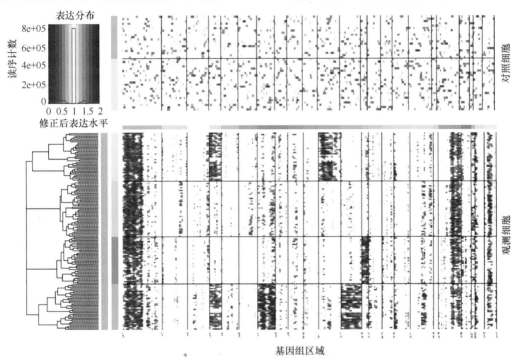

□ 小胶质细胞/巨噬细胞 □ 少突胶质细胞（非恶性）

□ 恶性胶质细胞瘤_MGH36 ■ 恶性胶质细胞瘤_MGH53 □ 恶性胶质细胞瘤_93 □ 恶性胶质细胞瘤_97

图 5-14 利用 inferCNV 分析胶质细胞瘤 scRNA-seq 数据生成的热图
（https://github.com/broadinstitute/inferCNV）

正常细胞的表达值在顶部热图中绘制，肿瘤细胞在底部热图中绘制，基因按照染色体从左到右排序。通过将正常细胞的表达数据有效地减去肿瘤细胞的表达数据，正常细胞表达的热图在下图信号上基本为空白，除了某些细胞中的特定异常基因表达值。由此可以得到差异 CNV 图谱，其中染色体区域扩增显示为红色块，染色体区域缺失显示为蓝色块。热图的行对应于细胞。热图在水平方向上被分隔为参考细胞（或观测数据）和非参考细胞（或观测数据），中央的颜色条表示不同的染色体区域（通过颜色变化来表达）。最顶部的热图由参考观测数据组成。底部热图包含了使用层次聚类（欧几里得距离，平均连接法）排序的非参考细胞（观测数据）。图中的列代表基因，按照染色体位置进行排序。黑色竖线将连续序列/染色体分隔开。两个热图之间的水平颜色条也通过颜色变化表示连续序列/染色体

得到的结果对于参考细胞的选择非常敏感，因此需要使用相应参考细胞对不同细胞类型进行独立归一化（Fan et al.，2018）。inferCNV 的分析流程大致包括样本的基本质控和注释，肿瘤细胞与参考细胞的表达信号比较去除、数据均一化处理、降低噪声及 CNV 最终的预测。目前 inferCNV 支持两种基于 HMM 的预测模型（i3 模型和 i6 模型），预测结果使用贝叶斯网络潜变混合模型（Bayesian network latent mixture model）进一步修正，以计算每个细胞属于给定状态 CNV 的后验概率。inferCNV 的分析步骤包括：①染色体平滑处理，即将每条染色体上所有基因的表达数据按位置排序，并标准化以减少噪声，突出显示变异；②计算每个细胞 CNV 值的中位数，再将每个基因的 CNV 值减去中位数，以进一步中心化；③从肿瘤细胞中减去正常细胞的信号，以便更清晰地识别和分析肿瘤细胞中的基因组变异模式；④降噪，即进一步降低正常细胞中的残留信号，得到最终的基因 CNV 矩阵。需要注意的是使用 inferCNV 分析单细胞转录组数据，参考细胞的选择很关键，否则算法默认所有细胞（包括肿瘤细胞）表达量的平均值为"基线"，以此来识别肿瘤细胞必然容易出现误差。所以，最佳的参考细胞选择应该是对应观测数据细胞类型的正常细胞类型，次优的参考细胞选择可以是尽量多的免疫细胞类型。inferCNV 不足之处在于版本更新较慢，最新版（v1.3.3）发布于 2020 年，需要较高的测序覆盖深度，不适用于稀疏表达矩阵。

与 inferCNV 类似，另一个适用于分析较低细胞通量的第一代 scRNA-seq 数据的工具是 HoneyBADGER，该算法需要先识别 SNV，再根据候选区域中 SNV 的单等位基因表达来确认候选区域中 CNV 的存在。

CaSpER 同样适合低通量的 scRNA-seq 数据，通过整合表达信号和等位基因移位信号生成全基因组的 B 等位基因频率（BAF）信号图，并将其用于校正 CNV 信号。

copyKAT 适用于微滴和纳米孔等高通量 scRNA-seq 数据 CNV 分析（Gao et al.，2021），基于一种被称为非整倍体肿瘤拷贝数核型分析的综合算法。区分肿瘤微环境中的正常细胞和肿瘤细胞的有效方法是鉴定非整倍体的拷贝数，一般而言，在肿瘤组织中，除了二倍体基因组的基质细胞外，大多数（88%）为非整倍体拷贝数的肿瘤细胞（Taylor et al.，2018）。copyKAT 通过结合贝叶斯方法（一种统计推断的方法，基于贝叶斯定理。它通过结合先验知识和观测数据，来更新对未知参数或假设的概率分布，并获得后验概率分布）与层次聚类来计算单个细胞的基因组拷贝数分布图谱，并定义出亚克隆结构。具体的工作流程如图 5-15 所示。第一步，按照基因组绝对位置对基因进行分类，以平均 5Mb 的基因座分辨率估算基因组拷贝数，将 UMI 计数的基因表达矩阵作为计算的输入，使用 UMI 做标准化并稳定其方差，同时对单细胞 UMI 计数中的异常值做平滑校正。第二步，进行层次聚类，使用高斯混合模型（GMM）检测高置信度二倍体细胞子集，以推断正常二倍体细胞的拷贝数基准值，即假设单个细胞的基因表达服从高斯混合模型（包括基因组增益、损失和中性状态），当处于中性状态的基因占表达基因的 99% 或更多时，将该单个细胞定义为具有高置信度的二倍体细胞。这种模型检测一定程度上可以避免潜在的分类错误（当数据只有少数正常细胞或肿瘤细胞具有接近二倍体基因组且拷贝数畸变事件时）。以此为正常参考，预测肿瘤细胞的相对表达谱。第三步，判断 CNV 分布发生变化的染色体断点，以形成样本中细胞群体基因组断点的并集。鉴于 scRNA-seq 数据在基因组上分布的不均匀性，copyKAT 整合 Poisson-gamma 模型和 Markov Chain Monte Carlo（MCMC）迭代生成每个窗口的后验均值，再使用科尔莫戈罗夫-斯米尔诺夫检验（Kolmogorov-Smirnov test）判断并确定将相邻窗口合并或分开，以更新后的每个窗口内的所有基因的拷贝数值为最终值，再将其转换为相应基因组位置，以 5Mb 的基因座分辨率获得每个单细胞的全基因组拷贝数概况。在此基础上对非整倍体肿瘤和正常细胞簇使用正常细胞富集和高斯混合模型分布测试进行分类，再通过聚类

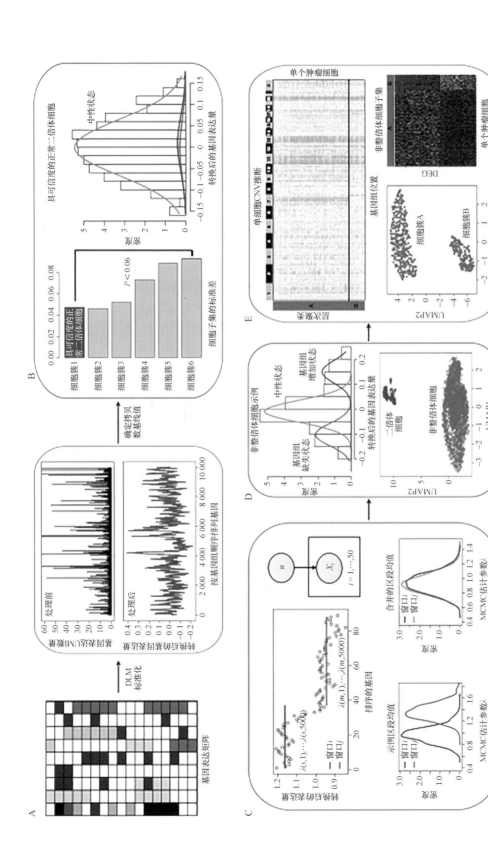

图 5-15 copyKAT 分析工作流程概览（Gao et al., 2021）

A. 根据 UMI 计数矩阵将基因按照基因组位置排序，并将原始计数矩阵进行转换，以稳定方差并平滑异常值，使用多项式动态线性建模（DLM）进行处理；B. 通过整合聚类和 GMM 方法定义正常细胞子集，推断拷贝数基线；C. 使用单个细胞中的相对基因表达值进行 MCMC 分割，并通过 K-S 检验合并片段；D. 使用正常细胞富集簇和 GMM 分布测试对非整倍体肿瘤细胞进行差异并表达分析；E. 通过聚类描绘肿瘤细胞的亚克隆结构，并使用亚克隆进行差异并表达分析

描绘肿瘤细胞的亚克隆结构，并进行差异表达分析。copyKAT 在数据处理和分析结果方面部分借鉴了 inferCNV，两款算法工具的比较分析结果基本一致，copyKAT 分析结果更精细些，运行速度也更快。copyKAT 的优势是不需要正常细胞做对照就可以将肿瘤细胞从数据中挑选出来，其局限性在于只能检测非整倍体拷贝数事件，不能检测其他如染色体结构重排、插入和缺失等基因组事件。需要注意如果 scRNA-seq 数据集中不存在非整倍体拷贝数事件时，copyKAT 可能会将具有最高表达水平的细胞簇定义为 CNV，因此，需要做好样本前期质控和相关的注释信息，从而获得可靠的分析结果。总体而言，copyKAT 更适用于肿瘤细胞的分析，因为肿瘤细胞常常是非整倍体的（Menyailo et al.，2023）。

需要强调的是，在 WGS 中用于 CNV 鉴定的工具是基于均匀的基因组覆盖度，但在 scRNA-seq 的情况下，信号仅集中在外显子中，需要进一步通过等位基因失衡分析来理解基因组和转录组之间的相关性。然而，由于等位基因丢失、异质性和低测序深度，区分真正的基因变异和技术假象可能会很困难（Müller et al.，2016）。发布于 2022 年的 Numbat（Gao et al.，2023）通过整合源自基于群体的基因表达、等位基因和单倍型信息，联合评估等位基因频率与每个拷贝数预期表达变化，使用 Haplotype-aware HMM 模型推断单细胞 CNV 和杂合性丢失（LoH）事件（LoH 为肿瘤细胞中发现的主要基因组畸变事件之一），并利用亚克隆之间的进化关系来迭代推断单细胞拷贝数和肿瘤克隆系统发育。与其他软件比较，结果显示 Numbat 优势明显，其准确性（99.2%）和召回率（95.4%）更高（图 5-16）。

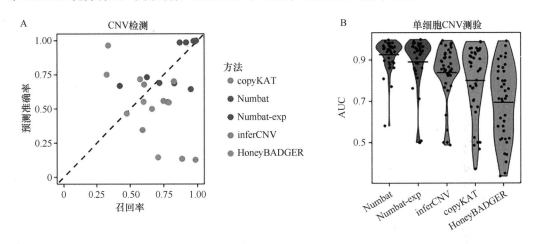

图 5-16　几种 CNV 推断方法的比较（Gao et al.，2023）

A. 不同方法对 CNV 检测的效率，每个点表示一个不同的样本；B. 不同方法评估单细胞 CNV 测验的结果，每个点表示一个不同的 CNV 事件，中心线为均值

scRNA-seq 数据进行 CNV 分析存在一些限制和挑战，如对低频 CNV 的检测灵敏度较低，需要更高的测序深度和更复杂的分析方法。此外，由于 scRNA-seq 数据通常只提供了部分基因组覆盖，CNV 分析结果可能受到覆盖范围的限制。因此，在进行实际分析时，应谨慎考虑这些问题，并结合其他技术和实验验证来增强 CNV 分析的可靠性和解释力。

上述介绍的 CNV 分析软件多数是在人类组织/样本和动物上进行了测试，理论上，也完全可以应用到植物 scRNA-seq 数据的相关分析中。相对于人类，关于 CNV 对植物或作物农艺性状影响的研究起步比较晚，但也有确凿的证据——例如，小麦最重要的光周期基因 *Ppd-B1* 被证明存在不同的拷贝数从而可以改变光周期敏感性，当 *Ppd-B1* 有 1 个拷贝时小麦晚开花，有 2~4 个拷贝时小麦早开花（Würschum et al.，2015）。单细胞分辨率的转录组数据同样为研究植物细胞的 CNV 分析提供了可能性，可以尝试探索植物细胞中的拷贝数变异与植物的适应性、进化和表型之间潜在的关系，揭示环境适应机制，理解不同细胞类型或发育阶段中的 CNV 变化导致的功能差异。

学科先锋

Cole Trapnell 与拟时序分析（Monocle）

Cole Trapnell

Cole Trapnell（1982—），华盛顿大学基因组学系副教授，单细胞测序公司 Scale Biosciences 联合创始人，国际计算生物学协会（ISCB）奥弗顿奖（Overton Prize）获得者。Cole Trapnell 是生物信息学和单细胞研究领域的顶尖学者，开发了广为人知的生物信息学工具 TopHat、Cufflinks、Monocle 等。

2005 年，Cole Trapnell 在马里兰大学获得了数学和计算机双学位，随后师从著名的计算生物学家 Steven Salzberg 和 Lior Pachter 攻读计算机科学博士学位。博士生四年期间，他不仅成功开发了备受瞩目的 HopHat（用于 RNA 比对和可变剪接分析的工具）和 Cufflinks（用于基因表达定量的工具），还帮助 Ben Langmead 编写了 Bowtie（超快的短读序联配参考基因组工具）。这些工具在生物信息学领域都产生了广泛的影响。在攻读博士学位期间，他还前往加州大学伯克利分校数学系担任了两年访问学者。2010 年，他进入博德研究所（Broad Institute）干细胞再生生物学系的 John Rinn 实验室进行博士后研究，其间，他与 Davide Cacchiarell 合作开发了单细胞组学领域著名的拟时序分析算法及其工具 Monocle。

2014 年 Cole Trapnell 在华盛顿大学组建了自己的实验室。他的第一位博士生邱肖杰进一步完善和提升了 Monocle，随后发表了系列热门单细胞组学工具 Monocle2、Monocle3、Dynamo 等。如今邱肖杰也已经成为单细胞基因组学领域的佼佼者，2023 年在斯坦福大学建立了自己的实验室。Trapnell 实验室不断壮大，目前包括来自计算机科学、统计学和分子细胞生物学领域的 5 名博士后和 6 名博士生。Trapnell 实验室主攻新算法和测量技术开发，以便研究人员能够定量模拟不同细胞类型中每个基因的调节机制。他们的单细胞组学工具研究成果均发表在 *Nature Methods* 和 *Nature Biotechnology* 上，文章总引用数已超过 11 万次。同时，近年来他们在 *CNS* 顶刊发表论文 8 篇。

（姚　洁　樊龙江）

第六章　单细胞转录组数据专项分析

第一节　单细胞免疫组库分析

一、单细胞免疫组库技术原理

1. 免疫及其免疫组库　　免疫（immunity）是指可和抗原反应而让身体免于疾病的能力，即机体识别"自身"与"非己"抗原，对自身抗原形成免疫耐受，对异己抗原产生排斥反应的一种生理功能。免疫包括非特异性免疫（天然免疫、固有免疫）和特异性免疫（获得性免疫、适应性免疫）：非特异性免疫是机体天然存在的、没有抗原特异性的防御机制；特异性免疫又称为获得性免疫或适应性免疫，出生后形成，并只对接触过的特定抗原发生反应。适应性免疫系统赋予脊椎动物特异性识别各种病原体和毒素并做出针对性反应的能力，包括体液免疫（B 细胞及抗体主导性免疫）和细胞免疫（T 细胞及细胞主导性免疫）。这种能力的核心是两种类型的淋巴细胞——B 细胞和 T 细胞。每种 B 细胞和 T 细胞都表达一种独特的细胞表面受体，可与特定的抗原表位结合。个体内所有淋巴细胞表达的受体集合构成其适应性免疫受体库。B 细胞表达由膜结合免疫球蛋白组成的 B 细胞受体（BCR）（图 6-1）。BCR 种类繁多，几乎可识别细胞表面的任何可溶性抗原或表位。BCR 与其同源抗原结合时，B 细胞会被激活并分化为浆细胞，产生特异性抗体来应对感染，以此直接中和并清除血液循环中或存在于细胞外空间的病原体和毒素。相比之下，T 细胞表达的 T 细胞受体（TCR）只能识别由其他宿主细胞表面的主要组织相容性复合体（MHC）分子结合和呈递的多肽抗原。T 细胞的 MHC 限制有一个重要目的，即通过识别来自寄主细胞的外源肽段，检测浸润或感染寄主细胞的细胞内病原体。TCR 结合后可激活细胞毒性功能以清除感染细胞，刺激细胞因子产生以协调更广泛的免疫反应，并诱导增殖以建立长效免疫记忆。

适应性免疫受体的功能多样性巨大，据估计在人类中有超过 1×10^{15} 种独特的受体。这种巨大的范围与潜在病原体和毒素抗原的多样性相匹配，是必不可少的。受体基因片段的体细胞重组和接合点多样性是受体多样性的两个关键机制。

每个受体包含多个模块化基因片段，包括可变（variable，V）区、多样性（diversity，D）区、连接（joining，J）区和恒定（constant，C）区。对于抗原结合部分，每种类型的基因片段都有许多版本。首先随机选择每个基因片段的一个版本，然后通过称为 V（D）J 重组的剪切和粘贴过程将它们连接在一起，从而组装受体。在连接过程中，通过在片段之间的连接处随机插入或缺失核苷酸，进一步引入了多样性。V 区包含 3 个称为互补决定区（complementary determining region，CDR）的区域，分别为 CDR1、CDR2 和 CDR3，其中 CDR3 在决定抗原结合特异性方面起着关键作用。

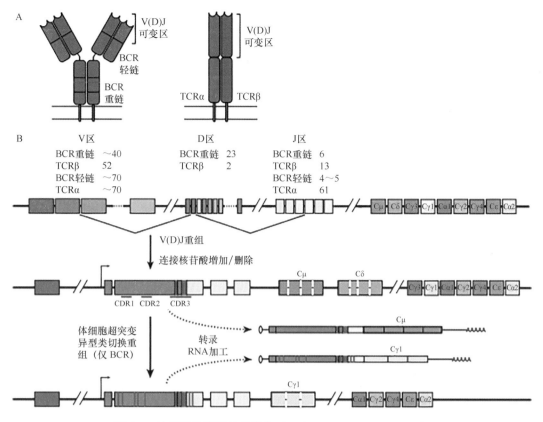

图 6-1　抗原受体谱系的多样化（Calis and Rosenberg，2014）

A. BCR 和 TCR 的组织结构相似。每个受体都由两条不同的亚基链组成（BCR：轻链和重链，TCR：α链和β链）。抗原结合面由每条链的可变区构成，可变区由重组的 V、J 和 D（BCR 重链和 TCR β链）基因片段编码。B. BCR 重基因座的示意图；除了体细胞超突变和类开关重组外，TCR β链基因座也有类似的机制（基因片段组织不同）。抗原受体库的多样性主要是在淋巴细胞发育过程中建立起来的，在此期间，V（橙色）、D（绿色）和 J（黄色）基因片段通过 V（D）J 重组过程重新排列。图中显示了每个抗原受体基因座的不同 V、D 和 J 基因片段的数量。在重组过程中，可能会在片段连接处（紫红色）添加或删除核苷酸，从而增加序列多样性。互补决定区已标出。抗原识别后可能会出现 BCR 特异性二次多样化。在体细胞超突变过程中，整个可变区都会出现突变（红色），这样就可以通过亲和性成熟来选择经过修饰的 BCR。在类开关重组（class-switch recombination）过程中，编码恒定区（蓝色）的基因片段被重新排列，从而产生具有不同类型和相应效应功能的抗体

　　BCR 多样性通过体细胞超突变呈指数增长。遇到抗原后，B 细胞迅速增殖分化为浆细胞，进入生发中心。生发中心的免疫球蛋白基因以极高的速度积累随机点突变，通过选择有益突变对抗原亲和性进行微调。

　　受体的结合特异性决定了它所识别的抗原类别。携带病原体或异常细胞（如癌症）抗原特异性受体的淋巴细胞会优先受到刺激并扩增。因此，对适应性免疫反应谱进行分析可提供选择性压力和免疫暴露的历史纪录。所谓的免疫组库分析，本质是分析一段段蛋白质序列，包括 TCR/BCR 的基因来源、数量、长度、扩增程度及与抗原相互作用的关系等。

　　高通量测序技术的出现使得通过 Rep-seq（Robin et al.，2009）实现了对适应性免疫受体多样性的定量表征。然而，大量 Rep-seq 数据掩盖了细胞的异质性，限制了克隆结构的分辨率。现在，单细胞 RNA 测序技术使得同时大规模测量单个淋巴细胞的转录组和免疫组库

第六章　单细胞转录组数据专项分析

125

成为可能。免疫组库（immune repertoire，IR）是指一个个体在某一时间内其免疫系统中所包含的全部 BCR 和 TCR 的集合。这为将细胞的选择、结构和动态与细胞状态和功能直接联系起来提供了一个前所未有的机会。单细胞免疫组库测序（也称为单细胞 VDJ 测序）被广泛应用于各个研究领域，包括肿瘤、传染病、自身免疫性疾病等，以探测 B 细胞和 T 细胞的克隆多样性和功能。

2. 解码抗原受体序列特征　　B 细胞受体和 T 细胞受体都是表面跨膜蛋白复合物，统称为抗原受体。抗原受体测序（又称 VDJ 测序）提供了对不同 B 细胞和 T 细胞克隆所表达受体的核苷酸水平的高分辨率。然而，原始序列读序必须经过处理和分析才能提取出具有生物学意义的见解。几种关键的计算方法有助于解码 AIRR 序列中编码的关键特征（Heumos et al.，2023）。

（1）V（D）J 解析和链配对　　第一步是识别构成每个受体链的模块化 V、D 和 J 基因片段。这可以通过将 AIRR 读序与已知的参考 V、D 和 J 种系基因进行比对来实现。对于 TCR，MixCR 和 MiXCR 是常用的分割工具；对于 BCR，BALDR、BASIC 和 BraCeR 已被证明具有高精度的 V（D）J 分配。分割后，重组链需要配对，因为抗原结合位点是由两条链相互作用形成的。对于受体序列相连的单细胞，链配对很简单。但是对于大体积的受体序列，需要使用计算启发式方法，根据 CDR3 长度的兼容性来配对 TCR 的 α/β 链或 BCR 的轻/重链。

（2）V（D）J 基因的使用　　特定的 V、D 和 J 基因片段在一个重排的所有克隆中的频率可以帮助我们了解重组的偏向。某些基因片段在基因重组过程中被优先重组或选择。比较不同条件下或不同个体的使用频率可以揭示表明克隆扩张偏向的变化。对 VDJ 组合的多变量分析也可以确定特定 V（D）J 重排的共同选择。

（3）CDR3 谱图分析　　V（D）J 连接编码的 CDR3 环在决定抗原特异性方面起着重要作用。理解抗体 CDR 区序列分析的重要性对于把握抗体与抗原之间的特异性结合机制至关重要。CDR3 长度分析，即谱图分析，可检查群体中不同 CDR3 长度的相对丰度。高斯分布通常表明多克隆多样性无偏见。对抗原反应的寡克隆扩增导致谱图偏斜，克隆峰扩大。不同条件下 CDR3 谱图的变化反映了克隆结构的改变。

（4）序列模式分析　　CDR3 氨基酸序列直接与抗原表位相互作用。CDR3 内的保守序列模式可表明共享特异性。Motif 分析可识别 CDR3 中代表性过高的短 k-mer 序列或具有统计学意义的较大序列模式，这些 CDR3 按共同的 V（D）J 用法或克隆集群分组。不同条件下的比较揭示了与克隆扩增相关的模式。

总之，V（D）J 基因频率、CDR3 谱图类型和序列模式为 AIRR 结构、选择偏倚和抗原特异性提供了互补的视角。对这些解码特征的综合分析能够深入解读受体序列中编码的信息。

（5）筛选功能性适应性免疫受体　　并非所有重新排列的 AIRR 链都构成功能受体。只有 VJ 或 VDJ 分配的不完整 AIRR 代表有效细胞，但不能用于需要成对链的分析。大多数 T 细胞只表达单个 TCR，但约有 10% 的 T 细胞同时表达两对不同的 VJ-VDJ。罕见的双 VDJ 细胞（1%）也会出现，但应将其作为潜在的双重细胞谨慎对待。每条链上有两个以上配对的细胞可能代表多重细胞。将 AIRR 状态与配对信息和受体类型联系起来可以进行选择性分析。例如，孤 VDJ 链仍可查询表位数据库，但不能进行基于配对链的查询。配对和受体类型的分布可以跨组检查。为进行质量控制，可能需要移除双重受体过多的离群细胞。总之，注释 AIRR 状态有助于选择具有功能受体的高质量单细胞数据进行下游分析。

3. 鉴定克隆类型　　适应性免疫受体是通过模块化基因片段的体细胞重组产生的。然而，并非所有重组的受体链都能表达功能或配对成完整的受体。因此，注释受体状态和过滤序列数据以进行适当的下游分析至关重要。

（1）定义受体状态　　单细胞 AIRR 测序可检测每个细胞的多条受体链。每条受体链和整个受体的状态都需要进行划分。①完整：两条链（TCR 为 VJ+VDJ，BCR 为重链+轻链）均存在。②不完整：只有一条链测序（孤 VJ 或 VDJ）。③双受体：每个细胞有两个不同的完整受体对（罕见）。④多受体：一种类型的两条以上的链，表示多个细胞。

只有一条链的不完整受体不能用于克隆型、特异性和结构建模等需要完整受体对的分析。但孤链仍可用于 V（D）J 基因使用分析。双受体细胞代表了一个具有生物学意义的子集，但需要仔细检查以排除多受体。

（2）筛选细胞　　根据受体状态对细胞进行分组，有利于对下游任务进行细致的筛选。①克隆型追踪：限于具有完整同源 VJ+VDJ 对的细胞。②表位结合预测：仅使用完整受体或孤 VDJ 链。③基因使用：包括不完整受体，但排除多受体。

双受体频率的质量控制也有助于识别样本中的多受体。在 T 细胞中，合法的双受体通常出现在 10% 左右。明显较高的频率表明存在双受体污染。

（3）配对链关联　　对于批量 AIRR 测序，使用 CDR3 长度兼容性启发式计算配对链。现有多种算法，包括统计模型（Vidjil）、K 均值聚类（MiGEC）和图分割（Mixcr）。单细胞数据通过细胞条形码共定位提供明确的链配对。

但是由于转录物丰度较低，单细胞中的配对链可能会被随机剔除。链配对信息和受体状态有助于推断缺失的链，从而获得更完整的克隆数据。

总之，通过精细标注受体状态和过滤，可以选择适当的细胞子集，从而优化 AIRR 序列数据的利用。这有助于防止人为引入的多重序列干扰分析，同时最大限度地发挥不完整细胞的效用。

4. 功能性推断　　适应性免疫受体的特异性使其能够对病原体和肿瘤细胞抗原产生靶向反应。预测免疫受体的功能即适应性免疫受体的特异性是一项重大挑战。现有针对抗原库筛选受体克隆的实验通量很低，所以预测特异性的间接方法主要分为以下几类。

（1）序列模式分析　　互补性决定区 3（CDR3）直接介导与抗原表位的结合相互作用。克隆相关受体 CDR3 内的保守序列模式可能赋予共同的特异性。各种搜索算法可识别 CDR3 组内富集的 k-mer、独特的 regex 模式或结构上的聚类特征。不同条件下的比较揭示了与克隆扩增相关的特征。然而，在没有正交验证的情况下，鉴定的假阳性率很高。

（2）数据库匹配　　许多数据库汇编了经实验验证的适应性免疫受体与其同源表位靶标之间的关联，包括 IEDB、McPAS-TCR 和 VDJdb。AIRR 序列可以通过查询这些数据库来转移表位注释。对于 TCR，匹配通常基于 CDR3 序列，因为 MHC 限制通常是未知的。像 k-mer 匹配和 Smith-Waterman 比对这样的序列相似性技术可以容忍轻微的错配和突变。数据库的覆盖范围仍然非常稀少，但随着高通量制图工作的开展会不断扩大。

（3）机器学习预测　　机器学习的最新进展现在可以根据受体序列直接预测表位结合。深度卷积网络（DeepTCR）、变压器模型（TCRex）和图网络（LAmbDA）等神经网络架构在基准表位-TCR 数据集上表现出很高的准确性。对于 BCR，像 BASELINe 这样的隐马尔可夫模型可以有效地从体细胞高突变中学习特异性信号。需要注意的是，大多数模型都是在有限的公开表位数据上训练出来的，这限制了其在新型抗原上的应用。

（4）MALDI-TOF 质谱法　　一种正交实验方法依赖于 MALDI-TOF 质谱免疫测定。通过分析从含有表位变体的复杂混合物中提取抗原时的质量变位，可以推断受体的特异性。与单个克隆筛选相比，这种方法的通量更高，并能在聚类克隆型水平上确定特异性。成本和样品要求仍然是广泛应用的障碍。

总之，互补性决定区序列编码了关键的特异性决定因素，但需要复杂的计算分析和不断增长的公共知识库来解码适应性免疫受体特异性和克隆抗原反应性。

二、单细胞免疫组库数据分析

目前有多种计算和统计方法可用于分析大量的免疫组库原始数据。这些工具中的大部分对于识别数据中具有功能或生化意义的特征和模式很有帮助。分析的第一步是从原始数据中还原 TCR 或 BCR 序列，然后再进行聚类和注释。后续的分析涉及对免疫组库（IR）可视化，通常包括克隆型的丰度、多样性和 V（D）J 使用情况等。而计算不同样本中基因的使用情况也尤为重要，因为特定基因使用情况的改变可能反映相应潜在的疾病或免疫干扰引起的免疫组库的变化。免疫组库数据分析的最后一步通常涉及免疫组库的重叠和聚类的可视化，以及对个体克隆型的特定分析。特别是随时间变化的 TCR 重叠和多样性的变化，可能为疾病进展提供重要的测量指标（Arunkumar et al.，2021）。

1. 多样性和重复性 为了确定 TCR 多样性，可以采用几种指标。在 T 细胞免疫库中，多样性考虑了克隆组成，特别是唯一 TCR 序列的数量（丰富度）和这些序列的相对丰度（均匀度）。然而，由于 TCR 库非常多样化，个体 TCR 的分布可能严重倾斜，因此无法仅从实验样本中评估多样性。大多数生物多样性指数都是通过信息理论来量化生态系统的生物多样性。常用的指数包括 Shannon 指数、Inverse Simpson 指数、基尼系数或 DE50 分数。而在免疫学中关于重叠度，我们常用 Morisita-Horn 指数和 Jaccard 指数来衡量两组数据相似或不相似程度。这些指数大多非常相似（特别是 Morisita-Horn 指数和 Jaccard 指数），但它们在考虑物种丰度或均匀度等因素时有所不同。因此，科学家在比较使用不同技术的工具获得的结果时要非常谨慎。此外，实验抽样只能部分估计库的重叠和多样性。因此，在处理免疫组库数据时，研究人员必须小心保持样本之间的一致性。为此，下采样或重采样是生成更具可比性数据的常用策略之一。下采样指将数据集减小到更易管理的大小，从而使用来自原始数据的无重复随机样本进行工作。重采样意味着可以从原始数据集中有放回地抽样随机数据，以使其与原始数据可比较。通过这种方式，重采样允许我们进行无偏估计，因为它是从无偏样本中绘制的。

2. Scirpy（基于 Python 的单细胞免疫组库数据分析流程） Scirpy 是一个用于分析 scRNA-seq 数据中 T 细胞受体（TCR）的 Python 工具包。它可以轻松地与 Scanpy 工具配套使用。而 Scanpy 是科研人员使用 Python 语言分析单细胞基因表达数据时经常使用的工具包。Scanpy 将预处理、可视化、聚类、伪时间轨迹推断、差异表达分析和基因调控网络等常见的下游分析内容都很好地整合了起来，是单细胞测序数据分析的标准化工具之一。

Scirpy 本身是一套分析流程，用于表征 TCR。从数据加载开始，Scirpy 支持多种数据输入格式，包括来自 10X Genomics CellRanger、TraCeR、BraCer 或 AIRR-compliant 的数据。Scirpy 使得研究人员能够研究 T 细胞中单个和双 TCR 的组成和表型。使用 Scirpy，研究人员可以检查 TCR 链配置，并探索克隆型库在样本、患者或细胞群集之间的丰度、多样性、扩张和重叠。同时，它还可以联合分析 TCR 和转录组数据。最后，Scirpy 也可用于研究细胞和克隆型之间的复杂关系，并分析 CDR3 序列长度和 V（D）J 基因使用的分布。对于克隆型分析，Scirpy 使用了一种基于网络的算法，使得我们可以将具有相同 CDR3 核苷酸序列、相同或相似 CDR3 氨基酸序列的细胞聚类为克隆型。

Scirpy 是开源的，并提供了非常详细的教程，可帮助研究人员进行分析。即使研究人员对于 Python 语言不太熟悉，也可以根据教程完成基础的 TCR 分析。然而，Scirpy 存在两个主要缺点：①不支持混池 RNA-seq 数据格式；②未明确定义 BCR 数据分析流程。因此，如果研究涉及这两种类型分析，研究人员需要参考其他合适的工具。

3. Immunarch（基于 R 语言的单细胞免疫组库数据分析流程） 另一个推荐的开源工具是名为 Immunarch 的基于 R 语言的工具。类似于 Scirpy 与 Scanpy 的关系，Immunarch 与 R 语言中单细胞数据分析的标准工具 Seurat 完全兼容。与 Scanpy 类似，基于 R 语言的 Seurat 能够实现单细胞数据分析中大部分的基础分析内容，同时 Seurat 也像桥梁一样衔接着各种不同的深入分析工具。与 Seurat 工具兼容会使得研究人员在使用 Immunarch 时拥有探索更多信息的可能性。此外，Immunarch 提供了对几乎所有流行的 TCR 和 BCR 分析工具和后续分析结果的数据格式的数据载入、分析和可视化支持，包括常见的 ImmunoSEQ、IMGT、MiTCR、MiXCR、MiGEC、MigMap、VDJtools、AIRR、10X Genomics 等。Immunarch 不仅接受所有标准的免疫组库测序格式，还会自动检测和解析上传数据的格式。

Immunarch 实现了大多数常用的分析方法，如克隆型分析、在克隆型分布中估计免疫组库相似性、基因的使用、k-mer 分布的测量、免疫组库多样性分析、样品间和时间节点间的克隆型追踪，以及使用外部免疫受体数据库对克隆型进行注释，这其中就包括常见的数据库，如 VDJDB、McPAS-TCR 和 PIRD 的 TBAdb。Immunarch 同样对于初学者来说非常友好，因为研究人员几乎只需要使用几个主要函数便能够实现大部分的分析内容。在这基础上，Immunarch 还提供了详细的教程和示例，方便研究人员在标准流程基础上进行个性化的分析。总之，Immunarch 涵盖了分析 T 细胞和 B 细胞免疫组库数据的方方面面，因此在科研工作者中非常受欢迎。而它唯一的缺点是目前仅针对 10X Genomics 数据提供配对链信息。

第二节 单细胞 CRISPR 筛选分析

一、单细胞 CRISPR 筛选技术原理

1. CRISPR、CRISPR Screen 和 scCRISPR Screen 成簇规律间隔短回文重复（clustered regularly interspaced short palindromic repeat，CRISPR）技术是功能基因组学研究中不可或缺的工具。CRISPR 一般由 Cas 核酸酶、CRISPR RNA（crRNA）和转活化 CRISPR RNA（tracrRNA）构成，而 crRNA 和 tracrRNA 通常又会被合成为一个 single guide RNA（sgRNA 或 gRNA）。与转录激活因子样效应因子核酸酶（transcription activator-like effector nuclease，TALEN）等传统基因编辑方法相比，CRISPR 能够更高效、更精确地进行基因操作，包括敲除、激活、替代、碱基转换，甚至表观遗传修饰等。

CRISPR 筛选（CRISPR screen）是一种基于 CRISPR 技术的高通量遗传筛选方法，可用于检验在已知的遗传扰动下给细胞带来的变化（图 6-2）。近年来，CRISPR 筛选已成为研究人员广泛应用的研究基因功能和分子机制的方法。其原理是将含有数百个 sgRNA 的文库传递给细胞，并通过控制一个低病毒浓度环境以确保每个细胞仅接收到一个 sgRNA。随后，当我们在特定的实验环境中培养细胞混合体后，可以通过检测活细胞中 sgRNA 的种类及数量来评估被扰动的基因对细胞在特定实验条件中生存的贡献。然而，这种测定只能提供单一的结果，无法满足复杂生物机制研究的需求。相比之下，我们也可以通过阵列筛选的方式对多个细胞用不同的病毒载体进行干扰，以此可以同时获得大量的细胞表型，并准确验证基因功能，但是这种方式不仅工作量大且不可扩展。在近十年中，单细胞 CRISPR 筛选（scCRISPR screen）的出现，使得研究人员拥有了一种兼具混池和阵列筛选优点的技

术。scCRISPR 将 CRISPR 工具的效率和灵活性与单细胞平台结合起来，如 scRNA-seq、scATAC-seq、转录组和表位的细胞标签测序（CITE-seq）及单细胞成像，形成一个庞大的谱系。其中一些技术甚至能够同时分析数千个基因的干扰。目前，单细胞 CRISPR 筛选既能提供高含量的结果，又能进行高通量的遗传扰动实验。

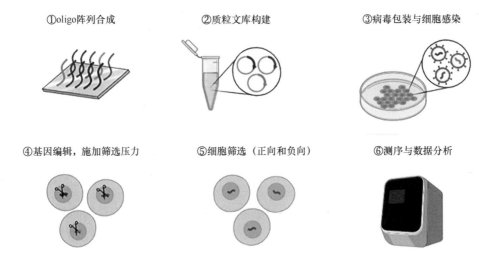

图 6-2　CRISPR 筛选标准步骤

  从技术上讲，scCRISPR 筛选的关键是在获得单细胞表达谱后识别 sgRNA，使得我们可以正确注释每个细胞的基因型信息。一些早期的开创性技术，如 Perturb-seq、CRISP-seq、Mosaic-seq 是通过将唯一的引导条形码插入 sgRNA 编码质粒来追踪 sgRNA 的。内源性 mRNA 和引导条形码转录物是在单细胞平台内的微室中通过相同的细胞条形码通过逆转录（RT）连接的。在后续分析中，我们只需要通过在测序读序中映射两个条形码，就可以关联转录组和相应的遗传扰动。除了 DNA 条形码之外，近年也出现了一些基于 sgRNA 的分支检测策略，使得 scCRISPR 筛选的模式更加多样化，其中包括基因敲入和具有空间分辨率的读出。scCRISPR 筛选的快速发展不仅有助于其在基因筛选方面的应用，还能够在基础生物学、肿瘤行为和转化医学领域中辅助验证我们的发现。迄今为止，已有将近 40 种基于 scCRISPR 筛选的技术被开发出来，可以用来应对各种特定的研究需求，并在多项遗传学前沿研究中得到应用（Cheng et al., 2023）。

  2. scCRISPR 筛选与 RNA-seq　　在过去的十年中，scRNA-seq 已成为人们进行单细胞分析的首选方法。转录组可以为 CRISPR 筛选提供一个特别丰富的读出，特别适用于无法通过单一标记基因轻松测量的生物表型。利用单细胞测序读出的 CRISPR 筛选可以同时确定引起扰动的 gRNA 及受到扰动的细胞的对应转录组文件，现有的相关方法包括 Perturb-seq、CRISP-seq、CROP-seq 和 Mosaic-seq 等。通过 scCRISPR 筛选，我们可以确定受扰动细胞的类型和状态，并量化基因表达、基因调控网络，以及信号通路活性中引起的变化。scCRISPR 筛选为后续数据分析提供了很高的灵活性。举个例子，我们可以在同一个 scCRISPR 筛选数据集上进行许多不同的虚拟筛选，从而评估不同基因表达特征中的 gRNA 富集，并且后续如果我们获得了新的基因特征，可以通过生物信息学分析重新分析数据，而不需要进行新的实验。由于 scCRISPR 筛选能够轻松检测到待测细胞中的细胞类型差异，因此该方法非常适合在复杂、异质的生物系统（如器官样本和原代组织）中进行筛选。

  目前，常见的 scRNA-seq 是基于微流控平台进行的，如 10X Chromium、Drop-seq 和

Fluidigm C1。在这些平台上，细胞被分配到大量纳升级液滴中。在单个液滴中，RT 酶会将转录物逆转录成互补 DNA（cDNA）。然后，我们将 cDNA 汇集在一起，并通过聚合酶链反应（PCR）进行扩增，以备进行高通量测序。由于 sgRNA 是由 RNA 聚合酶Ⅲ（Pol Ⅲ）生成的，而不是 RNA 聚合酶Ⅱ（Pol Ⅱ），所以除非它们经过多聚腺苷酸化，否则目前的单细胞设备无法检测到它们。为了解决这个问题，主要从现有的多种技术中采用以下三种不同类型的解决方案（Cheng et al.，2023）。

（1）sgRNA 特定条形码（sgRNA-specific barcode）　　这种方法是将单个 gRNA 与在 RNA 聚合酶Ⅱ启动子下表达的匹配条形码相连接，并且可以通过单细胞 RNA 测序轻松检测到。这种方法的局限性在于在批量准备 gRNA 文库时存在逆转录引导病毒"模板切换"的问题，这可能会破坏 gRNA 与表达的条形码之间的关联，除非使用同源转移载体或阵列化包装。代表性的方法包括 Perturb-seq、Mosaic-seq 和 DoNick-seq。

（2）多聚腺苷酸化的 sgRNA（polyadenylated sgRNA）　　另一种方法是像 CROP-seq 中描述的，我们可以通过 CROP-seq 载体创建一个 gRNA 的多聚腺苷酸化副本，使其可以直接在单细胞 RNA 测序分析中读取。代表性的方法包括 CROP-seq 和 TAP-seq。

（3）具有捕获序列的 sgRNA（sgRNA with capture sequence）　　第三种方法设计了一个捕获序列。gRNA 的直接捕获使得我们可以在不需要多聚腺苷酸尾巴的情况下扩增和测序 gRNA。代表性的方法包括 direct capture Perturb-seq 和 Direct-seq。

二、单细胞 CRISPR 筛选数据分析

scCRISPR 筛选的主要结果是基于单细胞测序数据得到的 gRNA 计数。目前已有许多开源的生物信息学分析方法可用于分析和解读这些结果。常规的分析步骤主要包括数据处理、质量控制、基因排序、重要基因的功能性分析等主要步骤（Bock et al.，2022）.

1. 数据处理　　一般来说，当要分析测序读序时，会先将原始数据转化为表达矩阵，再去进行后续的生物信息学分析。同样，对于混池 CRISPR 筛选来说，需要将 gRNA 扩增子测序的读出转化为一个 gRNA 的表达矩阵。为实现这个目的，需要先将原始测序读序映射到一个 gRNA 序列的参考序列集中。可以使用现有的集成分析流程，如 MAGeCK、CERES 或 CB2，或者使用标准序列比对工具 Bowtie 或 BWA 来完成。使用这些方法最终会得到一个包含每个 gRNA 的计数矩阵。对于 scCRISPR 筛选来说，其实就是将单细胞的数据和混池 CRISPR 筛选的数据相结合。在 scCRISPR 筛选中，gRNA 序列和单细胞测序数据通常会分别进行处理，然后使用唯一的细胞条形码将两块数据链接起来用于后续的联合分析。单细胞转录组数据的分析流程在前面的章节中已有提及，可使用的分析流程也有很多，如 Seurat、Scanpy 等。但是，这些现有工具目前并未开发与 CRISPR 筛选数据联合分析的功能，因此我们需要自行编写链接单细胞转录组与 CRISPR 筛选数据的脚本，以用于后续的数据分析。

2. 质量控制　　在生物信息学分析中，质量控制环节一直是不可或缺且至关重要的。后续的所有下游分析是否可信可靠都取决于此。在混池 CRISPR 筛选中，每个 gRNA 的平均读序和细胞覆盖度，缺失的 gRNA 的比例，以及 gRNA 中读序的覆盖度是否平均（通常通过基尼系数衡量）都是常规需要关注的质控信息。实验中生物学重复所产生的数据也可以通过成对相关性分析判断一致性，或通过主成分分析（PCA）来观察样本之前的相似性并判断是否存在批次效应。此外，我们还应该关注那些已知的和特定遗传干扰相关的必需基因（essential gene）与非必需基因（non-essential gene）之间表达量的差异性，以此来确定遗传干扰的有效性。对于单细胞转录组的数据，遵循现有的质控流程即可，主要目的在于通过生

物信息学的分析方法，检测出潜在的实验技术带来的操作误差及批次效应。

3. 基因排序　　当数据通过质量控制后，可根据 gRNA，以及其影响的基因或者基因组区间对目标表型的影响将它们排序。所谓的目标表型，在常规的混池 CRISPR 筛选中，也就是实验设计中的刺激因素和特定条件，如是否使用药物等。对于 scCRISPR 筛选而言，可以通过一些常规机器学习的手段（如无监督聚类或者监督分类），来根据基因特征确定细胞的状态。之后，每一组表型、gRNA 和目标基因之间的关联性可以通过富集分数或缺失分数（depletion score）及它们对应的统计学显著性（P 值）来决定。计算这种关联性并获得相对应的 P 值，可以使用负二项式模型（negative binomial model）或者贝叶斯混合模型等能将 gRNA 效率的变化性、gRNA 非特异性靶向效应及群体瓶颈效应等变量同时考虑在内的模型。

当 CRISPR 筛选实验中使用的癌细胞系时，需要额外考虑 DNA 拷贝数变异（copy number variation，CNV）对基因排序结果的影响。在 CRISPR 筛选中，CNV 是导致癌细胞存活和增殖偏好性的重要原因。现有的生物信息学分析工具中，如 MAGeCK、CERES、CRIPSY 等，都考虑到了 CNV 对于基因排序的影响。这些工具在分析 CRISPR 筛选数据时，会使用现有的 CNV 谱或者是通过靶向邻近基因组位置的 gRNA 预测出的 CNV 事件来校正 CNV 对基因排序结果的影响。最后，为了获得更可靠并且具有生物学意义的结果，往往需要比较不同实验条件下 gRNA 的数量。这些条件包括配对的样本、从多个时间节点收集的样本或者通过对照实验收集的样本等。现有的分析工具中，像 MAGeCKFlute 和 Drugz，已经将对比两种实验条件下的 CRISPR 筛选数据的分析流程设计在了软件内。此外，在 scCRISPR 筛选中，我们会额外考虑受到遗传干扰的细胞之间的异质性，这个功能也已经被现有的针对单细胞 CRISPR 筛选的分析工具实现了。

4. 重要基因的功能性分析　　在通过可靠的基因排序将所有的目标基因根据其对应的富集或者缺失分数还有统计学显著性进行排序之后，我们可以将排在前几名的基因通过相关的公开数据库进行生物学意义的评估。其中比较常用的数据库有 PubMed（相关文献的查找）、Ensembl（参考基因组的注释）、GeneCards（收录单个基因全方位的属性，功能等信息）、ClinVar（临床疾病相关的突变位点）、OMIM（全面的基因和遗传表型的相关性）、COSMIC（癌症中的体细胞突变）等。同样，也可以将前几名的基因放在一起进行功能性注释和富集，如可以使用 MSigDB 数据库进行基因集富集分析（GSEA）或者 STRING 数据库分析蛋白质-蛋白质相互作用。

然而，并非所有分数较高、排名较前的基因都有着可靠的生物学意义，有些反而能够帮助我们找到实验中带来的谬误和偏好性。例如，当我们发现某一个 gRNA 的数量在生物学重复中变化非常大，这就可能代表这次 CRISPR 筛选实验有很大的噪声且是不可靠的。另外，当在实验的阴性对照中看到 gRNA 的富集或者缺失则代表结果可能掺杂着技术带来的偏好性。

自 CRIPSR 筛选出现以来，研究者已经陆续使用 CRISPR 筛选技术揭示了大量参与生物过程及具有生物学功能的基因。传统的 CRISPR 筛选技术依赖于细胞增殖，因此研究者往往都在研究那些会导致细胞凋亡的遗传扰动（perturbation），而 scCRISPR 筛选在此基础上大大扩展了 CRISPR 筛选可应用的范围。scRNA-seq 的结果并不依赖于细胞增殖，因此 scCRISPR 筛选完全适用于不引起细胞死亡的那些遗传干扰及那些刚好处在有丝分裂后期的细胞。目前，scCRISPR 筛选已经被用于解析树突状细胞（一种抗原提呈细胞）刺激相关的转录调控过程，以及孤独症相关的基因是如何影响大脑中的细胞类型和状态。

传统的 CRISPR 筛选往往在每个细胞中只靶向一个基因，这使得研究者很难去解析那些复杂的生物过程，因为这些过程往往都被多个基因同时调控，然而对于那些定量性状及遗传性疾病来说，解析这些复杂冗余的生物过程却是至关重要的。混池 CRISPR 筛选相比于传统的只针对单一基因与单一细胞的 CRISPR 筛选已经更进一步。通过混池 CRISPR 筛选，研究者已经在人类细胞系和小鼠中找到了大量具有互相作用关系的基因对。而 scCRISPR 筛选的出现才从真正意义上实现了对于复杂生物过程的解析。从单细胞的数据中，我们可以在组合基因调控和未折叠蛋白反应的前提下解析细胞状态中那些复杂的非加性效应。

因此，CRISPR 筛选在功能性分析多基因疾病相关遗传突变位点方面非常有用，包括通过全基因组关联研究（GWAS）和群体基因组测序鉴定的风险等位基因。这些研究从统计学意义上将数千个基因组区段与各种疾病和人类表型相关联，但识别致病突变位点和潜在机制效率较低。通过 CRISPR 筛选，在深入研究某一个突变位点之前，可以对大量疑似突变位点的生物学功能进行大规模平行测试，加速遗传学关联研究。然而，传统 CRISPR 筛选技术检测遗传突变位点的一大挑战在于需要为每个感兴趣的基因或表型开发和验证一套特定的检测方法。利用 scCRISPR 筛选，借助转录谱的多功能性可以有效避免这种情况，因为单细胞转录组的表达谱可以很好地作为不同细胞表型间关联的指标（Bock et al., 2022）。

第三节　单细胞微生物分析

一、微生物细胞特征及其转录组测序技术

1. 微生物细胞特征　　微生物是地球上最古老、最丰富的生命形式之一，主要包括细菌、古菌、真核微生物，以及病毒等一类极小的生命体。它们在地球上广泛分布，在生态系统的物质循环、食物链中都发挥着至关重要的作用。一方面，微生物参与有益的生态过程，如分解有机物，促进植物生长，帮助动植物的消化等；另一方面，一些微生物也可能引发疾病，对人类和其他生物的健康造成影响。目前，宏基因组学在研究细菌生态系统的分类模式和形成微生物组数据库方面发挥了重要作用。而宏转录组学可用于预测单个物种的主要功能活动，并可以进一步区分出活性和休眠物种。尽管这些技术增强了我们对微生物组成及功能的理解，然而在探索单个细胞状态和混合微生物群落内的异质性方面仍然具有局限性，通常使用的方法往往失去了跨菌落和物种内部的微生物的空间和细胞分层，这限制了我们目前对寄主细胞和物种水平信息的理解。最近的技术进步使单细胞 RNA 测序技术（scRNA-seq）在研究细菌方面的应用成为可能，在单细胞水平上揭示了细胞间的多样性和宿主-细菌细胞之间的相互作用。在过去的十年里，这一领域取得了突破性的进展。细菌 scRNA-seq 在许多研究领域具有优势，包括研究遗传背景相同的细菌表型异质性、鉴定稀有细胞类型、检测抗生素耐药或持久性细胞、分析单个基因表达模式和代谢活性，以及表征特定的微生物-寄主相互作用等。

尽管如此，微生物单细胞转录组学的研究仍然受到显著的技术限制。首先，获取微生物 RNA 面临一系列挑战。真菌和细菌将 RNA 包裹在细胞壁中，如果不经过酶消化或机械破裂，这些细胞壁很难解离，而各种类型微生物细胞壁的多样性使得采用"一刀切"方法变得困难（表 6-1）。目前，一些相对低通量的单细菌测序技术应用荧光激活细胞分选法（fluorescence-activated cell sorting，FACS），以实现单细菌分离。截至目前，尚未出现一种通用的方法，能够以快速（几秒之内）和高通量的方式简化单个微生物的裂解。此外，细菌 mRNA 不经过多聚腺苷酸化，因此与占所有 RNA 90% 以上的核糖体 RNA 分离十分困难。对细菌和酵母的平均 mRNA 分子拷贝数进行系统研究的结果显示，绝大部分细菌仅有几个或十几个拷贝数，这远低于大多数哺乳动物单细胞 RNA-seq 方法的检测阈值。目前主流的

方法几乎无法捕获少于 10 个拷贝/细胞的转录物。此外，目前的研究方法依然存在较高的 dropout 值（即未捕获的 mRNA 分子的百分比），范围为 26%～74%，并且受样本影响较大。这些技术难题解释了为什么微生物单细胞 RNA-seq 仍然处于起步阶段，以及为什么为哺乳动物细胞开发的主流单细胞转录组技术在细菌研究中的应用如此困难。

表 6-1　微生物、原生动物和哺乳动物细胞的主要物理特征

指标	细菌	真菌	原生动物	哺乳动物
细胞壁	有	有	无	无
解离方式	酶降解	酶降解	洗涤剂洗脱	洗涤剂洗脱
RNA 含量	<100fg	<1pg	1～10pg	<10pg
mRNA 多聚腺苷酸化	无	有	有	有
细胞直径	<1μm	2～5μm	1～20μm	10～30μm
细胞平均 mRNA 拷贝数/基因	0.4	0.8	1～10	>10

2. 微生物单细胞转录组测序技术　　微生物单细胞基因组学的探索始于 2005 年，当时 Raghunathan 等通过 MDA 技术在单个大肠杆菌细胞中实现了高达 $5×10^9$ 倍的 DNA 扩增，成功回收了约 30% 的基因组。2007 年，Podar 等及 Marcy 等将这一技术扩展到环境细胞的糖杆菌候选辐射门，展示了从未培养目标进行单细胞基因组测序的前景。至 2010 年，我们已能够从单个细胞中获得完整封闭的基因组。直至 2015 年，微生物单细胞转录组学才初次登场，Kang 等以泰国伯克霍尔德菌为研究对象，首次采用 RCA 扩增实现了原核细胞单细胞转录组分析（表 6-2）。de Bekker 等首次将一种线性等温扩增方法 Ribo-SPIA 应用于真核微生物细胞的单细胞转录组分析。然而，由于当时技术的限制，这些关于微生物单细胞测序的研究属于低通量范畴。2016 年，10X Genomics 推出首台单细胞测序仪，将微生物单细胞测序研究带入高通量时代，细胞数量从最初的单个、几个、几百个迈向了几万个甚至几十万个的层次。这不仅使研究成本降低，更极大地推动了微生物单细胞测序研究的蓬勃发展，一系列新技术被开发出来（表 6-2）。下文简单介绍几种新方法。

病原体和寄主之间的相互作用是一个高度动态的过程，在这个过程中，两者都激活了复杂的程序。2017 年，Avital 等开发了 scDual-seq 技术，旨在同时捕获寄主和入侵的细胞内细菌的转录组，以研究单个小鼠巨噬细胞感染细胞内病原体鼠伤寒沙门菌的过程。scDual-seq 在第二链的合成和 T7 启动子的整合之后，通过体外转录放大了最初的信号，然后再进行文库制备和测序。利用单个细胞和单个细菌的纯化 RNA 进行建库，该方法能够测序检测到 470 个沙门菌的转录物。在受感染的巨噬细胞中，发现了三个细胞簇，并证明了这些细胞簇存在线性的进展，这些结论支持了三种状态对应于感染的连续阶段的模型。但是，受到细菌 RNA 丰度过低的影响，能够测得的细菌基因数只有几百左右，相对较低。

2017 年，Sheng 等开发了 MATQ-seq，此方法基于随机引物定量及液滴单细胞分离平台，并将其应用于神经元突触的 RNA 定量解析。Imdahl 等（2020）为了进行单细菌的 RNA 测序，在此技术的基础上进行改良。改进后的单细菌 RNA 测序方案应用于鼠伤寒沙门菌，获得单个沙门菌的高分辨率转录组，用建立的沙门菌的普通 RNA-seq 进行基准测试，发现这些单细菌转录组可以准确地捕获生长依赖的基因表达模式。

Blattman 等（2020）开发的标记 RNA 的原位和测序（PETRI-seq）和 Kuchina 等（2021）开发的微生物分裂池连接转录组（microSPLiT），使用随机逆转录（RT）引物，使研究人员能够应用分割池条形码的策略同时分析数千个固定后的细菌，在大规模研究菌群转录组异质

表 6-2 微生物单细胞转录组主要研究方法及技术特点

研究方法	研究对象	单细菌分离	细菌裂解	扩增技术	基因覆盖方式	单次测定细胞数（个）	基因捕获灵敏度	参考文献
RCA	泰国伯克霍尔德菌	激光捕获、切割	溶菌酶裂解液	微阵列分析	全长	2	约1650基因/细胞	Kang et al., 2015
scDual-seq	鼠伤寒沙门菌	FACS、微流控技术	基于 TE 和 NP-40 的裂解缓冲液	体外转录	特异性标记的3'端	约100	470转录物/0.01pg RNA	Avital et al., 2017
PETRI-seq	金黄色葡萄球菌	无	溶菌酶和溶葡萄球菌素的透化	PCR	3'端	>10⁴	50转录物/细菌	Blattman et al., 2020
MATQ-seq	鼠伤寒沙门菌、铜绿假单胞菌	FACS	溶菌酶消化	PCR	全长	约100	170基因/细菌	Imdahl et al., 2020; Homberger et al., 2023
microSPLiT	枯草杆菌、大肠杆菌	无	Tween-20 和溶菌酶的消化	PCR	3'端	>10⁴	300转录物/细菌	Kuchina et al., 2021
par-seqFISH	铜绿假单胞菌	无	70%乙醇透化	无	荧光原位杂交	>6×10⁵	无	Dar et al., 2021
BacDrop	大肠杆菌、肺炎克雷伯菌、铜绿假单胞菌、尿肠球菌	无	细菌固定透化并去除 rRNA 与 DNA	PCR	全长	>10⁴	15基因/细菌	Ma et al., 2023
ProBac	枯草杆菌、大肠杆菌、产气荚膜梭菌	无	1%多聚甲醛固定，温和溶菌酶消化	PCR	全长	>10³	基因/转录物中位数>100	McNulty et al., 2023
smRandom-seq	大肠杆菌、鲍曼不动杆菌、肺炎克雷伯菌、铜绿假单胞菌、枯草杆菌、金黄色葡萄球菌	微流控技术	溶菌酶消化	PCR	全长	约10⁴	200~400基因/细菌	Xu et al., 2023

性方面取得了巨大进展。PETRI-seq 使用原位组合索引技术，在单个实验中对数万个细胞的转录物进行标记，以高纯度和低偏倚捕获革兰氏阴性菌和革兰氏阳性菌的单细胞转录组，指数生长的大肠杆菌的中位捕获率>200mRNA/细胞。这些特征使得其能够通过生长状态有力地区分单个大肠杆菌细胞，发现稳定期相关基因表达、核糖体蛋白表达和氨基酸生物合成的预期趋势。应用于金黄色葡萄球菌时，PETRI-seq 揭示了经历原噬菌体诱导的罕见细胞簇。对于金黄色葡萄球菌，中位捕获率为 43mRNA/细胞，金黄色葡萄球菌相较于大肠杆菌含有更少 mRNA，可能是由于金黄色葡萄球菌的细胞大小和基因组较小，技术差异可能也会影响捕获。

microSPLiT 利用多轮细胞池和随机分裂，通过组合条形码对 RNA 的细胞来源进行标记（图 6-3）。在用革兰氏阴性大肠杆菌和革兰氏阳性枯草杆菌进行的菌种混合实验中，该平台在大肠杆菌中平均每个细胞检测到 235 个 mRNA 拷贝，在枯草杆菌中平均每个细胞检测到 397 个 mRNA 拷贝。microSPLiT 通过经典热休克基因的表达可靠地区分了热休克细菌和非热休克细菌，从而证明了它在混合菌群中检测差异性基因表达的能力。该技术还应用于不同生长阶段取样的枯草杆菌，成功创建了枯草杆菌细胞在不同生长阶段的代谢变化图谱，并发现了代谢途径的活化异质性和新的、意外的基因表达状态，包括具有罕见应激反应机制诱导能力的细胞簇。

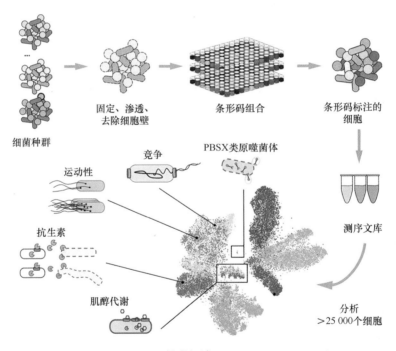

图 6-3　microSPLiT 技术概述（Kuchina et al.，2021）

2021 年，Dar 等证明 par-seqFISH 技术可以在完整的生物膜中直接捕捉细胞状态和它们的物理位置，并能在亚微米分辨率下检测 mRNA 分子的物理位置，因而能从定量和高空间分辨率的角度理解生物膜的形成机制。将 par-seqFISH 应用于机会致病菌铜绿假单胞菌，在浮游和生物膜培养的数十种条件下进行分析，确定了在浮游生长过程中动态出现的许多代谢和毒力相关的转录状态，以及生物膜中空间水平的代谢异质性。结果显示，不同的生理状态可以在几微米外的同一生物膜内共存，凸显微环境的重要性。

2023 年，Ma 等推出了 BacDrop，这是一项具备通用 rRNA 去除和双条形码策略的微生物单细胞转录组测序技术（图 6-4）。该方法的优势在于对细胞数量具有很高的兼容性，在实验中也不需要基因组或探针设计等先验知识。由于流程中包括一个通用和高效的 rRNA 消化步骤，此举可以将测序成本降低，可实现多路复用和大规模并行测序，同时也可以获得更多的细胞转录信息。BacDrop 可应用于来自革兰氏阴性和革兰氏阳性菌种的数千至数百万个细

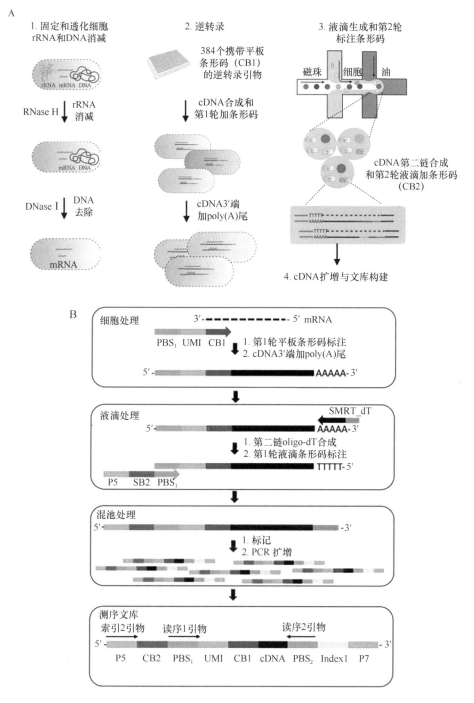

图 6-4 BacDrop 技术概述（Ma et al.，2023）

A. BacDrop 技术实验流程，包括细胞固定和透化之后，细胞中 rRNA 和 DNA 去除、逆转录、液滴生成及液滴条形码标注；B. 两轮细胞条形码标注与文库构建具体过程

胞。将此技术应用于肺炎克雷伯菌临床分离株，在静态与动态扰动（添加抗生素）下评估其群体内的异质性，发现在两种情况下分别存在不同的机制导致其异质性的产生，阐明了肺炎克雷伯菌对抗生素应激的异质性反应。在一个被认为是同质的未受干扰的群体中，研究人员发现群体内的异质性很大程度上是由促进抗生素耐药性进化的可移动遗传元件的表达所驱动的。在抗生素干扰下，BacDrop 揭示了与不同表型结果（包括抗生素持久性）相关的转录上不同的亚群。因此，BacDrop 可以捕捉大量 RNA-seq 无法检测到的细胞状态。

基于微流控技术的细胞分离方法在微生物学领域被广泛应用、迅速发展，实现了对单细胞微生物基因组的高通量分离和片段化。2023 年，Xu 等开发了基于液滴的高通量单细菌 RNA-seq 测定技术 smRandom-seq，使用随机引物原位产生 cDNA，液滴进行单细菌条形码编码，并使用基于 CRISPR 的 rRNA 去除手段进行 mRNA 富集（图 6-5）。该方法具有条形码效率高、物种特异性高、交叉污染小和自动化能力强等特点。应用 smRandom-seq 测定 8000 多个大肠杆菌，每个细菌可以检测到大约 1000 个基因，并成功扩展应用于其他常见的细菌物种，包括革兰氏阴性菌（鲍曼不动杆菌、肺炎克雷伯菌和铜绿假单胞菌）和革兰氏阳性菌（枯草杆菌和金黄色葡萄球菌）。此外，研究者还发现大肠杆菌在抗生素胁迫下表现出形态学异质性，进一步使用 smRandom-seq 分析抗生素处理下单个大肠杆菌的转录组变化，发现了抗生素耐药亚群。提示该方法可用于研究单个细菌在压力下的适应方式，并有效预测哪些亚群将进化出抗性并存活。因此，该方法对细菌感染的精确诊断和治疗具有重要应用价值。另有研究显示 smRandom-seq 可允许在单个细菌水平上监测细菌转录组的变化，以用于高通量药物筛选。

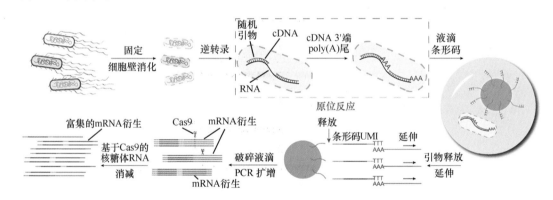

图 6-5　smRandom-seq 技术概述（Xu et al., 2023）

在过去近 20 年的时间里，微生物单细胞测序克服了多个方法学上的障碍，每一种方法的发现都是有关微生物特性的发现，这些特性在传统转录组测序中可能会被遗漏，这种遗漏在一定程度上限制了对细胞间差异的检测，而这些差异在细胞随环境变化而出现时，往往具有较重要的生物学意义。总而言之，微生物单细胞测序技术发展至今，已取得了多个里程碑，随着该技术的不断发展，微生物单细胞测序有望迎来更加广阔的应用场景。

二、微生物单细胞转录组数据分析方法

1. 微生物单细胞原始测序数据处理　　目前微生物单细胞测序尚无成熟的分析流程。以下内容主要以 Xu 等（2023）发表的有关 smRandom-seq 文章中的分析流程作为主要参考进行介绍，不同测序方法所产生的数据的分析流程需要根据数据特征进一步调整。

使用 Cutadapt（Martin, 2011）对原始测序数据进行修剪。去除引物序列，并修剪

dA 拖尾步骤产生的额外碱基。对于每个读序 1，提取 UMI 和细胞特异性条形码。使用 STAR 将读序 2 比对到所关注的物种的基因组。只有唯一比对的读序用于下游分析。使用 featureCounts（Liao et al.，2014）将 GTF 格式的注释文件和比对文件（a.bam 文件）作为输入，将比对上的读序分配给基因组特征，然后对读序进行计数。使用 UMItools（Smith et al.，2017）测定每个基因的 UMI 计数。

2. 细胞质量控制　　对每个细胞中的 UMI 计数和检测到的基因总数进行统计。小提琴图与箱式图相结合用于可视化每个细胞的 UMI 计数及检测基因的分布。UMI 计数和检测基因的统计中位数用于描述数据集，并过滤极端异常值。

3. 基因表达矩阵　　通过 Scanpy 工具包（Python）或者 Seurat 包（R）分析已过滤的单细菌基因表达矩阵，下面以 Scanpy 为例，介绍基因表达矩阵的分析方法，主要包括预处理、聚类、可视化和差异表达基因鉴定。

（1）预处理　　过滤仅检出少量转录物的细胞和表达细胞数较少的基因，随后使用 pandas.merge 功能进行不同样本的合并，scanpy.pp.normalize_total 通过所有基因的总计数对每个细胞进行归一化，scanpy.pp.log1p 对数据矩阵进行对数化，sc.pp.highly_variable_genes 鉴定高度可变的基因，sc.tl.pca 用于主成分分析（PCA），scanpy.pl.PCA_variance_ratio 绘制方差比并识别 PC 的数量。

（2）聚类与可视化　　sc.pp.neighbors 用于聚类分析，可自由调整分辨率参数，sc.tl.umap 用于使用 umap 降维并使用 Leiden 聚类将细胞分类到细胞群中。

（3）差异表达基因鉴定　　sc.tl.rank_genes_groups 通过统计检验找到每个聚类中富集的标记基因，通过 sc.tl.rank_geners_groups 计算每个细胞簇每个基因 P 值的得分。可设置阈值界定标记基因，并根据得分排序，可将差异表达基因使用小提琴图或火山图进行可视化。

目前所开展的单细菌测序技术通常集中在单个具有良好参考基因组的菌种上，以上讲述的分析方法主要是针对单一菌种的单细菌测序分析流程。在自然环境中，微生物组样本中包含大量不同的菌种，目前尚未有在单细胞水平上研究微生物组基因表达变化的成果发布，针对微生物组的单细菌测序方法及分析流程仍在进一步发展之中。

学科先锋

Peter Kharchenko、Sten Linnarsson 与 RNA 速率分析

为了推断细胞的动力学，美国 Peter Kharchenko 团队与瑞典卡罗林斯卡医学院 Sten Linnarsson 团队一起，开创性地提出了一种估算 RNA 速率（基因表达状态的时间导数）的新方法——Velocyto（Manno et al.，2018）。这种方法通过区分单细胞转录组测序中未剪接和剪接的 mRNA，推断小时时间尺度上单个细胞的未来状态。他们的方法为细胞动力学和相关调控过程的定量建模提供了基础，也成为单细胞组学数据科学创新的一个典范。

Sten Linnarsson 是单细胞组学领域先驱性人物之一，与 Aviv Regev、Sarah Teichman、Stephen Quake 等一起推动了最初的细胞图谱计划。目前他是 BRAIN 计划的负责人之一。Linnarsson 实验室研究以单细胞生物学为主，融合生物信息学、基因编辑、

Sten Linnarsson

合成生物学、人工智能等交叉学科技术，重点研究神经系统及人脑细胞图谱。他因在单细胞生物学方面的出色工作而获得 2015 年度 Erik K. Fernström 奖。Sten Linnarsson 于 2001 年获得博士学位，主要从事神经系统方向的研究。博士毕业后他成立了一家生物技术公司，开发基因表达和单分子 DNA 测序方法，2007 年，他成为瑞典卡罗琳斯学院助理教授，2015 年晋升为分子系统生物学教授（http://linnarssonlab.org/）。Sten Linnarsson 最初提出了 RNA 速率的概念，Peter Kharchenko 提出通过分析单个细胞中未剪接的转录物来检测 RNA 速率的方法，他们共同设计和主导了 Velocyto 的开发。

Peter Kharchenko

Peter Kharchenko 最早在哈佛大学著名教授 George Church 的指导下研究基因调控和代谢网络，并获得生物物理学博士学位。随后他在 Peter Park 实验室完成了为期四年的计算生物学和基因组学博士后研究。2011 年起在哈佛医学院建立了自己的独立实验室，目前是哈佛医学院生物医学信息学中心副教授（http://pklab.med.harvard.edu/）。

Fabian Theis（详见第七章学科先锋）实验室 2020 年优化了原有的 RNA 速率模型，开发了 scVelo。该方法相比于 Velocyto 引入了"转录状态"这个潜在变量，更灵活地对基因生命周期进行适配，不过依然沿用了固定的转录速率。

（姚　洁　樊龙江）

第七章　空间转录组数据分析

第一节　空间转录组数据预处理

一、数据获取

空间转录组测序是一种新兴的转录组学技术，它可以在组织中同时检测数千个基因的表达，并将其与组织结构相对应。通过这项技术，可以在组织的空间结构上进行高分辨率的基因表达分析，从而揭示不同细胞类型在组织内的定位和功能。现有的空间转录组技术主要分为两类：一类是基于杂交和成像的方法，如 smFISH、MERFISH 等；另一类是基于测序的方法，主要包括 10X Genomics Visium、Stereo-seq 等。尽管存在技术差异，但各个空间转录组测序技术的分析关键目标一致，即整合基因表达与空间位置的信息，以便从试验获得的数据中挖掘有用的生物学信息。

（一）10X Genomics Visium 数据获取

10X Genomics 空间转录组 Visium 技术在文库构建过程中采用了一种精密而高效的捕获策略（图 7-1）。每张载玻片上划分为四个捕获区域，每个区域的尺寸达到 6.5mm×6.5mm，内含近 5000 个经过条形码标记的点（barcoded spot）。每个点的直径为 55μm，且点与点之间的中心距离为 100μm。每个点都以独特的条形码（barcode）序列进行标识，形成了高度精准的位置编码。当组织切片中的细胞释放 mRNA 时，这些 mRNA 会迁移到每个点，并在此处被标记上对应的条形码序列。随后，进行文库构建和测序步骤，确保获取了每个点上的 mRNA 信息。最终，通过对数据中的条形码信息进行分析，我们能够准确地确定每个数据点的来源位置，从而实现对空间基因表达的直观可视化。

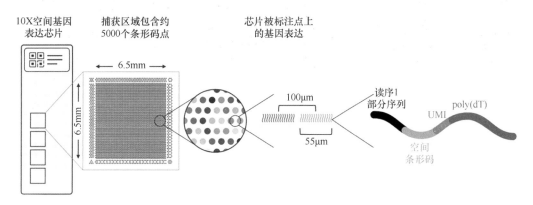

图 7-1　10X Genomics 空间转录组 Visium 技术原理

（https://www.10xgenomics.com/products/spatial-gene-expression）

一般我们获得的原始数据包括两类：fastq 测序数据文件，以及组织 HE 染色图片（jpg 或者 tiff 格式）。

（二）Stereo-seq 数据获取

Stereo-seq 时空芯片采用了与华大 DNBSEQ 技术相同的芯片加工工艺。该时空芯片的核心构件是由数十亿规则排布的单链线球状 DNA 纳米球（DNA nanoball，DNB）组成，标准 1cm×1cm 芯片上包含大约 4 亿个 DNB（详见第三章第一节）。DNB 通过单链环状 DNA 模板，通过滚环扩增（RCR）得到，每个 DNB 直径约为 220nm，两个 DNB 中心点间距约为 500nm。通过 DNBSEQ 技术对固定在芯片上的 DNB 进行测序，获得 Coordination ID（CID）信息，其中 CID 与 DNB 坐标位置一一对应。建立 CID 与坐标位置的映射关系后，可以还原捕获到的 mRNA 的空间位置。这种关系保存在时空芯片 CID-坐标位置对照文件中，即 Stereo Chip Mask 文件。

DNB 经 Stereo-seq 独有的生化方法合成携带 CID 的 DNB 后链接分子编码（molecular ID，MID，用于区分不同转录物）和 polyT，从而使其能够捕获游离的 mRNA。标准 Stereo-seq 文库的 CID 序列长度为 25bp，而 MID 长度为 10bp。通过这一系列步骤，时空芯片能够以高效而准确的方式定位 mRNA，为后续的分析提供了可靠的基础（Chen et al.，2022）。

（三）基于成像的空间转录组数据获取

基于成像原理的单细胞空间转录组学技术根据原理也可以分为两类：一类是基于原位杂交，以 MERFISH（Zhang et al.，2021）为代表；另一类是基于成像的原位测序，如靶向性的 STARmap 及非靶向性的 FISSEQ。具体的测序原理方法在前面章节中已有详细的介绍，这里只简要介绍一下数据格式及获取方法。Vizgen 公司在 2022 年正式推出了 MERFISH（multiplexed error-robust fluorescence in situ hybridization）技术商品化平台 MERSCOPE。目前 MERSCOPE 平台产生的 MERFISH 数据空间分辨率小于 100nm，可以在亚细胞水平定位 RNA 转录物，并且样本面积可以达到 1cm²（图 7-2）。当前支持小鼠神经细胞和人类肿瘤通路两种 500 个基因的预制芯片（panel）。整个数据产生流程包括基因确定、样本制备、组织切片透化处理、探针杂交、上机成像等步骤。

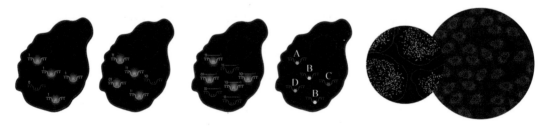

图 7-2　MERFISH 的数据产生过程（https://vizgen.com/technology/#merfish）
A～D. 不同的字母表示被检测到的不同的 RNA 转录本

MERFISH 数据可以通过 MERSCOPE Vizualizer 工具进行加载，原始的 VZG 数据文件由 MERCOPE 机器运行生成，包含五组数据，分别是 hdf5 格式的细胞边界数据、csv 格式的细胞-基因表达矩阵、细胞元信息表、检测的转录物信息及 tiff 格式的图像信息。

无论是基于图像还是基于测序原理的空间转录组数据，在进行空间转录组测序的数据预处理中，我们的主要目的都是将各种类型的数据格式处理成两个关键矩阵（图 7-3）：第一个是基因表达矩阵，通常为基因-细胞/bin 矩阵，这里技术平台的空间分辨率不同，有些技术是多细胞水平的，则一般以人为确定的 bin 值单位，如 10X Visium，有些技术是亚细胞水平的，如 Stereo-seq 及 MERFISH 等，则需要通过细胞分割工具来确定细胞区域；第二个是细胞/bin-位置矩阵，通过这个矩阵将细胞与空间位置（x,y 坐标）关联起来。

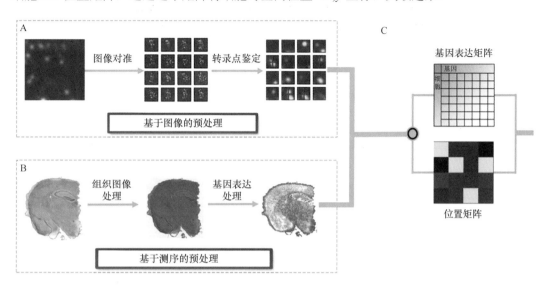

图 7-3　空间转录组数据预处理流程（Yue et al.，2023）

A. 基于成像技术的预处理流程；B. 基于 NGS 数据的预处理流程，以 10X Visium 为例；C. 预处理后得到基因定位矩阵和基因表达矩阵

二、测序数据预处理

基于测序的空间转录组学数据的预处理主要涉及测序结果和组织图像的处理和整合。预处理大致可分为三个步骤：组织图像处理、基因表达处理和将基因表达与组织图像相关联。组织图像处理需要图像配准，然后将整个组织区域划分为不同的点，以生成对应于每个点区域的位置索引矩阵。对于基因表达处理，测序的读序与参考基因组对齐以生成基因表达矩阵。将两种矩阵的信息进行匹配，将基因表达信息与相应的空间位置相结合。

一般来说特定的空间转录测序技术有对应的官方处理工具。这里介绍最常见的两个处理方法：对于 10X Visium 技术，官方推荐 Space Ranger 完成这些任务；对于 Stereo-seq 技术，官方推荐使用 SAW 流程进行数据的预处理。

（一）使用 Space Ranger 进行 10X Visium 数据的预处理

Space Ranger 软件是 10X Genomics 官方提供的空间转录组分析的配套分析软件，是一套利用明场和荧光显微镜图像处理 Visium 空间基因表达数据的分析流程，也是在 10X Visium 空间转录组分析中一款重要的分析软件。使用 Space Ranger 进行 10X Visium 分析，需要准备以下输入文件。

1）Visium 空间基因表达实验的 FASTQ 文件，可以使用 spaceranger mkfastq 从 Illumina 的 BCL 文件生成。

2）Visium 空间基因表达实验的高清染色图像，可以是明场或荧光图像，或者两者都有。

3）可选的参考基因组数据，可以是 10X Genomics 提供的预构建参考或自定义参考数据。

使用 Space Ranger 进行 10X Visium 数据预处理的具体分析细节及代码请见本书主页，

Space Ranger 输出报告（图 7-4）的信息解读如下。

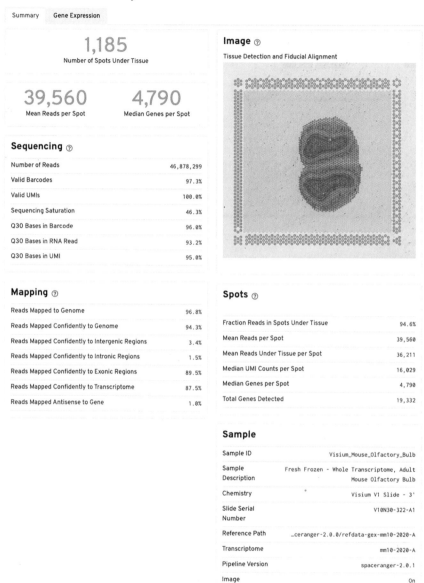

图 7-4　Space Ranger 输出报告示例

　　1）代表性指标和测序质量：对样本中的芯片点（spot）和表达的基因数评估，同时给出了测序获得的总双端读序数、有效条形码的百分比、有效 UMI 百分比、测序饱和度及各种 Q30 百分比信息。

　　2）比对质量：统计读序比对到参考基因组中的白分比，同时给出唯一比对到参考基因

单细胞组学基础

组中的读序百分比，唯一比对到基因间区、内含子区、外显子区和转录物区的读序百分比等。

3）Spots 信息：有关芯片点信息的统计，包括在组织下的芯片点的读序比例、每个点的平均读序数、在组织下的每个点的平均读序数、在组织下的点对应的条形码检测到的中位基因数、检测到的总基因数和每个点的中位 UMI 记数。

4）样本信息：有关样本分析的基本信息，包括样本名、样本描述、文库类型、玻片序列号和区域、参考基因组信息和 Space Ranger 版本信息。

（二）基于 SAW 进行 Stereo-seq 数据预处理

SAW（Stereo-seq analysis workflow）整合了定位、定量和可视化的系列流程（图 7-5）。通过处理下机测序数据，生成空间表达量的矩阵，再进行下一步分析。整个预处理的流程可以分为以下 14 个步骤。

1）splitMask：输入 h5，根据 SE 测序的 CID，对芯片的过滤（mask）文件进行拆分，为后续处理做准备。

2）CIDCount：通过 CIDCount 对 CID 进行计数，估计比对所需的内存。

3）mapping：将测得序列 CID 同 h5 CID 比对，获取坐标信息和有效 CID 序列。

4）filter：过滤不合格的 MID、接头污染和过短的序列，得到高质量读序（clean read）。

5）merge：合并不同反应的相同 CID 的比对结果，确保综合分析的完整性。

6）count：对读序进行基因注释，去除重复，并计算基因的表达量，即 gef 文件。

7）register（可选步骤）：对齐染色的图片和计数得到的表达量图片。拼接将微观图像与重叠部分结合起来，以创建全景图，运用组织和细胞分割模块，检测和屏蔽组织与细胞的覆盖区域，运用配准模块将拼接后的图像与基因表达矩阵进行匹配，同时将分割模块中的过滤结果与基因表达矩阵同时使用。

8）imageTools：从 IPR 转换成 TIFF 图片，包括 template-aligned stitched TIFF image、binarized tissue、segmentation 和 cell segmentation images。

9）tissueCut：确定切片的覆盖区域，提取对应的表达矩阵，为后续的空间分析奠定基础。

10）spatialCluster：根据指定的 bin 大小（如 bin200），利用表达量进行聚类分析，揭示空间信息的分布。

11）cellCut：鉴定细胞覆盖区域，并提取相应的表达矩阵，为深入分析提供细胞水平的信息。

12）cellCluster：通过 cellCluster 对 bin 使用表达矩阵进行聚类分析，细化细胞层面的空间结构。

13）saturation：用于计算组织覆盖区域的测序饱和度。

14）report：生成详尽的报告，呈现 SAW 分析的全面结果。

三、图像数据预处理

基于图像数据的预处理通常涉及图像配准、转录本位置点（transcript point）识别或细胞分割。预处理基于图像的空间转录组数据的基本步骤主要包括荧光信号的检测、计数和定位。由于图像背景亮度和光斑质量的变化，准确且高通量的信号检测和定位仍是当前图像数据分析方法的主要挑战。目前已经开发了一些软件，如 DeepBlink、BarDensr、graph-ISS 和 ISTDECO，来应对这些挑战。它们能够识别图像中 RNA 位置、类型和表达，并生成相关的位置索引矩阵和基因表达矩阵。为了生成空间单细胞数据，需对图像进行分割，将检测到的 RNA 分组到单个细胞中。细胞分割可以通过一系列软件包的使用来实现，如 Sparcle、Spage2vec、JSTA、Baysor 和 SSAM 等。

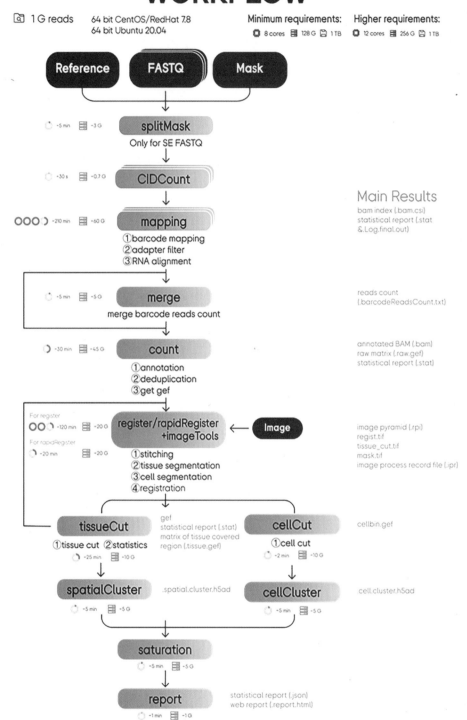

图 7-5　SAW 分析流程概述主页（https://www.stomics.tech/col656/）

对于商业化的 MERSCOPE 平台，数据预处理可以通过 MERSCOPE Visulization 平台进行处理。该工具有以下功能：显示不同通道（DAPI、polyT 或其他共检测的蛋白质）的图像，进行图像整体透明度调整和每个通道的对比度与阈值的选择。识别和处理细胞的边界，并且以不同颜色可视化所有转录物。提供设置感兴趣的区域，基础的细胞聚类和基因表达热图可视化，以及其他第三方分析工具的数据导出等，更多关于 MERFISH 预处理的信息可以通过官网（https://vizgen.com/）获取。

完成预处理后的空间转录组数据将进入分析流程（图 7-6）。其分析可以分为基础分析和高级分析，一些推荐分析工具见表 7-1。基础分析通常包括批次效应校正、降维和空间聚类、空间细胞类型注释等。基础分析步骤的一般方法与 scRNA-seq 数据相似，或以 scRNA-seq 数据分析方法为基础。值得注意的是，在空间转录组数据分析中，有一些特殊的性质和方法需要详细解释，其中主要包括如何充分利用空间位置信息以获取更多的生物学信息。例如，对于空间可变基因的计算和分析，需要考虑细胞在组织中的位置，以揭示基因在空间上的表达变化。此外，空间区域分析关注在组织中特定区域的基因表达差异，这为理解组织结

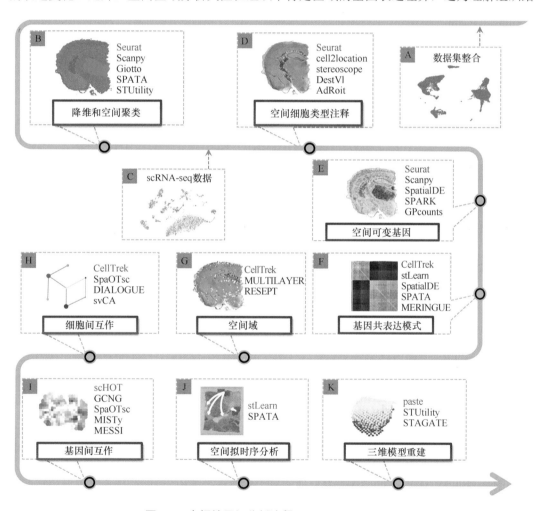

图 7-6　空间转录组分析流程（Yue et al.，2023）

可大致分为基础分析（A～E）和高级分析（F～K）。A. 数据集整合；B. 降维和空间聚类；C. 整合 scRNA 数据；D. 通过反卷积或整合单细胞样本进行细胞类型预测；E. 计算空间可变基因；F. 基因共表达模式分析；G. 空间域分析；H. 细胞间相互作用分析；I. 基因-基因互作分析；J. 空间拟时序（轨迹）分析；K. 三维模型重建。图中分别列出了各分析步骤的主要分析工具，标红为推荐使用工具

构和功能提供了更深层次的信息。空间细胞类型注释中不仅要考虑已知标记基因的表达特异性，很多时候还需要联合 scRNA-seq 数据进行反卷积，获取更高分辨率的结果。高级分析的范围逐渐扩展，包括空间区域分析、细胞通信和互作分析、基因-基因互作分析、空间轨迹分析及三维模型重建等。目前，已经涌现出许多大型的空间组学分析框架，如 Seurat、Scanpy、Spateo、Squidpy 等，这些工具提供了丰富的功能和灵活的分析选项，助力研究人员更好地探索空间转录组学数据的复杂性（表 7-1）。这些分析框架的不断发展和更新为研究者提供了更多可能性，使空间转录组学的研究更为深入和全面。

表 7-1   空间转录组主要分析工具（Yue et al.，2023）

软件工具	语言	分析阶段和内容	URL
BarDensr	Python	预处理	https://github.com/jacksonloper/bardensr
Space Ranger	Shell	预处理	https://support.10xgenomics.com/spatial-gene-expression/software/pipelines/latest/what-is-space-ranger
Seurat	R	批次效应校正；降维聚类；空间细胞类型注释；空间可变基因鉴定；	https://github.com/satijalab/seurat
Scanpy	Python	降维聚类；空间细胞类型注释；空间可变基因鉴定	https://scanpy.readthedocs.io/en/stable/
Harmony	R	批次效应校正	https://github.com/immunogenomics/harmony
Scanorama	Python	批次效应校正	https://github.com/brianhie/scanorama
Cell2location	Python	空间细胞类型注释；空间域分析	https://github.com/BayraktarLab/cell2location/
stLearn	Python	降维聚类；空间可变基因鉴定；空间轨迹分析	https://github.com/BiomedicalMachine-Learning/stLearn
Giotto	R	降维聚类；空间细胞类型注释；空间可变基因鉴定	https://github.com/RubD/Giotto
CellTrek	R	基因模式分析；空间域分析；细胞互作	https://github.com/navinlabcode/CellTrek
scHOT	R	基因互作	https://bioconductor.org/packages/release/bioc/html/scHOT.html
STUtility	R	降维聚类；空间可变基因鉴定；3D 重建	https://github.com/jbergenstrahle/STUtility
paste	Python	3D 重建	https://github.com/raphael-group/paste

第二节   空间转录组基础分析

一、空间可变基因识别

单细胞数据分析的一个重要步骤是识别高度可变基因（highly variable gene，HVG），并利用这些基因进行特征选择、降维等后续分析。然而基于表达的 HVG 忽略了细胞的空间信息，因此无法识别出空间变化。例如，一个基因可能是高度可变的，但并不表现出明显的空间模式，因此在空间上不具有表达差异性，即高度可变基因（HVG）并不一定是空间可变基因（spatially variable gene，SVG）（HVG!=SVG）（图 7-7）。

目前存在多种方法可用于识别 SVG，然而，关于哪种方法最有效及如何准确定义空间变异性仍未达成共识。这些方法根据内在原理可分为三类：基于统计建模的方法、基于机器学习的方法和基于空间网格的方法。

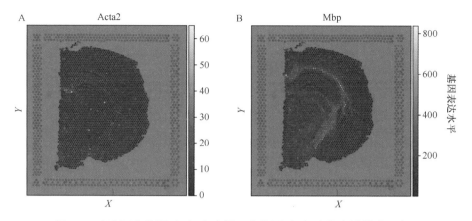

图 7-7　高度可变基因（A）和空间可变基因（B）空间表达模式示意图

1. 基于统计建模的方法　　基于已知细胞空间坐标及其基因表达水平的统计建模方法，为阐明空间基因表达异质性提供了统计框架。其一般工作流程如下（图 7-8）：首先，输入

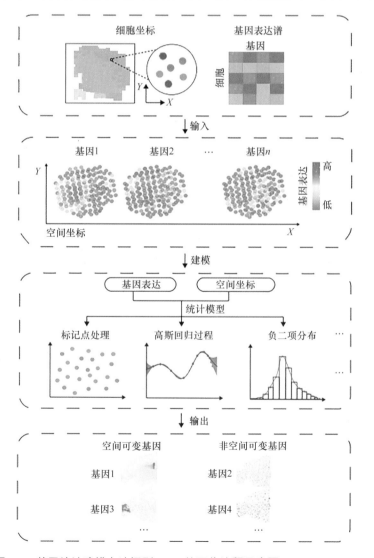

图 7-8　基于统计建模方法识别 **SVG** 的工作流程示意图（Li et al.，2021）

基因表达谱和细胞位置信息。根据输入信息构建统计框架，来揭示基因表达值与细胞空间位置之间的相关性。随后，通过采用不同的统计方法，确定显著的 SVG。

基于统计建模方法的工具包括 SpatialDE（Svensson et al.，2018）、SPARK（Zhu et al.，2021）和 BayesSpace（Zhao et al.，2021）等。SpatialDE 是一种基于高斯过程回归的方法，SPARK 在此基础上做了一些具体的改进，其基于具有多个空间核的空间广义线性混合模型识别 SVG，直接对空间计数数据建模；BayesSpace 是一种完全贝叶斯统计方法，它使用来自空间邻域的信息来增强空间转录组数据的分辨率并进行聚类分析。

2. 基于机器学习的方法 机器学习方法可以采取两种技术路线（图 7-9）。一种是基于谱（spectral）的方法，其核心思想是通过特征与底层结构的一致性来进行无监督特征选择。具体流程：首先，根据 K 最近邻（KNN）算法构建最近邻图，连接空间中同一主题的细胞。通过欧几里得距离等方式衡量边的权重，构建邻接矩阵（adjacency matrix）。接着，构建度矩阵（degree matrix）表示每个节点的边数，计算拉普拉斯矩阵（Laplacian matrix）。另一

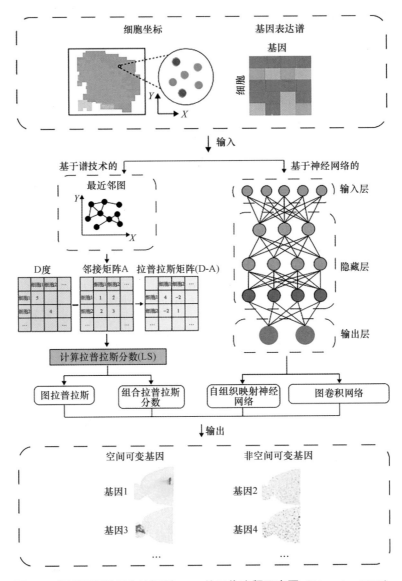

图 7-9　基于机器学习方法识别 SVG 的工作流程示意图（Li et al.，2021）

种技术路线是基于更为常用的神经网络。例如，SOMDE 使用自组织映射（SOM），在保持原始空间信息的前提下，根据输入数据的密度和拓扑结构构造一个节点数较少的压缩映射，然后用高斯过程检测 SVG；SPADE 使用成像数据和空间转录组数据作为输入，通过卷积神经网络提取每个点周围的形态特征，并将其与基因表达数据相结合，以识别与空间和形态异质性相关的关键基因。此外，可以基于这些关键基因进行功能分析，以进一步阐明负责不同形态特征的生物过程。SpaGCN（Hu et al.，2021）根据通过图卷积神经网络识别的空间域识别 SVG。

3. 基于空间网格的方法　　基于空间网格的方法（图 7-10）旨在将空间划分为多个网格，并对不同细胞之间的空间关系进行编码或推断细胞的分布，然后应用后续步骤，如对细胞的空间相邻关系或基因表达水平进行二值化以识别 SVG。使用该思路的方法主要有 Giotto（Dries et al.，2021）工具箱中的 BinSpect 方法。BinSpect 首先使用 Delaunay 创建一个空间网格来表示细胞之间的关联。对于每个被输入的基因，BinSpect 将通过 K-means 聚类或等级阈值对基因表达值进行二值化，并根据这些二值化的表达值计算出相邻细胞之间的列联表

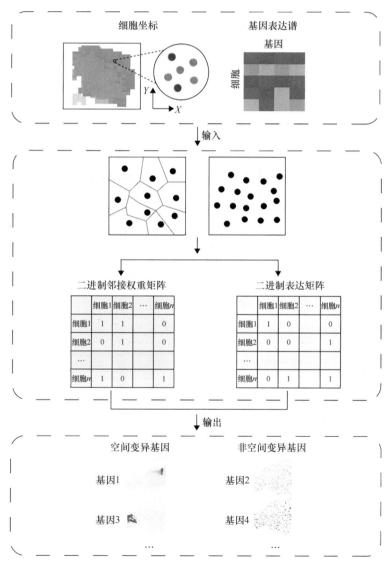

图 7-10　基于空间网格方法识别 **SVG** 的工作流程示意图（Li et al.，2021）

（contingency table）。通过统计学上的富集测试，如果一个基因在相邻细胞中的表达量很高，这个基因将被视为 SVG。

Moran's I 是一种空间自相关的度量，它可以用来评估一个特征（如基因表达）在空间上是否呈现出显著的模式（Moran，1950）。Moran's I 的值在 –1 到 1 之间：接近 1 表示正的空间自相关，即相邻的观测值趋于相似；接近 –1 表示负的空间自相关，即相邻的观测值趋于不同；接近 0 表示没有空间自相关，即观测值是随机分布的。要使用 Moran's I 计算空间高可变基因，可以使用 Squidpy 或 Spateo 等 Python 库。Squidpy 代码和分析示例见本书主页。

二、空间域聚类识别与细胞类型注释

（一）空间域聚类识别

空间域（spatial domain）既能解释基因表达相似性又能说明空间接近性，还可以合并组织学图像信息（图 7-11）。目前，识别空间域的方法主要分为两类聚类方法：非空间聚类方法和空间聚类方法。传统的非空间聚类方法，如 K-means 和 Louvain，将基因表达数据作为输入，通常它们的聚类与组织切片几乎不对应。空间聚类方法主要结合基因表达、空间位置和形态学，以解释基因表达的空间依赖性。

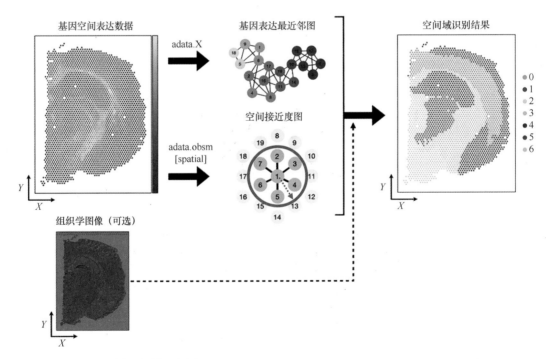

图 7-11　空间域的识别过程（https://www.sc-best-practices.org/spatial/domains.html）
其确定过程结合了基因表达及其空间位置和组织学图像信息

空间域分析是一种用于识别具有相似基因表达或细胞类型的空间区域的方法，它可以帮助我们理解组织的功能结构和异质性。空间域分析通常是基于空间邻居图和最近邻图，可以反映数据的空间坐标和基因表达或细胞类型的相似性。目前已经开发了两种基于不同模型的方法用于鉴定空间域：第一种是空间依赖性基因表达，常见工具包括 Squidpy（Palla et al.，2022）和 BayesSpace（Zhao et al.，2021）；第二种还包含了从组织学图像中提取的信息，常见软件包括 spaGCN（Hu et al.，2021）和 stLearn（Pham et al.，2023）。使用 Squidpy 进行空间域分析的代码和示例见本书主页。

（二）空间细胞类型注释

目前，单独的空间转录组数据无法产生具有足够测序深度的单细胞分辨率的转录组数据，因此，配合相同样本处理的 scRNA-seq 数据，并将其与空间数据整合分析对于注释空间细胞类型的分布至关重要。整合 scRNA-seq 和空间数据主要包括映射和空间反卷积两种方法。

1. 映射 所谓映射，是通过将 scRNA-seq 中已建立的细胞类型注释迁移到空间转录组学数据中，为每个细胞分配基于 scRNA-seq 的细胞类型，以此构建单细胞分辨率的空间细胞类型图谱。映射方法将 scRNA-seq 数据中的细胞亚型分配到组织切片的空间位置。这种方法更常用于通过基于图像技术生成的数据。在已知的映射策略中，其中一些通过锚定整合工作流程来整合单细胞数据和空间转录组学数据，如 Seurat；对于未达到单细胞分辨率的空间转录组学数据，也有诸如 CellTrek（Wei et al.，2022）之类的框架。这些方法使用机器学习方法（如共嵌入和随机森林）将单个细胞直接映射回组织切片中的空间坐标，以组合单细胞数据和空间条形码数据。

2. 空间反卷积 空间转录组技术利用细胞位置信息进行基因表达谱分析，以揭示组织空间内的转录组特征。然而，目前大多数基于测序的空间转录组学技术所产生的空间条形码数据分辨率仍然有限，通常无法达到单细胞分辨率。反卷积策略利用传统的机器学习、深度学习和统计模型，预测切片数据点中每种细胞类型的比例及每个细胞的基因表达水平，将离散的细胞亚型与单个捕获点分离出来，利用 scRNA-seq 数据的细胞类型特异性基因表达信息，对空间转录组学数据进行反卷积，以此推断每个空间位置的细胞类型组成。目前已提出了不少反卷积新方法，如 Cell2location 和 SPOTlight 等。① Cell2location（Kleshchevnikov, et al.，2022）采用分层贝叶斯框架，假设基因表达计数遵循负二项分布。它首先使用外部 scRNA-seq 数据作为参考来估计细胞类型特异性特征（图 7-12）。观察到的空间表达计数矩阵用负二项分布建模，其中基因可用的特定技术敏感性、基因和位置特定的加性偏移作为平均参数的一部分包括在内。然后 Cell2location 使用变分贝叶斯推理来近似后验分布并相应地产生参数估计。② SPOTlight（Elosua-Bayes et al.，2021）是一种反卷积算法，它采用非负矩阵分解（NMF）回归算法及非负最小二乘法（NNLS）。在 SPOTlight 中，执行 NMF 以识别 scRNA-seq 参考中特定于细胞类型的主要向量特征，并执行 NNLS 来识别每个空间点的主要向量特征，这是反卷积的结果。此外，据报道，SPOTlight 在不同的生物场景和执行具有匹配和外部参考的不同技术版本时表现出灵敏性和准确性。

许多其他软件包也可以应用于空间单元类型的注释，如 DestVI、AdRoit、RCTD、SpatialDecon、SpaceFlow、FICT、SpatialDWLS、STRIDE、STdeconvolve、Tangram 和 smfishHmrf 等。

通过本节介绍，我们可以了解与单细胞转录组相比，空间转录组数据分析的一些基本特点（表 7-2）。由于空间转录组数据携带基因表达的坐标位置信息，因而给数据分析也带来了一些变化。单细胞转录组的降维聚类主要基于 *K*-means 和 Louvain，将基因表达数据作为输入，通常它们的聚类与组织切片几乎不对应，而空间转录组的聚类降维一般会基于空间依赖性的基因表达，或结合组织学图像中提取的信息。同样，在可变基因的鉴定中，空间转录组数据分析会考虑空间区域的基因表达差异，而单细胞数据仅仅基于基因在细胞簇间的表达差异来决定。在最关键的细胞类型注释环节，单细胞转录组往往基于上游聚类得到的簇（cluster）进行细胞类型注释，而空间转录组的细胞注释则常常要结合单细胞数据作为参考

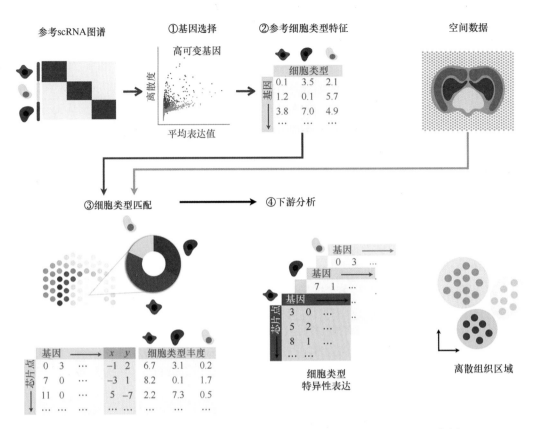

图 7-12 采用空间反卷积进行细胞类型注释流程——以 Cell2location 为例

（Kleshchevnikov et al.，2022）

Cell2location 需要一个单核或单细胞 RNA-seq 参考数据集，首先应用具有允许阈值的基因选择。在第二步中，估计参考数据集中的细胞类型标签。默认模型是负二项式回归，它可以跨技术和批次稳健地组合数据。除了参考数据集外，还需要一个或多个批次的空间数据集。第三步是使用 Cell2location 执行实际的细胞类型映射，以估计每个点的细胞类型丰度。然后，每个点的学习丰度和细胞类型特异性表达可用于下游分析任务。Cell2location 空间解卷积代码与实战见本书主页

数据集进行映射，并借助空间位置信息进行联合判断。同时由于当前主流的空间转录组技术（如 10X Visium 等）尚未达到单细胞分辨率，为了更好地解析细胞类型分布，选择合适的方法进行反卷积也是很有必要的。分析具体生物学问题时，我们常常需要根据特定类型细胞区域（如肿瘤）进行推断。在单细胞转录组分析中，鉴定结果通常基于特征基因集结合各类富集算法。而在空间转录组数据中，可以借助组织切片图像直接在空间位置上进行判断，从而更清晰地分辨算法推断区域和病理切片特征是否一致。

表 7-2 单细胞与空间转录组分析主要差异比较

分析内容	空间转录组	单细胞转录组
降维聚类	基于空间依赖性基因表达或基于组织图像提取	仅以基因表达作为输入特征
差异分析	SVG	HVG
细胞类型注释	需要借助空间位置信息，整合单细胞数据映射或反卷积	完全基于聚类簇进行注释
特定类型（如肿瘤）细胞区域	基于表达算法推断，联合图像数据进行验证	算法推断

第三节 空间转录组高级分析

一、空间邻域与细胞通信分析

（一）空间邻域分析

细胞邻域分析（neighborhood analysis）是各种下游任务的重要起点，它可以帮助我们理解组织的细胞组成并定义后续深入分析的潜在目标。例如，细胞邻域分析可以帮助寻找基于空间邻近性的细胞间通信候选者，或用于识别空间可变基因的空间区域和类群。

目前已经开发了多种包含细胞邻域分析的计算工具或方法，如 Squidpy（Palla et al.，2022）和 BANKSY（Singhal et al.，2024）等。使用 Squidpy 进行空间转录组的邻域分析，可以使用 sq.gr.nhood_enrichment() 函数，该函数可以计算不同细胞类型之间的邻域富集得分，以评估细胞类型在空间上是否趋于聚集或分散（图 7-13）。

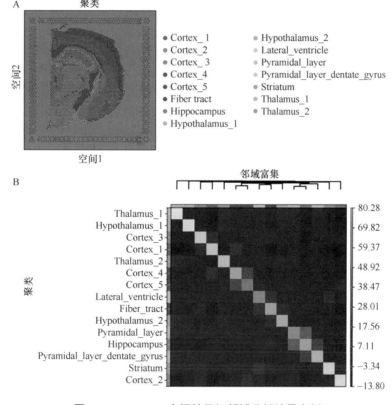

图 7-13 Squidpy 空间转录组邻域分析结果案例

A. 空间散点图代表细胞注释结果；B. 空间邻域分析结果

一般在完成细胞类型注释后，我们可以量化这些细胞类型在空间上是否富集。邻域分析可以帮助我们识别感兴趣组织的邻近类型。简而言之，这是一个类群空间接近度的富集打分。如果一个类群的观测值（细胞点）总是接近另一个类群，则得分高，说明有富集。如果两个类群相对远离，并非邻近类群，则得分低。从图 7-13 可以看出，Pyramidal_layer 和 Hippocampus 类群有富集，结合空间散点图，我们可以确认这些类群确实属于"邻近类群"，因此这两个类群确实在空间中比较接近。

（二）空间细胞通信分析

在研究空间转录组数据时，我们需要深入探讨细胞之间的相互作用和通信，因为细胞之间的紧密联系对于维持组织的正常生物学功能至关重要。组织是一个整体，细胞之间不是孤立存在的，它们通过广泛的相互交流和协调来维持整体的平衡（即内环境稳态）。细胞通信是一个复杂而精密的过程，其核心在于信号的产生、传递和接受，通过介质的传递实现细胞之间的相互联系。这个信号由发出细胞产生，经由介质传递，最终到达另一个靶细胞。这个介质通常是一种特殊的分子，被称为配体。在接收信号的靶细胞表面，配体与其相应的受体发生相互作用，由此触发一系列细胞内的生理生化变化，最终表现为组织、器官等整体水平的生物学效应。细胞之间的通信一般由激素、生长因子、趋化因子、细胞因子和神经递质等配体介导，主要分为自分泌、旁分泌、近分泌和内分泌等（可参见第五章第四节）。

在 scRNA-seq 数据分析中，细胞通信已经被广泛研究，但在缺乏空间信息的情况下，尤其是在多样本整合分析时，往往忽略了细胞之间的距离和个体的影响。同时，越来越多的研究表明，细胞之间的相互作用可能主要限定在最近邻居之间，在空间转录组分析中，每个细胞类型都呈现出相对稳定的生态位特征。为了解决这些问题，科学家们发展了专门用于空间转录组数据分析的通信手段。以下我们重点介绍 CellphoneDB 和 stLearn 两种方法。

1. CellphoneDB CellphoneDB（https://www.cellphonedb.org/）于 2020 年提出（Efremova et al., 2020），2022 年更新到 3.0 版（Garcia-Alonso et al., 2021），2023 年已经更新到 5.0 版本（Troulé et al., 2023）。最新版本的改进之一是允许通过微环境文件合并细胞的空间信息。简而言之，空间通信分析现在被限制在细胞周围的小范围内，不再像单细胞通信分析那样将所有细胞纳入分析。这种方法使我们能够更精准地了解细胞之间在空间上的相互作用，避免了在整体分析中忽略距离和位置因素的问题。

2. stLearn stLearn（https://stlearn.readthedocs.io/en/latest/）是基于 Python 的空间转录组综合分析工具包。stLearn 的三个核心功能，即 SME 聚类、细胞互作和空间轨迹推断，都具有独特的特色。stLearn 的聚类算法同时考虑了基因表达数据、空间位置和 HE 染色组织图片提供的形态学信息，可称之为 SME（spatial distance, tissue morphology and gene expression）聚类（图 7-14）。stLearn 的另一个核心功能是细胞互作（cell cell interaction, CCI）分析。该分析算法合理，逻辑清晰，被认为是目前最佳的空间转录组 CCI 分析工具之一。stLearn 最显著的特点是在分析空间转录组时能够找出细胞通信的热点位置，实现真正的空间组织细胞交流。

在细胞互作分析中，stLearn 包括配体-受体分析和细胞互作预测两大部分。配体-受体分析首先通过内建数据库确认配体-受体（ligand-receptor, LR）配对信息，然后在每个芯片点及其邻域内扫描 LR 的表达情况，最终通过置换检验统计 LR 的显著性。这一步骤可以筛选出高频 LR 对，并展示 LR 显著表达的区域。细胞互作预测结合了配体-受体分析和去卷积分析的结果，通过综合考虑细胞组成和 LR 的表达，预测了细胞之间的互作关系。同时 stLearn 还有一个其他工具很少涉及的功能——空间发育轨迹推断。总之，stLearn 可以帮助我们更清晰地揭示细胞在组织中的分布和相互作用，为研究提供更深层次的理解。

stLearn 进行细胞通信分析的步骤如下。①加载已知的配体-受体基因对，引入已知的配体-受体基因对，这些基因对被认为在细胞间相互作用中发挥关键作用。②鉴定配体-受体对显著互作的芯片点，利用这些已知的配体-受体基因对，识别在特定位置（spot）上发生显著相互作用的配体-受体对。③对于每个 LR 对和每个细胞类型-细胞类型组合，统计在一个显著的位置，该 LR 对的邻近细胞连接两种给定的细胞类型的实例。④扰动细胞类型标签，鉴定显著的互作（$P<0.05$）：对细胞类型标签进行扰动，确定在扰动后仍显著的细胞间相互作用，以此来验证结果的稳健性（鲁棒性）。⑤可视化 CCI 结果：最后，通过可视化工具呈现细胞间相

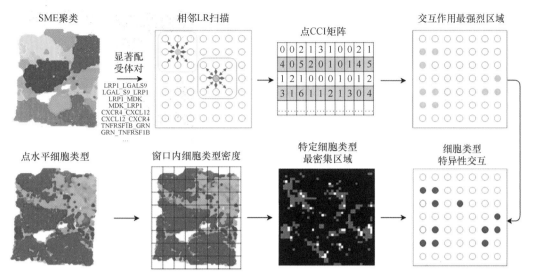

图 7-14　空间互作和细胞通信分析 **stLearn** 方法概述（Pham et al.，2021）

互作用的结果，使用户能够直观地理解空间转录组数据中热点区域的细胞间相互作用模式。

　　另外还有一些空间通信分析工具，如 SpaOTsc、cell2cell、MISTy 及包含在通用空间转录组学分析软件包 Giotto 中的技术。这些工具结合了已知参与细胞相互作用的蛋白质编码基因数据库，并利用从基因表达数据中推断相互作用概率的算法。随着技术的飞速发展，预期会不断有新的方法出现，它们将整合现有方法的最佳特点，提供单细胞空间分辨率和高灵敏度的基因组规模基因表达分析。同时，改进的多组学、辅助染色和 scRNA-seq 参考将使生物信息分析更为强大和灵活。最新的 FFPE 组织检测进展也将显著提高临床和生物医学研究的效能。

二、3D 重构与时空高维模拟分析

　　随着空间组学技术的不断进步，我们对细胞和组织的研究逐渐超越传统的二维（2D）水平，向着 3D 重构和 4D 时空维度探索迈进。当前该技术研发侧重于优化切片原位捕获技术和降低技术成本，未来会转向追求完成特定时刻组织或器官的 3D 空间组学图谱构建，而更长远的目标则是实现对活体状态下动态持续观测任意数据大分子状态的能力，如实时观测斑马鱼发育全过程的转录组变化等。空间组学技术的发展值得进一步期待。

　　当前所有技术方法都侧重于捕获二维空间信息。然而，随着空间转录组学的发展，通过对单个样本中组织连续切片的对齐和整合，将成功构建 3D 结构，为深入探索组织结构提供了新的可能性。3D 重构的意义体现在以下几个方面。①提供更精细的组织功能区划：通过高精度的 3D 转录图谱，我们能够更准确地划定组织内的功能区，深入理解细胞相互作用和组织的生物学功能。②成为疾病诊断的参考：在医学检测中，传统的影像学提供了解剖学的证据，而器官的 3D 重构则能够提供更为全面的功能证据，为疾病诊断提供更多信息和参考。③深入认识发育生物学：在发育生物学领域，3D 重构使我们能够深入了解组织器官中不同细胞的空间排布，并揭示它们随着发育过程的变化。

　　当前 3D 空间转录组学研究的基本思路主要是通过连续切片和空间转录组测序，进而对二维数据进行基础解析，并通过多张连续切片的 3D 对齐来完成整体的 3D 重构（图 7-15）。然而，这一思路需要应对两大挑战：首先，连续切片空间转录组测序面临高昂的成本，因此降低技术成本成为技术推广的关键因素；其次，在数据处理层面，3D 图像对齐和 3D 模型构建仍然需要解决算法问题。

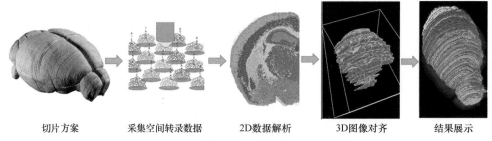

切片方案　　采集空间转录数据　　2D数据解析　　3D图像对齐　　结果展示

图 7-15　三维空间组学的基本技术路线

利用连续切片和空间转录组测序结果进行 3D 重建

在技术方法方面，传统机器学习和深度学习为解决这些问题提供了先进的计算方法。例如，STUtility（Bergenstråhle et al.，2020）利用迭代最近点算法（ICP）对切片进行对齐，以在 3D 模型上可视化它们；PASTE（Zeira et al.，2022）使用基于最优传输理论的 Wasserstein 最优传输（FGW-OT）来构建 3D 对齐；STAGATE（Dong et al.，2023）集成了空间信息和基因表达谱来学习低维潜在嵌入，准确识别空间域并提取 3D 表达域；STitch3D（Wang et al.，2023）通过概率模型和深度神经网络有机结合，同时分析多个空间转录组切片，从而重建三维组织结构，识别具有一致基因表达水平的三维空间区域，并揭示细胞类型的三维分布。

邱肖杰与华大最新开发的工具包 Spateo（Qiu et al.，2022）也包含高级多维时空建模模块。Spateo 不仅数字化空间层/列以识别具有空间特性的基因，还构建了细胞间互作的综合框架，揭示了生态因子和细胞类型特异性配体-受体相互作用的空间效应。此外，Spateo 重构了整个果蝇胚胎的 3D 模型，并进行了 3D 形态计量分析。以一个果蝇胚胎 3D 形态计量分析为例（图 7-16），研究人员采集了果蝇胚胎晚期及幼虫期共 5 个阶段的样本，对所有冷

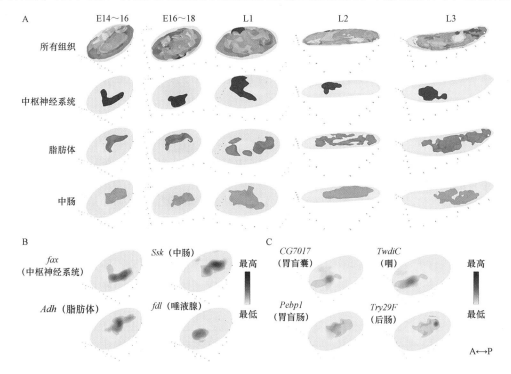

图 7-16　果蝇晚期胚胎及幼虫的三维重构（Wang et al.，2022）

A. 胚胎（E14～E18）及幼虫（L1～L3）组织三维重构情况；B、C. 标记基因在特定组织中的表达情况。

A⟷P 表示从左到右代表果蝇幼虫的前部和后部

冻切片进行 Stereo-seq 测序，并制定了一个样本三维重构的流程。研究人员首先提取测序矩阵中每个切片的二维区域，并根据样本切片的形状和转录物的相似性进行三维配准。经过质控、聚类和注释处理后，他们成功得到了该样本的三维重构模型。研究人员对重构出的三维果蝇模型进行了验证，发现该模型的结构与已知的果蝇解剖结构高度一致，标记基因与先前的研究结果相符。

综上所述，当前 3D 空间转录组研究正朝着更加成熟、高效的方向发展，借助机器学习和深度学习等方法，逐步解决技术挑战，将为我们提供更为立体、精细、动态的细胞空间信息，为生命科学的深入研究和应用提供了强有力的工具和途径。

学科先锋

Fabian Theis 与 Scanpy 及其他

Fabian Theis（1976—），德国国家科学院院士，莱布尼茨奖获得者，德国慕尼黑工业大学生物数学教授，赫尔姆霍兹中心慕尼黑计算生物学研究所负责人。Fabian Theis 是单细胞数据分析领域的顶尖学者，开发的代表性单细胞组学分析工具包括 Scanpy、scVelo 和 Squidpy。

Fabian Theis

Fabian Theis 出生在德国巴伐利亚州的安斯巴赫。他先后在哈根大学和雷根斯堡大学学习数学和物理学，2002 年获得雷根斯堡大学物理学博士，2003 年还获得了格兰纳达大学计算机科学博士学位。Fabian Theis 的职业生涯始于 2006 年，当时他在雷根斯堡的生物物理学研究所负责"信号处理和信息理论"研究小组。2009 年他成为德国慕尼黑工业大学应用数学研究所副教授，2013 年成为全职教授。

开发系列单细胞数据分析工具是 Fabian Theis 教授研究生涯中浓墨重彩的一笔。近年来，他的研究团队开发了一系列广受欢迎的单细胞数据分析算法和工具。自 2018 年以来，这些工具已被引用了超过 4 万次。大家常说，Theis 出品，必属精品！Fabian Theis 实验室的愿景非常宏大，其实验室主页正中的一句话概括了他们的雄心："通过人工智能，我们能够为未来疾病诊断与治疗勾画出一个美好未来，即负担得起且广泛惠及"（With AI we can imagine a future where diagnosing and treating diseases is more affordable, widely available, and thus more democratic）。通过采用最先进的机器学习算法，他们正在打磨独具匠心的方法，旨在解决生物和医学领域的复杂难题，为人类健康开辟更为广阔的道路。2023 年，由于在基因组数据分析、建模和解释方面的开创性工作，Fabian Theis 荣获莱布尼茨奖，这是德国研究界的最高荣誉之一。

Fabian Theis 实验室如今已经非常壮大，拥有 9 名博士后和 40 多名博士生。自 2018 年以来，实验室每年都会举行一个听上去就很酷的"黑客松"（hackathon，又名编程马拉松）活动。具体来说，就是实验室成员聚集到风景优美的地方一起待上 5d。在这期间，大家将共同讨论项目，并分组进行代码编写和测试，最后进行项目展示。每个小组的负责人会提前在 github repo 上设置好基本流程代码，以确保每个成员可以高效地分工合作，攻克每个模块的挑战。这种工作模式不仅高效，还促进了团队合作精神的培养。

（姚　洁　樊龙江）

第八章　单细胞其他组学数据分析

第一节　单细胞基因组分析

本节主要介绍单细胞基因组测序（scDNA-seq）在不同层面的应用，将从单细胞基因组变异鉴定、基因组拼接和三维基因组三个方面出发，介绍其研究内容和分析方法。

一、单细胞基因组变异鉴定

单细胞基因组变异通常包括单核苷酸变异（SNV）、拷贝数变异（CNV）等。目前已开发出一系列技术对这些变异进行检测（表 8-1）。根据细胞分离、扩增等方法不同，这些技术可以获得全基因组或靶标区域的遗传变异（详见第二章）。

表 8-1　单细胞基因组 **SNV** 及 **CNV** 分析研究示例（改自 Gawad et al.，2016）

分离方法	扩增方法	样本数目	分析变异	细胞数 /个	测序区域	文献
低通量检测技术						
口吸管技术	MDA	1	SNV	58	外显子	Hou et al.，2012，*Cell*
口吸管技术	MDA	1	SNV	63	外显子	Yu et al.，2014，*Nature Biotechnology*
流式细胞仪技术	PicoPLEX	3	SNV	36	1 953 位点	Hughes et al.，2014，*PLoS Genetics*
微流控技术	MDA	6	SNV	811	200～300 位点	Gawad et al.，2014，*PNAS*
核分选	MDA	3	SNV	36	基因组	Lodato et al.，2015，*Science*
四倍体核分选	DOP-PCR	2	CNV	200	基因组	Navin et al.，2011，*Nature*
口吸管技术	MALBAC	8	CNV	132	基因组	Hou et al.，2013，*Cell*
核分选	DOP-PCR	3	CNV	110	基因组	McConnell et al.，2013，*Science*
口吸管技术（核）	DOP-PCR	4	CNV	89	基因组	Knouse et al.，2014，*PNAS*
高通量检测技术						
微流控技术	靶向 PCR	154	SNV	735 483	56 个基因	Morita et al.，2020，*Nature Communications*
微流控技术	靶向 PCR	146	SNV	740 529	37 个基因	Miles et al.，2020，*Nature*
微流控技术	靶向 PCR	5	SNV	23 500	330 个位点	Leighton et al.，2023，*Cell Genomics*
微流控技术	条形码 PCR	32	CNV	51 926	基因组	Laks et al.，2019，*Cell*
流式细胞仪+声学细胞标记	双条形码 PCR	12	CNV	16 178	基因组	Minussi et al.，2021，*Nature*

1. 单细胞 SNP 鉴定　　单细胞基因组的研究中，最引人注目的模型是肿瘤组织。通过单细胞基因组测序获得每一个细胞的 SNP 之后，研究者们可以利用相关模型，推测肿瘤细胞随时间进化的历史，全面理解肿瘤发生发展的 DNA 突变基础，为癌症的精准治疗提供方案。但是，目前仅有少数针对 scDNA-seq 的生物信息分析工具，现有的许多工具都是基于多细胞基因组测序开发的，而由于单细胞 DNA 扩增过程中低基因组覆盖度和扩增的偏差，目前在 scDNA-seq 中进行 SNP 鉴定仍然具有较大挑战。在近期研究中，研究人员根据单细胞基因组测序的特点（如细胞条形码、单细胞扩增偏好等），基于多细胞基因组开发的工具，在单细胞基因组测序数据中进行了一系列的变异信息检测。主要还是利用了在多细胞群体测序中开发的生物信息工具进行分析，其基本分析步骤与多组学 SNP 鉴定流程一致，只是在后续的 SNP 过滤过程，根据单细胞扩增可能带来的偏好性进行一定的过滤。主要包括 4 个步骤：①测序数据的预处理，包括接头序列、低质量序列的去除，细胞条形码的确定；②读序的比对与变异检测，包括读序与参考基因组的正确比对、核苷酸多态性的检测；③突变类型检测；④细胞系统发育关系推断。

（1）**测序数据的预处理**　　对于任意一种测序方法产生的数据来说，为了排除低质量和接头序列对下一步分析带来的影响，首先需要利用 Cutadapt、SOAPunke、Trimmomatics、fastp 等工具，对序列进行一定的过滤，获得高质量的读序。目前使用较为广泛的软件是 fastp，其可以对任意平台产生的测序数据进行预处理。此外，对于高通量单细胞测序来说，每一个细胞的序列上都存在代表其身份的条形码信息。在进行多轮扩增及完成测序之后，原始的条形码上会携带一定程度的错误信息，为了保证对测序数据进行有效的分配，需要采用一些校正方法，或允许 1～2 个错配，将条形码分配到细胞上，获得细胞特异的读序信息。对于靶向测序来说，实验过程中会预先设定在基因组上扩增到的位置，所以对于仅扩增到了少量（＜80%）靶标位点的细胞，也需要进行过滤。

（2）**读序比对与变异检测**　　获得序列在参考基因组上的准确比对位置是进行后续分析的基础，现有的单细胞 DNA 序列的比对，主要还是依赖 BWA 进行。随后结合 SAMtools，将比对的结果根据参考基因组位置进行排序，过滤掉未比对、比对分数较低的结果后，通过 BAM 文件格式进行存储。而对于基因型的鉴定来说，最常用的工具还是 GATK。在单细胞的基因型鉴定过程中，每一个细胞会被看作一个个体，单独利用 HaplotypeCaller 和 GenotypeGVCFs 工具，进行单个细胞的基因型获取。随后，这些基因型与细胞的条形码信息会整合在一起，从三个层面进行过滤。首先，在单个细胞的单个位点层面上，根据基因型的质量信息、读序的深度进行过滤；其次，在单个细胞层面上，根据每个细胞中获得的变异占所有细胞的比例、细胞中突变发生的频率等进行过滤；最后，在每一个位点上，根据位点在细胞群中的等位基因频率、位点的杂合度、缺失度等进行基因型的过滤，最终获得每一个细胞的高质量变异信息。

（3）**突变类型检测**　　在获得了细胞的 SNP 信息之后，为了确定 SNP 对功能的可能影响，常用的是 SNPEff、annovar 等工具，根据 SNP 在基因组上所处的位置，进行同义突变、非同义突变、间区变异等鉴定。对于癌症研究来说，由于人类基因组注释信息较为完整，可以对 SNP 的致病性进行更为系统的评估。例如，华盛顿大学和 HudsonAlpha 研究所开发的 CADD（combined annotation-dependent depletion）技术通过整合 PolyPhen2 和 SIFT 软件，根据基因组上的 60 多种特征实现对关键变异的排序。

（4）**细胞系统发育关系推断**　　与单细胞 RNA 数据分析类似，在单细胞基因组测序分析过程中，也可以基于 SNP 数据，利用 UMAP 或 PCA 等方法对细胞进行降维和可视化分析，确定不同细胞所属的类群，如癌细胞的亚克隆。此外，基于 SNP 数据，也可以构建系统发育树，进一步追溯不同细胞（如癌细胞亚克隆）的来源、演化途径，分析其是否为单独起源等。

虽然通过利用基于传统测序开发的方法，可以实现单细胞基因组变异的分析。但这些方法都没有考虑单细胞扩增方法所带来的固有特征。有研究表明，传统的测序数据分析工具，如 SAMtools 和 GATK，从全长 Smart-seq2 数据中检测到的变异不到 8%，并且在基于微液滴进行测序的数据中检测到的变异更低。这可能是因为单细胞基因组测序通常会富集在基因组的特定位置。未来在针对 scDNA-seq 数据进行 SNP 鉴定方法的开发时，需要对真实地 SNP 和扩增错误进行区分，并实现低覆盖度情况下的 SNP 鉴定。目前，为了更好地利用单细胞转录组和表观组的数据，Dou 等在 2023 年开发了直接从单细胞测序数据中，进行单核苷酸变异检测的工具 Monopogen（图 8-1）。Monopogen 在生殖细胞系中可以识别 10 万～300 万个单核苷酸变异，基因分型的准确率达到了 95%。同时 Monopogen 也可以识别数百个体细胞的单核苷酸变异，使得利用现有的单细胞数据进行祖先遗传定位、关联分析及体细胞克隆谱系划分成为可能。但是，Monopogen 需要提供参考的遗传变异图谱，通过连锁不平衡进行单核苷酸变异的鉴定，这对于无高质量参考图谱的样本来说，还存在一定的局限性。

2. 单细胞 CNV 鉴定　　在单细胞基因组测序数据中，主要关注两种突变类型，除了上文介绍的 SNP 之外，另一种就是 CNV。在 DNA 扩增方法的选择上，不同于 SNP 的鉴定过程需要采用单个位点准确度更高的扩增方法，CNV 的鉴定需要选择覆盖度更为均一的方法。在数据分析方面，单细胞基因组 SNP 的鉴定利用的是基于传统测序数据开发的单个位点突变鉴定工具。但是对于 CNV 的鉴定来说，其大小和丰度都具有很大的差异，CNV 既可能对整个基因组（如整条染色体的重复或丢失）产生影响，也可能只影响特定的区域（如某条染色体臂）。此外，目前大量的 CNV 检测方法还是针对二倍体开发的，但癌症细胞的基因组在复制过程中会出现大量的非整倍体状态，目前相关工具的开发上仍然存在一定局限性。尽管如此，针对 CNV 的特性，已经开发出了一些鉴定方法，主要步骤包括：①测序数据的预处理与基因组分箱计数；②片段分割；③拷贝数目的整数化（图 8-2）。

（1）测序数据的预处理与基因组分箱计数　　与单细胞 SNV 检测步骤一样，在进行 CNV 检测之前，也需要根据条形码信息对测序数据所属的细胞进行拆分，并进行低质量测序数据、接头的过滤。随后使用比对软件，如 BWA、Bowtie2 等将单细胞测序数据比对到参考基因组上。在拷贝数的鉴定上，第一步是基于一定的基因组区域（bin），计算比对到该 bin 上的读序数目。在 bin 的选择方面，既可以选择固定大小的 bin，也可以选择可变大小的 bin。虽然选择可变大小的 bin 会提高计算的复杂性，但可以有效降低 CNV 检测的假阳性，目前在 scDNA-seq 的分析中应用更为广泛。在读序计数方面，需要对扩增、比对等方面可能带来的偏差进行排除，即根据不同基因组区域的 GC 含量，可映射性（mappability，区域唯一比对的百分比）对读序的数目进行校正。此外，一些具有极高读序数目的 bin 和极低覆盖度的细胞也需要被排除，以防止数据噪声或技术偏差的干扰。

（2）片段分割　　片段分割（segmentation）指对具有不同拷贝数基因组区域之间的边界进行确定。现有的方法主要包含三类：基于滑动窗口的方法（如 Ginkgo、SCNV、SCOPE）、基于目标函数的方法（如 CopyNumber、CHISEL、SCICoNE）和基于隐马尔可夫链（HMM）的方法（如 HMMcopy、AneuFinder）。基于滑动窗口的方法利用统计检验对基因组进行分割，寻找读序数目与其他区域相差很大的区域。此类方法一般不会在进行分割的同时计算绝对的拷贝数目，因此需要下游软件进行绝对拷贝数目的计算。基于目标函数的方法在一个公式中对数据的近似性、断点的限制进行整合。这种方法通过分段常数对均一化的读序数目进行建模，从而在最小改动的状况下，使函数尽可能代表数据的真实情况。如同滑动窗口的方法一样，基于目标函数的方法也不会计算每个片段的绝对拷贝数目。最后，在基于 HMM 的方法中，状态（state）用于代表不同的绝对拷贝数目出现的可能性，状态之间的转换（transition）概率用于片段分割（如从 bin i 状态转换出去表明 bin $i-1$ 和 i 分别属于两个不同的片段）。

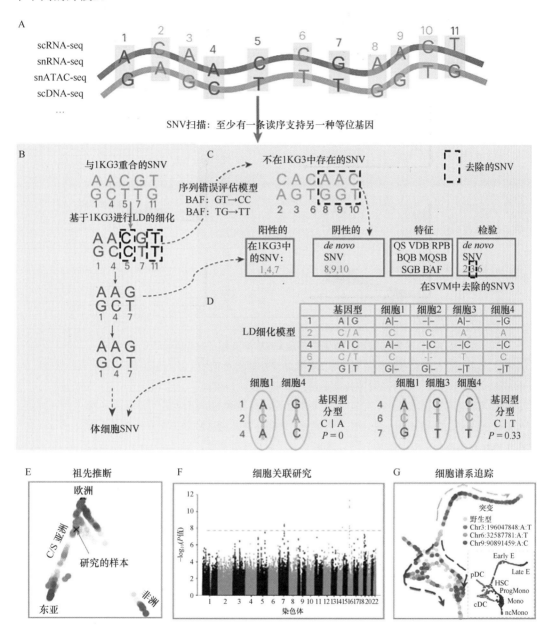

图 8-1 Monopogen 分析流程概述（Dou et al., 2023）

A. Monopogen 的应用数据类型，从这些数据比对后的 bam 文件开始；B. 对于在外部参考图谱中出现的 SNV，根据参考图谱的连锁不平衡估计基因型出现的误差；C. 对于在外部参考图谱中未出现的 SNV，仅保留测序深度足够且频率较高的；D. 与邻近的体细胞等位基因一起，重新计算 de novo SNV 的连锁不平衡分数，仅保留分数较高的 SNV；E. 祖先推断；F. 细胞关联分析；G. 细胞谱系追踪

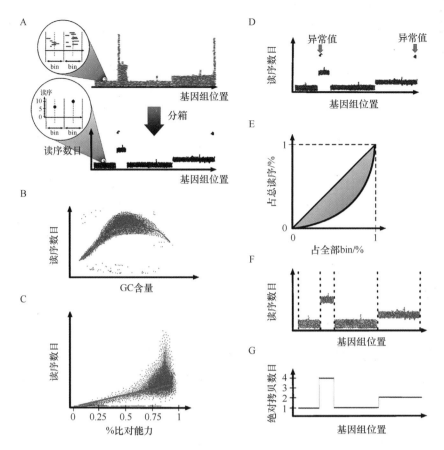

图 8-2　从单细胞测序数据中鉴定 CNV 的流程（Mallory et al.，2020）

A. 分箱：每个 bin 中的读序数目（底部图）是根据读序的比对位置（顶部图）计算得到。B. GC 校正：每个 bin 的读序数目与 GC 含量对应的散点图，红线代表回归曲线。C. 比对能力校正：每个 bin 的读序数目与比对能力对应的散点图，红线代表回归曲线。D. 异常 bin 的去除：每个 bin 的读序数目与基因组位置的散点图。E. 异常细胞的去除：所有 bin 中读序数目的洛伦兹曲线；对角线和洛伦兹曲线之间突出显示部分的面积（蓝色部分）×2=基尼系数，基尼系数越高，越有可能是异常细胞。F. 片段分割：每个 bin 中读序数目与对应基因组位置的散点图，垂直虚线代表片段的边界。G. 绝对拷贝数目的计算：拷贝数目非负整数

（3）拷贝数目的整数化　　除了基于 HMM 的方法会在进行片段分割的同时进行绝对拷贝数目的鉴定之外，其他方法都需要进一步处理。在已知 DNA 倍性信息的情况下（如流式细胞术数据），对每个片段的读序，在乘以全基因组的倍性之后，再除以基因组的平均读序数目进行绝对拷贝数的计算。当没有 DNA 的倍性信息时，则需要对拷贝数的乘数（multiplier）进行寻找，使每个 bin 中的读序数目达到与其最近的整数最为接近的状态。另外，基于 HMM 的方法在上一步进行片段分割的同时会生成绝对的拷贝数目，因此，在利用这些方法时，需要对倍性进行准确选择。

在获得准确的 CNV 数目之后，也可以基于一些群体遗传学和演化生物学方法，推断 CNV 的演化路径，包括进化树、祖先的拷贝数状态、演化时间等，以此对癌症发展的具体路径进行推算，加深对肿瘤发展过程的理解。例如，Minussi 等利用高通量 scDNA-seq 对三阴乳腺癌患者的数千个细胞进行拷贝数计算，并通过演化历程的分析发现，在短暂的基因组不稳定后，肿瘤扩张过程伴随持续的拷贝数变化，扩展了对拷贝数演化的认知。这表明肿瘤

发展过程中，不仅在癌细胞早期存在大量染色体重排，而且在早期的不稳定之后，拷贝数的演化仍在持续进行。

二、单细胞基因组拼接

随着高通量测序技术的发展，特别是第三代测序技术发展，测序读序的长度和精度不断提升。目前利用组织样本的单分子、长读长测序已经广泛用于动植物及微生物基因组组装中。为了获得高质量的参考基因组，需要大量的具有相同遗传组分的细胞系或自交系DNA，需要在批量样本中进行 DNA 提取与测序，因此丢失了细胞的异质性信息。考虑到测序成本，大多数单细胞基因组拼接是针对微生物等基因组较小的物种。直到 2022 年，才首次实现了对人类等复杂基因组的单细胞组装。在这个工作中，汤富酬教授实验室基于他们之前开发的长链测序技术 SMOOTH-seq，通过调整 Tn5 转座酶浓度及建库方式，将其应用在PacBio HiFi 和 Oxford ONT 长测序平台上，在单细胞水平完成了具有高连续性的人类基因组组装，并更完整和准确地识别了插入事件和复杂的结构变异。

1. 单细胞微生物组拼接　基于宏基因组的研究，人们在微生物群体的基因组构成、变异及其与宿主健康之间的关系方面取得了一定的进展。但是常规宏基因组研究方法无法获得菌株级别的突变信息，并且难以捕获在菌群中存在的低丰度类群。随着微流控、微孔/微阀等平台的应用，越来越多的研究工作在单细胞（单个微生物）水平上展开，这些方法通过在单个微生物个体上添加特异的条形码序列，并将样本混合在一起进行高通量测序。如第一个基于微液滴开发的方法 SiC-seq，该方法首先将单个细胞封装在熔化的琼脂糖微液滴中，随后聚合形成半渗透基质，这样细菌细胞可以被固定下来，同时试剂可以进入细胞内。随后，研究者利用微孔板对凝胶微液滴进行分选，进一步对 SiC-seq 进行简化，开发了 SAG-gel，在单次试验中即可捕获成百上千个微生物个体。为了更好地利用单细胞微生物组的测序数据，实现从微生物群落进行菌株分辨率基因组的重建，研究者也开发了整合单细胞微生物组及宏基因组测序的工具——SMAGLinker（图 8-3）。SMAGLinker 的具体步骤包括：①单细胞微生物组和宏基因组测序数据预处理与组装；②单细胞组装基因组（single-cell assembled genome，SAG）的过滤与再组装；③基于 SAG 进行宏基因组分类及组装。

（1）单细胞微生物组和宏基因组测序数据预处理与组装　在单细胞微生物组测序的数据分析过程中，首先需要根据不同的条形码，对微生物个体的读序进行区分，并计算条形码在所有测序读序中所占比例，去除某种条形码含量过高或过低的读序。接着，利用 fastp 等软件去除低质量和带接头的序列及人类基因组污染序列，获得 SR。随后，利用 SPAdes 等软件，将同一个条形码的序列组装在一起获得 SAG。而对于宏基因组的测序数据来说，则仅需要对低质量的测序数据、可能的污染进行去除。同时，利用 SPAdes 对 MR 进行从头组装。

（2）SAG 的过滤与再组装　在分别对单细胞测序数据进行初步组装之后，还需要对初始获得的 SAG 进行一系列的过滤，再经过一系列的整合与重新组装之后，获得共组装的 SAG（CoSAG）。在这个步骤中，首先采用 CheckM，过滤完整度低于 10%、污染程度大于 10% 的 SAG。其次将相同物种的 SAG 合并，进行最后的组装。在合并过程中，主要利用 fastANI 对所有 SAG 进行平均核苷酸一致性（average nucleotide identity，ANI）计算，BLASTn 对 CheckM 提取到的单拷贝基因进行同源比较。当 ANI 大于 95%（通用标准）、单拷贝基因同源性大于 99%、四重核苷酸频率相关性大于 90% 时，认为这两个 SAG 来源于同一个物种。最后，过滤掉同时比对上两个 SAG 的读序后，合并同一个物种的 SAG，重新使用 SPAdes 组装，获得 CoSAG。

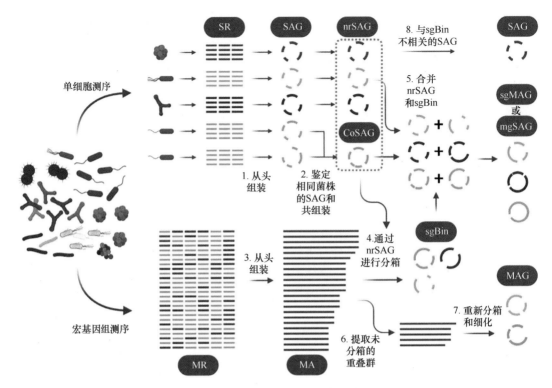

图 8-3 单细胞基因组和宏基因组测序数据整合流程概述（Arikawa et al.，2021）

1.将每个单细胞测序读序（SR）从头组装成一个基因组（SAG）；2.鉴定来自相同菌株的SAG，合并后组装成复合SAG(CoSAG)；3.将每个宏基因组测序读序(MR)从头组装成宏基因组的重叠群(MA)；4.将MA比对到非冗余的SAG（nrSAG）中得到SAG为基础的分箱结果（sgBin）；5.合并成对的nrSAG和sgBin,得到SAG为基础的宏基因组组装结果(sgMAG)或者宏基因组为基础的SAG(mgSAG)；6.提取未分箱的MA重叠群；7.重新对未被分箱的MA进行bin的细分；8.最终获得的四种类型的基因组草图（SAG、sgMAG、mgSAG 和 MAG）

（3）基于SAG进行宏基因组分类及组装 为了获得微生物物种级别的基因组组装结果，需要同时利用单细胞和宏基因组信息，以提高组装质量。在这个过程中，首先将MA比对到菌株特异的nrSAG上，与nrSAG一致性大于99%的MA重叠群会被用于sgBin的构建。随后，评估nrSAG和sgBin两种组装结果的完整性，在去除长度小于10kb的次要组装结果（完整性更低的组装结果）后，将主要和次要组装结果整合，生成最后的sgMAG或mgSAG。

此外，在2022年，Zheng等开发了Microbe-seq，提升单细胞微生物组测序通量和对复杂微生物群落分析的有效性后，开发了一种不参考外部基因组进行物种级别微生物基因组组装的流程（图8-4）。与联合宏基因组进行组装不同，利用SPAdes获得初始SAG后，该流程会直接利用sourmash（基于*k*-mer分析方法）快速比较这些初始组装基因组的相似程度，并利用SciPy（基于层级聚类的方法）对SAG进行分箱（划分成不同的bin）。接着，来自同一个bin的所有序列（多个SAG）混合，重新组装，获得一个"不确定基因组"。对这些"不确定基因组"再次进行污染检查、相似性计算、聚类、bin的划分、基因组组装这些步骤，获得仅包含一个物种的bin后，进行最终组装。

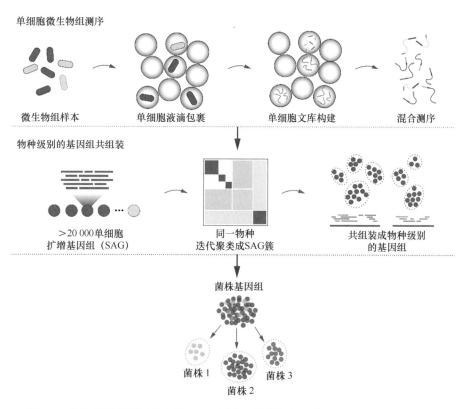

单细胞微生物组测序

微生物组样本 → 单细胞液滴包裹 → 单细胞文库构建 → 混合测序

物种级别的基因组共组装

>20 000单细胞扩增基因组（SAG） → 同一物种迭代聚类成SAG簇 → 共组装成物种级别的基因组

菌株基因组

菌株1　菌株2　菌株3

图 8-4　微生物组高通量单细胞 DNA 测序及其基因组组装（Zheng et al.，2022）

2. 单细胞基因组长片段拼接　目前单细胞长片段拼接使用的还是基于传统测序数据开发的算法（图 8-5），根据长片段测序平台选择相应的基因组组装方法。例如，利用 PacBio HiFi 平台测序时，选择 hifiasm 和 HiCanu 等工具，利用 Nanopore 平台测序时，则选择 NECAT 和 wtdbg2 等。对于长片段的组装来说，不同组装工具在不同物种中的效果不一。因此，选择组装策略时，通常会尝试现有的所有工具，随后根据相关的评价指标（组装的连续性、完整性、准确性等），选择最优方法，得到重叠群组装的结果。对于 PacBio HiFi 产生的单细胞基因组数据，主要利用 hifiasm、HiCanu、wtdbg2 进行重叠群的组装，其中 hifiasm 的使用最为简单，且内置单倍型分割算法，可直接得到单倍型组装结果。而对于利用 HiCanu 组

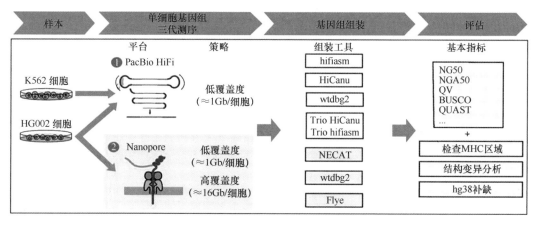

样本 → 单细胞基因组三代测序 → 基因组组装 → 评估

平台　策略

K562 细胞
HG002 细胞

❶ PacBio HiFi
低覆盖度（≈1Gb/细胞）

❷ Nanopore
低覆盖度（≈1Gb/细胞）
高覆盖度（≈16Gb/细胞）

组装工具

hifiasm
HiCanu
wtdbg2
Trio HiCanu
Trio hifiasm
NECAT
wtdbg2
Flye

基本指标

NG50
NGA50
QV
BUSCO
QUAST
...
+
检查MHC区域
结构变异分析
hg38补缺

图 8-5　单细胞基因组测序组装流程（Xie et al.，2022）

装得到的结果，则需要借助 Purge_dups 等工具对原始组装结果进行单倍型划分。此外，也有一些文章报道可利用 wtdbg2 这种基于错误度较高的长片段序列开发的方法对 HiFi 测序数据进行组装。对于 Nanopore 平台产生的单细胞长片段测序数据，可以利用 NECAT、wtdbg2、Flye 等软件进行基因组组装。需要注意的是，Nanopore 平台产生的数据错误率较高，在获得组装结果后，需要根据官方的推荐，利用相应的工具对原始组装结果进行校正。例如，利用 wtdbg2 对 Nanopore 测序数据进行原始组装后，会利用 wtpoa-cns 等工具校正。

与基于传统测序数据进行组装之后的流程一样，对于单细胞基因组数据的组装结果来说，也需要利用相应的工具进行组装质量评估。简单来说，在组装的连续性方面，可以使用 QUAST 软件计算重叠群（contig）的 N50（到达总组装大小一半时，最短的 contig 序列长度）、NG50（到达参考基因组大小一半时，最短的 contig 序列长度）和 NGA50（到达参考基因组大小一半时，比对上的最短区域长度）等指标。而对组装的完整性来说，可以利用 BUSCO 来计算保守的单拷贝基因在组装结果中的出现比例。最后，在评估组装的单个碱基的准确度时，可以利用 Meryqury 等工具计算组装结果和二代测序数据中 k-mer 的一致性质量（QV）。最后，比较不同软件组装结果的统计值，选取最适合该实验设计的组装工具。

三、单细胞三维基因组分析

在人类和其他高等真核生物细胞中，染色体会在细胞核内折叠，使得来自不同基因组位置的区域在空间上靠近，从而产生相互作用。这些基因组的三维结构在 DNA 复制、基因的表达、细胞功能等方面起着重要作用，对个体发育，疾病发生等生物学过程具有重要影响。为了对全基因组染色质之间的相互作用进行检测，科学家们开发了大量的方法，如对染色体上两个相互作用的 DNA 进行捕获的 Hi-C，通过免疫沉淀法设计抗体靶向特定蛋白质上相互作用 DNA 片段的 ChIA-PET 等，在不同尺度揭示了高阶染色质的空间结构（如 A/B 区室、亚区室、拓扑结构域、亚拓扑结构域和染色质环）（详见第二章）。

近年来，根据单细胞染色质交互数据的特征，研究者们开发了多种计算工具用于数据降维和补缺。这些工具包括利用多维缩放模型的 HiCRep/MDS、基于重启随机游走算法 RWR 的 scHiCluster、深度生成算法的 3DVI、超图神经网络的 Higashi 及张量分解和部分重启随机游走算法的 Fast-Higashi 等。它们在解释单细胞 Hi-C 数据上取得了显著的成效。在本节中，我们主要针对单细胞 Hi-C 数据分析的基本流程展开，具体包括原始数据的处理、互作矩阵的生成、降维分析及三维基因组精细结构的鉴定（图 8-6）。

（1）原始数据的过滤与参考基因组连配　　由于目前的单细胞 Hi-C 测序建库方法大多存在差异，所以在拿到原始测序文件后，需要针对不同的建库方法进行不同的质控处理。当建库过程只对染色质交互信息进行捕获时，可以根据选用的具体细胞条形码信息，对来自不同细胞的读序进行区分，同时去除测序的接头、低质量的碱基及读序数目较低的细胞。当同时对发生染色质交互的 DNA 片段和其他信息（如 RNA、甲基化等）进行测定时，则需根据 DNA 序列和其他序列上特有的标签信息，将测序数据进行划分，同时过滤掉读序数目较低的细胞。在获得高质量的测序数据后，需要将测序片段比对到参考基因组上，以便进行后续的分析工作。与之前在传统测序数据中使用的分析工具一样，目前单细胞 Hi-C 数据与参考基因组的比对，还是利用 BWA 和 STAR 等工具，随后通过 SAMtools 保留唯一比对的片段。此外，在一些分析中，会进一步计算顺式调控和反式调控的读序比例，去除反式调控占比很高的细胞。

（2）染色质交互图谱的构建　　与传统 Hi-C 测序数据的处理流程一样，在经过参考基

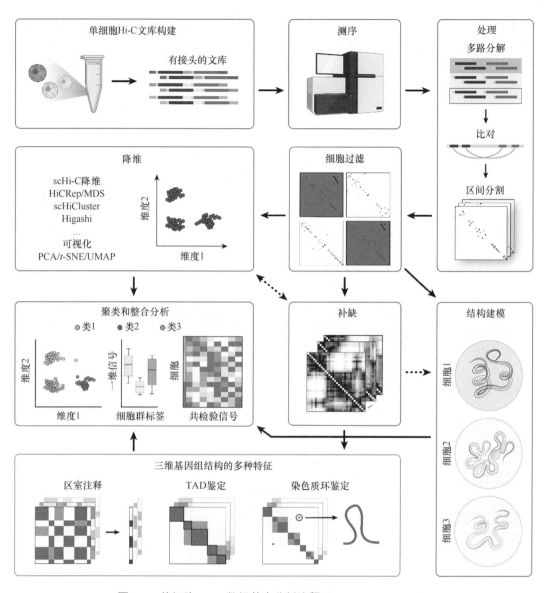

图 8-6 单细胞 Hi-C 数据基本分析流程（Zhou et al.，2021）

因组的比对之后，每一个细胞的读序会在给定大小的基因组区间（bin）上，被整合在一起生成染色质交互矩阵。在交互矩阵中，每一个固定的 bin 都反映了对应基因组区间中的相互作用频率。在构建染色质交互矩阵的过程中，最为重要的是选择合适大小的 bin，即在一定分辨率下，对基因组的交互情况进行分析。当选择低分辨率时（大的 bin），虽然降低了单细胞染色质交互矩阵的复杂性，但是却无法对染色质的高级三维结构（如拓扑结构域、染色质环等）进行分析。反之，当选择高的分辨率时（小的 bin），虽然可以对更精细的三维结构进行分析，但同时也为处理高维度、稀疏的单细胞染色质交互图谱的方法提出了更高的要求。目前并没有合适的方法进行分辨率大小的确定，研究者们还是基于测序的深度及相关的经验进行选定。

（3）降维分析　　对于单细胞 Hi-C 的数据来说，交互矩阵的降维是后续进行分析及解释数据的基石，降维分析可以帮助研究者迅速从复杂的 scHi-C 数据集中捕获到其内在的特征。现有的代表性计算方法主要分为两类：两步法和基于超图的方法。

在两步法中，单细胞二维交互矩阵首先被转化成一维的向量，接着应用现有方法计算特征向量，尽可能多地保留低维度的代表性信息。这些方法通常会在第一步中考虑 scHi-C 数据的稀疏性和拓扑特征，并在第二步使用合适的方法进行降维。例如，最早针对 scHi-C 数据开发的降维方法 HiCRep/MDS，该方法首先利用 HiCRep 计算单细胞交互矩阵之间的相似性，在将二维交互矩阵转换成一维向量的同时，减缓 scHi-C 矩阵稀疏性对后续的影响，接着在第二步中使用多维缩放方法（MDS）实现单细胞数据的降维。但这种方法计算了所有细胞对之间的相似性，计算时间会随着细胞数的增多呈指数增长，限制了其在大型数据集中的应用。随后开发的 scHiCluster 则首先采用线性卷积和重启随机游走方法对单细胞交互矩阵进行补缺，以此来降低交互矩阵稀疏性带来的影响。此外，scHiCluster 在后续的分析中仅保留了前 20% 的交互，并在降低每个细胞测序深度的影响后将矩阵转换成一维的特征向量。最后，scHiCluster 使用主成分分析（PCA）进行降维。相较 HiCRep/MDS，scHiCluster 的计算效果更好且效率更高。

在基于超图学习框架设计的 Higashi 算法中，主要使用超图（hypergraph）对 scHi-C 数据集进行表征（图 8-7）。超图中存在两类节点（node）：细胞节点和基因组 bin 节点，细胞节点代表细胞，基因组 bin 节点代表基因组位置。如果一个细胞节点中的两个 bin 节点存在互作，则使用超边（hyperedge）进行连接。不同于两步法中先生成包含结构信息的特征向量再对特征向量进行降维，在超图学习框架的方法中，直接实现了 scHi-C 数据的嵌入与补缺，并对单个细胞之间潜在的相关性进行合并，相较于两步法可以更好地对细胞之间的交互差异进行比较分析。

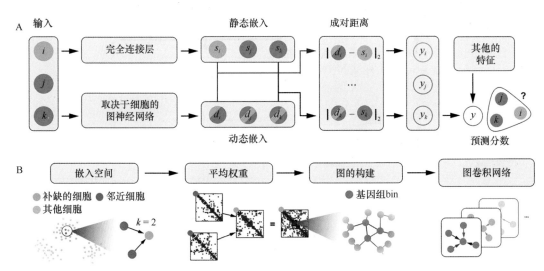

图 8-7　Higashi 算法的超图神经网络结构（Zhang et al.，2022）

A. 输入的三联体包括一个细胞节点和两个 bin 节点，其通过网络的两条分支分别生成每一个节点的静态和动态嵌入，随后计算动态和静态嵌入之间的成对距离，这些成对距离进一步与其他的基因组特征（如基因组的距离）相结合，生成三联体的最终预测分数，用于表示单细胞接触图谱中条目出现的概率；B. Higashi 中细胞依赖的图神经网络，在嵌入空间中选择 k 个最近的细胞进行训练和补缺，将相邻细胞的接触图谱和补缺的细胞联合起来构建细胞依赖图（节点代表基因组 bin），这个图及其 bin 节点的特征属性被用作图神经网络的输入

（4）染色质结构特征的鉴定　为了更好地对单细胞之间的差异进行比较，需要对染色质结构信息进行鉴定，如活性/惰性区室（A/B compartment）、拓扑相关结构域、染色质环

（chromatin loop）等。以下详细介绍这些染色质精细结构的鉴定方法。

1）活性/惰性区室鉴定。2009 年，Lieberman-Aiden 等提出了一种迄今为止在传统测序中广泛使用的 A/B 区室计算方法，即首先将 Hi-C 交互矩阵进行均一化并将其转换成皮尔逊相关性矩阵，接着对这个矩阵进行主成分分析，将第一个主成分（PC1）用于 A/B 区室的鉴定，但是这种方法并不适用于稀疏的 scHi-C 数据。因此，为了更好地在单个细胞之间进行 A/B 区室的比较，Zhang 等在 2022 年开发了一种新的方法——Higashi，来对单个细胞的 A/B 区室进行计算。该方法的主要实现步骤如下：①对每一个细胞的交互矩阵均一化，并将其转换成皮尔逊相关性矩阵；②对混合在一起的 scHi-C（pooled scHi-C）交互矩阵进行 PCA 分析，并保存相应 PCA 映射矩阵；③利用这个 pooled scHi-C 映射矩阵，将单个细胞的皮尔逊相关矩阵转换成连续的一维向量。通过以上处理，Higashi 对不同细胞区室之间的微小差别进行捕捉。同时，在 scHiCluster 分析流程中，推荐使用 Higashi 来区分 scHi-C 数据中的 A/B 区室。

2）拓扑相关结构域（topologically associating domain，TAD）鉴定。在单个细胞中，是否存在 TAD 仍然未知，但最近开展的多重三维基因组成像的工作表明，单细胞中存在与传统方法鉴定到的 TAD 类似的结构（TAD-like structure，TLS）。因此，基于稀疏的 scHi-C 数据对这种结构及其与 TAD 的相关性进行分析，可以更好地理解三维基因组的动态性及异质性。scHiCluster 整合了为传统 Hi-C 开发的软件——TopDom，来对每一个细胞进行 TLS 的鉴定。TopDom 首先基于给定的窗口值，计算每一个 bin 的信号值（binSignal），并将局部 binSignal 最小窗口作为 TAD 的边界，最后使用统计检验方法过滤掉可能的假阳性结果。虽然 TopDom 在现有传统 Hi-C 数据的 TAD 鉴定上具有明显优势，但这种方法在 scHi-C 数据中鉴定到的 TLS 仅仅适用于测序深度较高的场景。在 Higashi 中，研究团队则使用 Crane 等在 2015 年提出的绝缘分数来对 TLS 的边界进行鉴定（图 8-8）。绝缘分数越低，越有可能是 TAD 的边界区。为了对包含数千个细胞的细胞群之间 TLS 的差异进行有效鉴定，研究团队开发了一种新的可扩展的计算策略对上述步骤得到的边界进行"校准"。具体来说，这个校准方法首先鉴定细胞群中共有的边界。随后，将其中的一个共享边界分配给一个细胞，获得细胞的 TLS。

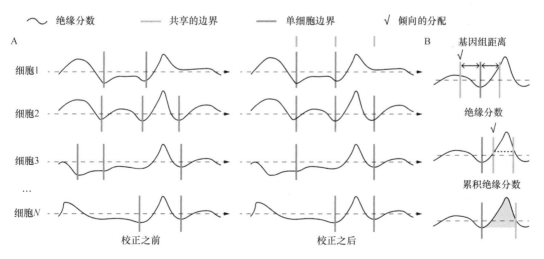

图 8-8　单细胞中 TAD 类似结构边界校正示意图（Zhang et al.，2022）

A. 从 scHi-C 中鉴定到的结构边界的校正；B. 在给定绝缘分数下比较两个结构域边界的不同测量指标

3）染色质环的鉴定。从稀疏的单细胞数据中进行染色质环的鉴定十分困难。一种简单的方法是利用传统测序数据中获得的染色质环结果，在每个细胞中验证这些染色质环的存在与否，但这种方法无法实现单细胞特有染色质环的分析。近年来，研究者们也开发了一些直接在单细胞 Hi-C 数据中进行染色质环鉴定的工具，如 Yu 等在 2021 年开发的 SnapHiC 算法（图 8-9）。相较于传统 Hi-C 数据中常用的染色质环检测方法 HiCCUPS，SnapHiC 可在任意细胞数目下、任意精度下更准确地鉴定染色质环数目。在这个工具中，开发团队首先使用重启随机游走算法，以 10kb 为 bin 在每一个细胞中计算染色体内的互作概率。接着，团队基于基因组的线性距离对补缺后 scHi-C 交互矩阵进行均一化，并应用成对 t 检验（paired t-test）鉴定细胞群体中具有更高接触概率的 bin 作为候选的染色质环。为了进一步降低假阳性，SnapHiC 仅在一对经过 bin 均一化的接触概率显著高于基于整体或者本地背景下的概率时才将其识别为染色质环。最后，SnapHiC 将候选染色质环分成不同簇（cluster），并鉴定每一个簇中最显著的染色质环。在 SnapHiC 中，每个细胞被视为单独的数据集，而不是整合成假定的批量数据（pseudo bulk data）。因此，即便在细胞数很少的时

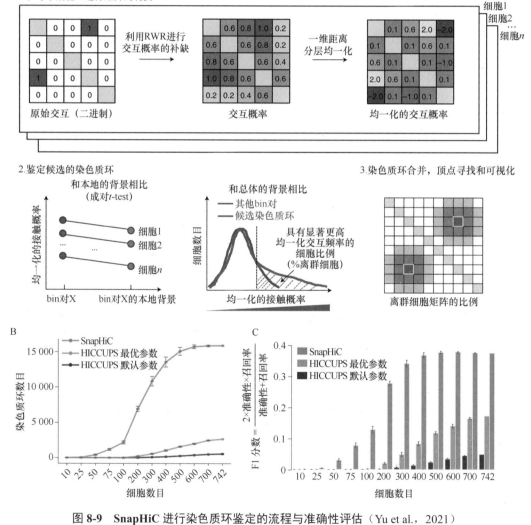

图 8-9　SnapHiC 进行染色质环鉴定的流程与准确性评估（Yu et al.，2021）

A. SnapHiC 流程概述（RWR 表示重启随机游走算法）；B. 不同细胞数目下，使用 SnapHiC 和 HICCUPS（默认和最优参数下）鉴定到的染色质环的数目（10kb 精度）；C. 不同细胞数目下，使用 SnapHiC 和 HICCUPS（默认和最优参数下）鉴定到的染色质环的 F1 分数（10kb 精度）

候，SnapHiC 仍然可以对细胞群之间互作频率的变异程度进行评估，并提升染色质环检测的统计效力。

scHi-C 技术的出现使得研究者们可以在单个细胞中对基因组的三维结构进行检测。但是，在稀有细胞类型的分析、内存有限和大数据集下，目前的方法仍有一定局限性。卡内基梅隆大学的 Jian Ma 团队在其 Higashi 算法基础上，于 2022 年又开发了基于张量分解模型的 Fast-Higashi 分析工具。在这个模型中，该团队提出了一个单细胞三维基因组分析的新理论——染色质宏互作（chromatin meta-interaction），代表染色质相互作用的组合，该组合可以作为识别细胞类型的信息标签。通过这一定义，将细胞身份与染色质的互作进行了联合，为 scHi-C 数据分析的效率和可解释性提供了一个有效的方法。通过利用大量现有的 scHi-C 数据集，该团队对 Fast-Higashi 进行了评估，发现 Fast-Higashi 不论在运行速度上，还是在稀有细胞类型解释的效力上，相对于现有方法都具有明显优势，其速度相较于 Higashi 提升了 9 倍。随着在复杂组织中更大细胞数目 scHi-C 数据集的出现，Fast-Higashi 可能为解释复杂生物学模型下的三维基因组结构提供了一种有效的解决方案。

第二节　单细胞表观组分析

经典遗传学是指由于基因序列改变（如基因突变等）所引起的基因功能的变化，进而导致表型发生可遗传的改变。但许多现象无法用该理论解释，如基因序列完全相同的两个个体仍会有部分性状不同。1942 年，Conrad Waddington 最早提出"表观遗传学"这一概念，用于定义并解释基因型未发生改变而表型改变的现象。表观组学是在基因组或转录组水平研究表观遗传的学科，分为表观基因组（epigenome）和表观转录组（epitranscriptome）。表观基因组是指独立于基因组序列之外的修饰信息，包括 DNA 修饰（如 5mC、5hmC、6mA 等）、组蛋白修饰（如 H3K27me3、H3K4me3、H3K27ac 等）、染色质结构变化（染色质可及性）等。表观转录组是指所有转录后的、不改变 RNA 序列的修饰，目前已在 RNA 上发现超过 100 种化学修饰，包括 6mA、m1A、5mC、假尿苷等。单细胞表观组是在单细胞水平来解析表观基因组或表观转录组。本节内容主要讲述单细胞染色质可及性和单细胞 DNA 甲基化数据分析流程，相关测序技术介绍详见本书第二章。

一、单细胞染色质可及性分析

细胞是生命活动的基本单位，真核生物细胞核内的染色体是遗传信息的载体，由 DNA、组蛋白和非组蛋白等成分凝聚浓缩而成。当基因开始转录，DNA 必须从高度压缩折叠结构变成松散状态，从而允许各种调控元件（如启动子、增强子等）结合并调控基因的表达。基因组中的某些区域在特定条件下被蛋白复合物（如转录因子等）结合的难易及程度即为染色质可及性（chromatin accessibility）。因此，染色质可及性与转录调控密切相关。研究发现，真核生物基因组内大部分非编码区域会发生转录，这些区域表达了大量调控元件。研究染色质可及性是表观遗传学领域的重要组成部分，采用的方法包括全基因组范围内进行高通量测序，如 MNase-seq、DNase-seq 和 FAIRE-seq 等。这三种技术都有各自的局限性，通常需要大量的起始细胞数，而且样品制备过程非常复杂耗时，并且不能观察不同细胞群之间的异质性。2013 年，Buenrostro 等开发了一种研究表观遗传的创新型技术 ATAC-seq（assay for transposase-accessible chromatin with high-throughput sequencing），能够克服前述技术的局限，从全基因组范围内对表观遗传的整体进行分析。它利用 Tn5 转座酶可以结合到染色质的开放区域的特点，将它与已知的 DNA 序列标签连接，作为探针捕获、切割 DNA 序列再测序来定位染色质可及性区段。后续可以通过评估 DNA 上染色质的开放区域研究基因的表达调控机制，从而揭示细胞中哪些基因处于激活状态。

scATAC-seq 将传统 ATAC-seq 与单细胞分离技术相结合，实现了在单细胞层面对染色质可及性的探索。目前已经被商业化并广泛应用的 scATAC-seq 技术是基于 10X Genomics 公司推出的微流控技术原理的"Chromium Single Cell ATAC"。

scATAC-seq 和 scRNA-seq 测序技术从两个不同的角度对基因的表达和调控进行解析。两者对样本质量的要求不同，scRNA-seq 往往需要从活体细胞中提取细胞质里的 RNA 转录物（另有单细胞核转录组测序，即 snRNA-seq，提取的是细胞核内的 RNA 转录物），而 scATAC-seq 提取的是细胞核内的 DNA，对细胞状态的活性要求相对较低。scATAC-seq 的特点：细胞容易获取，样本制备简单，研究范围较广；可以观测到细胞全基因组表观 ATAC 的整体变化；可以进行转录因子、功能域基序（motif）等转录调控方面的分析。

（一）分析方法

与 scRNA-seq 数据类似，scATAC-seq 数据分析分为原始测序数据预处理、基础分析和高级分析三个部分（图 8-10）。

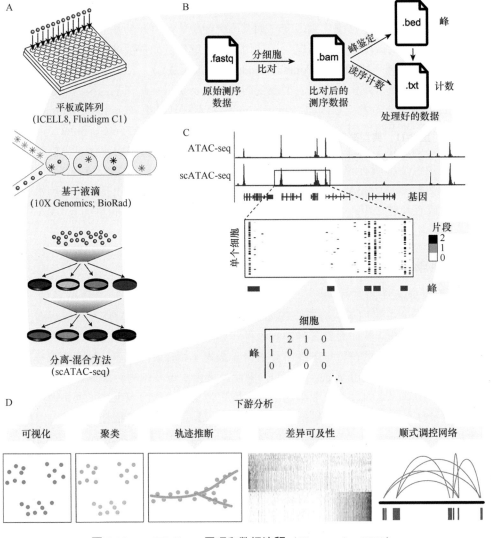

图 8-10　scATAC-seq 原理和数据流程（Chen et al.，2019）

1. 预处理　　scATAC-seq 数据的预处理主要目的是将测序产生的读序（fastq 格式文件）转换成为"特征峰-细胞"矩阵。原始测序读序的质量检测、接头处理、根据条形码区分细胞、参考基因组比对等流程与 scRNA-seq 数据的分析过程和方法类似。需要注意的是 scATAC-seq 与 scRNA-seq 的建库策略不同，因此去接头时需要提供的接头序列不同。

高质量测序读序比对到参考基因组之后得到比对结果文件（bam 格式文件），可以通过统计比对结果中的唯一比对率、重复读序比例、片段大小的分布来判断测序质量的好坏。唯一比对率越高、重复读序比例越低，说明数据质量越高。此外，高质量 ATAC-seq 数据的片段大小比例会随着距离的增加而逐渐降低（图 8-11A），在没有核小体的区域（nucleosome free region，NFR，小于 100bp）、单核小体（约 200bp）、双核小体（约 400bp）、三核小体（约 600bp）的位置可能都会有峰。另一方面，正常情况下，NFR 片段应该在转录起始位点（TSS）附近富集，相反，结合核小体的片段在 TSS 侧翼相对富集（图 8-11B）。

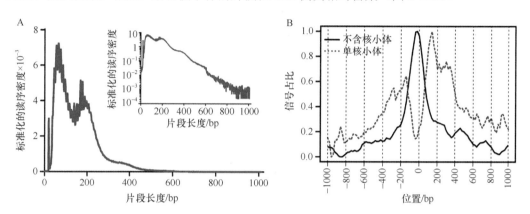

图 8-11　典型高质量 ATAC 测序数据的片段大小分布（Yan et al.，2020）
A. ATAC-seq 读序片段富集在 100bp 和 200bp 附近，分别表明无核小体结合和单核小体结合的片段，其中横坐标为片段长度，纵坐标为读序密度（两张图表示两者不同刻度的纵坐标）；B. 不含核小体的片段（黑色）在 TSS 富集，而单核小体的片段（红色）在 TSS 侧翼区域富集

与 scRNA-seq 数据分析不同的是，需要对 scATAC-seq 数据进行染色质开放区域峰识别（peak calling）和峰注释（peak annotation）。染色质开放区域峰识别和峰注释即构建"特征峰-细胞"矩阵的行，scRNA-seq 数据矩阵的行是基因名，而 scATAC-seq 数据矩阵的行是基因区段，需要根据这些基因区段的位置信息再将其与基因联系起来。

2. 基础分析　　基础分析是指从"特征峰-细胞"矩阵得到细胞类型注释信息的过程。具体包括矩阵质控、标准化、降维、聚类、细胞类型注释。

矩阵质控的指标有核小体带型（nucleosome banding pattern）、转录起始位点富集分值（TSS enrichment score）、比对到峰上的片段数量/比例（total number / fraction of fragments in peaks）、比对到基因组黑名单区域的读序比例（ratio reads in genomic blacklist regions）等。核小体带型指标量化每个单细胞中核小体带与无核小体片段的近似比率，该比值越小越好。由于染色质是缠绕在组蛋白上形成核小体的，转座酶切割染色质的时候是避开核小体区域的；而核小体的体积是固定的，因此核小体附近切割下来的片段长度是 200bp 的倍数，也就是插入长度 200bp、400bp、600bp 等的读序为核小体缠绕片段。转录起始位点富集分值计算的是覆盖 TSS 的片段数量和 TSS 侧翼区域片段数量的比值，该值越大越好。比对到峰上的片段数量/比例，该值适中即可。如果片段数量太低，表示这个细胞没有测到足够多的读序数，是低质量细胞；如果片段数量太高，表示该样本细胞可能是双细胞核或多细胞核。比对到基因组黑名单区域的读序比例主要参考 ENCODE 数据库提供的黑名单区域列表,这些区域通常与人为信号相关。读序比对到这些区域的比例较高的细胞(与比对到峰值区域比例相比)通常为技术误差,应将其删除。

标准化和降维结果直接影响 scATAC-seq 数据的下游分析。与 scRNA-seq 相比,scATAC-seq 数据具有更高的稀疏性,scATAC-seq 测的是 DNA 序列,对于二倍体物种来说,同一个位置最多有两套 DNA 序列;而 scRNA-seq 测的是 RNA 序列,表达量高的基因往往有多个转录物,更容易测到。目前对于 scATAC-seq 数据常用的标准化方法是 TF-IDF(term frequency-inverse document frequency)法,简称文档频率法。TF-IDF 是一种用于信息检索与数据挖掘的常用加权技术。其中 TF 是词频,IDF 是逆文本频率指数;单个词汇在一篇文章中出现的次数越多越重要。降维方法采用的是 LSI(latent semantic indexing),即潜在语义索引,也叫潜在语义分析(LSA),是一种简单实用的主题模型。LSI 是基于奇异值分解(singular value decomposition,SVD)的方法来得到文本主题。所有高维数据都可以通过降维到达低维水平,并且还可再降维成两个或三个维度进行可视化(如 t-SNE 和 UMAP)。

聚类方法方面,与 scRNA-seq 数据分析类似,降维后的 scATAC-seq 数据也同样可以采取图聚类的方法。图聚类算法包括两步:首先用降维(PCA 或者 LSI)的数据构建一个细胞间的 K 最近邻稀疏矩阵,即将一个细胞与其欧几里得距离上最近的 K 个细胞聚为一类,然后在此基础上用 Louvain 算法进行模块优化,旨在找到图中高度连接的模块。最后通过层次聚类将位于同一区域内没有差异表达基因的簇进一步融合,重复该过程直到没有簇可以合并。

细胞类型注释方面,目前主要有两种策略来注释 scATAC-seq 数据。第一种基于不同簇之间的差异峰;第二种基于标准单细胞表达图谱的整合(即已知注释信息的 scRNA-seq 数据)。第一种方法需要参考相关数据库或查阅相关文献,如关于细胞类型特定基因组特征(如转录因子基序、增强子、启动子);也可以通过染色质可及性来推断对应基因的表达水平,从而将"峰-细胞"矩阵转化成"基因-细胞"表达矩阵。第二种方法需要高质量的标准单细胞表达图谱及合适的算法(如 MNN)将细胞标记从 scRNA-seq 数据转移到 scATAC-seq 数据。

3. 高级分析　　scATAC-seq 数据的高级分析,可以进行染色质可及性的动态研究。通过识别差异性可及性区域(differentially accessible region,DAR)、拟时序轨迹推断和染色质共可及性来推断细胞的发育轨迹。差异性可及性区域的识别可以采用多种统计检验方法,包括二项式检验、负二项广义线性模型、Wald 检验、Fisher 精确检验等,并采用 Benjamini-Hochberg 或 Bonferroni 进行校正。scATAC-seq 数据的轨迹分析与 scRNA-seq 类似,由于染色质可及性在细胞群中也会不断变化,因此同样可以利用细胞的拟时序重建分化过程或细胞谱系。最后通过不同基因组区域的染色质共可及性(类似于基因共表达)来分析不同基因元件之间的相互作用,构建调控网络。

随着适用于 scATAC-seq 数据的分析软件不断增加,我们将能够从单细胞染色质可及性数据中挖掘到更多信息。

(二)分析工具

1. 预处理分析工具　　对于测序原始数据的预处理,scATAC-seq 数据分析与 scRNA-seq 类似,bcl2fastq 软件可以将 Illumina 二代测序仪器的原始光信号转化为碱基序列;接头处理常用工具为 AdapterRemoval、Trimmomatic、Cutadapt 等,这些软件都可以去除原始测序中的低质量序列和接头序列;序列比对常用工具为 Bowtie2、BWA 和 STAR 等。

Cell Ranger ATAC 是由 10X Genomics 官方提供的处理单细胞 ATAC 数据的流程软件。

Cell Ranger ATAC 主要包括四个与单细胞 ATAC 数据分析相关的功能模块：mkref（建库）、count（数据分析）、aggr（整合多样本）和 reanalyze（重新分析 count 和 aggr 模块产生的数据）。Cell Ranger ATAC 软件能够直接从测序原始数据最后生成"峰-细胞"矩阵，其优势为使用便捷，局限性是只能用于 10X Genomics 平台产生的数据，而不能适用于其他测序平台产生的数据。

2. 基础和高级分析工具　　可用于单细胞 ATAC 数据分析的生信工具很多，利用的语言和功能等各有不同（表 8-2）。以下简要介绍部分工具。

1）ChromVAR（Schep et al.，2017）是一个 R 包，用于分析单细胞或普通 ATAC 或 DNAse-seq 数据。该方法通过估计共享相同基序或注释的峰内可及性的获得或损失来分析稀疏染色质可及性数据，同时控制技术偏差。ChromVAR 能够准确聚类 scATAC-seq 图谱，并且可以表征与染色质可及性变化相关的已知的和新的序列基序。

2）SCRAT（Ji et al.，2017）是一个具有图形用户界面的单细胞调控组数据分析工具包，该方法利用单细胞调控数据来研究细胞的异质性。SCRAT 可根据不同特征（如基因集、转录因子结合基序位点等）来分析调节活性。使用这些特征，用户可以识别生物样本中的细胞簇，推断每个簇的细胞身份，并发现在簇中表现出不同活性的特征，即基因集或转录因子。

3）scABC（Zamanighomi et al.，2018）是一种用于单细胞表观遗传学数据的无监督聚类的 R 包，其对 scATAC-seq 数据进行聚类，并发现细胞类型特异的开放染色质区域。

4）Cicero（Pliner et al.，2018）是一种基于 scATAC-seq 数据来识别共可及元件的算法，从而将调节元件与其假定的靶基因联系起来。该方法可以在全基因组范围内剖析顺式调控的结构、序列决定因素和机制。

5）Scasat（Baker et al.，2019）包括处理 scATAC-seq 数据的完整流程。Scasat 将数据视为二进制数据，并应用特别适用于二进制数据的统计方法。该流程是在 Jupyter notebook 环境中开发的，该环境包含可执行代码及必要的描述和结果。Scasat 方法稳健、灵活、交互式且易于扩展。Scasat 使用了一种基于信息增益（information gain）的新的差异可及性分析方法，以识别细胞特有的峰值。Scasat 的分析结果表明，与潜在调控元件相对应的开放染色质位置可以解释细胞的异质性，并可以识别将细胞从复杂群体中分离出来的调控区域。

6）cisTopic（Bravo González-Blas et al.，2019）是一个概率框架，用于从稀疏的单细胞表观基因组学数据中同时发现可获得的增强子和稳定的细胞状态。cisTopic 提供了对细胞群体中潜在的调节异质性机制的深入了解。

7）SnapATAC（Fang et al.，2021）是一个用于分析 scATAC-seq 数据集的软件包。SnapATAC 以无偏的方式剖析细胞异质性，并绘制细胞状态的轨迹图。使用 Nyström 方法，SnapATAC 可以处理多达一百万个细胞的数据。此外，SnapATAC 将现有工具集成到一个综合包中，用于分析单细胞 ATAC-seq 数据集。为了证明其实用性，SnapATAC 应用于小鼠次级运动皮层的 55 592 个单核 ATAC-seq 图谱。该分析揭示了该脑区 31 个不同细胞群中约 370 000 个候选调控元件，并推断出候选细胞类型特异性转录调控因子。

8）epiScanpy（Danese et al.，2021）是一个用于分析单细胞表观基因组数据的工具包，即单细胞 DNA 甲基化和单细胞 ATAC-seq 数据。为了解决表观基因组学数据中的模态特异性挑战，epiScanpy 使用多个特征空间结构量化表观基因组，并使用细胞之间的表观基因组距离构建最近邻图。epiScanpy 使目前许多现有 scRNA-seq 工作流程用于其他组学模式的大规模单细胞数据，包括常见的聚类、降维、细胞类型识别和轨迹学习技术的方法，以及用于 scATAC-seq 数据集的图谱整合工具。该工具包还具有许多有用的下游功能，如差异甲基化和差异染色质开放性、将表观基因组特征映射到最近的基因、使用染色质开放性构建基因活

表 8-2　scATAC-seq 分析软件工具比较（Baek and Lee，2020）

工具名称	平台	特征矩阵	前处理	聚类	DAR	基序、k-mer	基因活性	共可及性	拟时序	通路分析	富集分析	整合 scRNA
ChromVAR	R	TF 基序、k-mer	√	√		√						
SCRAT	R、Web	选择的基序	√	√	√							
scABC	R	峰	√	√	√	√ (ChromVAR)						
Cicero	R	TSS	√	√	√			√	√			
Scasat	Python、R	峰	√	√	√					√ (GREAT)		
cisTopic	R	峰	√	√	√	√ (ChromVAR)				√	√	
SnapATAC	Python、R	bin，峰	√	√	√	√ (ChromVAR Homer)	√			√ (GREAT)		√ (Seurat)
epiScanpy	Python	峰	√	√	√							
Destin	R	峰	√	√	√						√	
SCALE	Python	峰	√	√	√	√ (ChromVAR)						
scATAC-pro	Python、R	峰	√	√	√	√ (ChromVAR)	√	√ (Cicero)		√ (GREAT)		
Signac	R	峰	√	√	√	√ (ChromVAR)	√		√			√ (Seurat)
ArchR	R	bin，峰	√	√	√	√ (ChromVARTF footprinting)	√	√	√	√	√	√ (Seurat)

性矩阵。与其他 scATAC-seq 分析工具比较发现，epiScanpy 展示出其在区分细胞类型方面的优异表现。

9）Destin（Urrutia et al.，2019）是一个用于全面 scATAC-seq 数据分析的生物信息学软件和统计框架。Destin 通过加权主成分分析进行细胞类型聚类，通过现有的基因组注释和公开可用的调控数据集对可及的染色质区域进行加权。通过基于模型的似然性来确定权重和附加的调谐参数。与现有方法相比，Destin 在所有数据集和平台上都表现出色。

10）SCALE（Xiong et al.，2019）通过潜在特征提取的方法来进行单细胞 ATAC-seq 数据分析。SCALE 结合了深度生成框架和概率高斯混合模型来学习准确表征 scATAC-seq 数据的潜在特征。SCALE 在 scATAC-seq 数据分析的各个方面都大大优于其他工具，包括可视化、聚类、去噪和插补。重要的是，SCALE 还生成与细胞群体直接相关的可解释特征，并且可处理揭示批次效应。

11）scATAC-pro（Yu et al.，2020）可用于单细胞染色质可及性测序数据的质量评估、分析和可视化。其通过灵活的方法选择，计算一系列质量控制指标，还可以生成用于质量评估和下游分析的汇总报告。

12）Signac（Stuart et al.，2021）是一个用于分析单细胞染色质数据的综合工具包。Signac 能够对单细胞染色质数据进行完整流程分析，包括峰值调用、量化、质量控制、降维、聚类、与单细胞基因表达数据集的整合、DNA 基序分析和交互式可视化。通过与 Seurat 软件包的无缝兼容性，Signac 有助于分析各种多模态单细胞染色质数据，包括与 DNA 可及性同时发生的基因表达、蛋白质丰度和线粒体基因型等。

13）ArchR（Granja et al.，2021）是一个用 R 语言编写的单细胞染色质可及性数据分析的全流程软件，能够快速全面地分析单细胞染色质可及性数据。ArchR 为复杂的单细胞分析提供了一个直观的、以用户为中心的界面，包括双峰去除、单细胞聚类和细胞类型识别、峰区域的生成、细胞轨迹识别、DNA 元件到基因的连接、转录因子足迹、通过染色质可及性和 scRNA-seq 数据的整合预测 mRNA 表达水平等。

二、单细胞甲基化分析

DNA 甲基化（如 5mC）是指在不改变 DNA 序列的情况下对 DNA 结构进行的一种表观遗传学修饰。通过 DNA 甲基化转移酶的作用，DNA 的 CG 两个核苷酸的胞嘧啶被选择性地添加甲基，主要在基因组 CpG 形成 5-甲基胞嘧啶（5-methylcytosine，5mC）。此外还有一些非 CpG 岛区域也可能发生 DNA 甲基化，尤其在某些组织类型和发育阶段中。DNA 甲基化可引起基因组中相应区域染色质结构变化，高度凝缩，失去转录活性，由此影响基因的表达水平。一般情况下，在基因的启动子区域（特别是 CpG 岛附近）的高度甲基化会导致基因的沉默，而低甲基化或非甲基化则有利于基因的表达。这种基因的表达调控方式称为甲基化介导的表观遗传调控。整体而言，DNA 甲基化是高等生物基因组中最重要的 DNA 表观修饰，在基因组稳定性、基因表达调控、细胞命运决定等方面起着关键作用。目前 DNA 甲基化已被确定为识别细胞间差异的有效标记。

随着各种测序技术的开发和发展，从整体水平进行全基因组甲基化位点的检测和变化分析变得非常普遍。包括 CpG 密度、平均甲基化水平分布变化、差异甲基化水平分析再筛选具体差异基因及开展多组学联合分析等。通过开展相关研究，可以更深入地理解表观遗传学调控过程，揭示基因表达调控、细胞发育和疾病发生的机制，也可以通过筛选疾病相关的表观遗传学标记位点作为疾病诊断、分类和预后评估的参考。

简化亚硫酸氢盐测序（reduced representation bisulfite sequencing，RRBS）和全基因组亚

硫酸氢盐测序（whole genome bisulfite sequencing，WGBS）是最普遍使用的传统全基因组甲基化测序方法（图 8-12）。全基因组甲基化测序利用亚硫酸氢盐将未甲基化的胞嘧啶（C）转化为胸腺嘧啶（T），DNA 用亚硫酸氢盐处理后上机测序，根据单个 C 位点上未转化为 T 的读序数目（即甲基化位点）与所有覆盖的读序数目的比例，计算甲基化率。单细胞甲基化测序也主要基于上述两种策略（测序技术详见第二章）。单细胞甲基化数据的主流数据分析与传统甲基化数据分析差异不大。

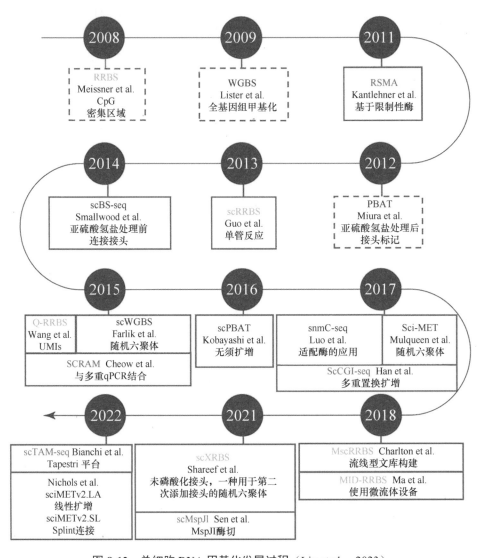

图 8-12　单细胞 DNA 甲基化发展过程（Liu et al.，2023）

单细胞甲基化测序技术将传统甲基化测序技术与单细胞分离技术相结合，实现了从单细胞层面对 DNA 甲基化的探索。例如，基于植入前的胚胎细胞的甲基化特征，利用单细胞甲基化测序，通过对早期胚胎系追踪的研究，研究植入前细胞甲基化的机制及其现象。研究团队观察到非 CpG 甲基化在卵母细胞成熟过程中不断积累，说明非 CpG 甲基化与 CpG 甲基化在卵母细胞成熟过程中的作用不同（Zhu et al.，2017）。DNA 甲基化在未来将有很大的发展前景。国际人类表观基因组学联盟（IHEC）花费大量资源来了解与疾病相关的甲基化模式和不同细胞类型之间的异质性。综合数据的积累可以为 DNA 甲基化研究提供更多可能。

积累的甲基化证据将有可能揭示不同组织类型、不同实验或环境条件，以及癌症等异质性疾病中发生变化的甲基化热点区域。

（一）单细胞甲基化数据分析

单细胞 DNA 甲基化的数据分析从原始序列的质量检测开始，然后是去接头和基因组比对（图 8-13）。在获得基因组比对结果之后，进行两方面分析。一是对测序质量的评估，如

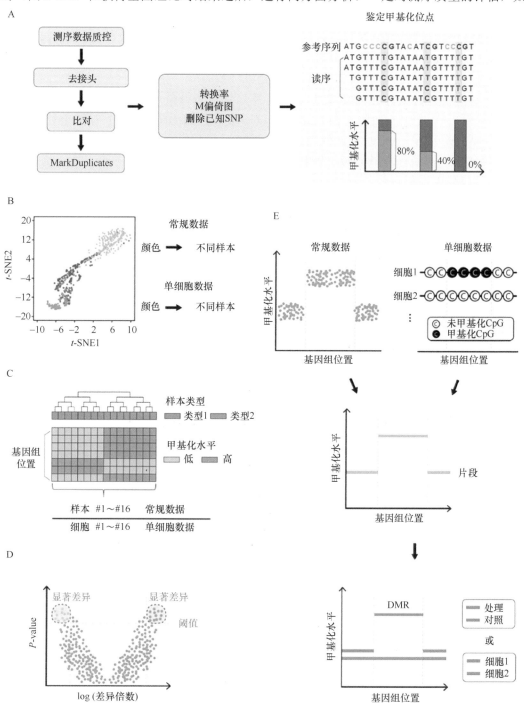

图 8-13　单细胞甲基化数据分析流程（Ahn et al.，2021）

A. 甲基化分析整体流程；B. 可视化；C. 聚类；D. 差异甲基化鉴定；E. 甲基化片段差异甲基化区域（DMR）

计算亚硫酸氢盐的转化率、绘制 M 偏倚（M-bias）图和已知单核苷酸多态性（SNP）位点的去除；二是去除 PCR 引起的序列重复，再进行甲基化位点的鉴定和分析。甲基化位点确定后，可进行可视化、聚类分析和差异甲基化位点或基因的分析。以上分析方法都可以在组织水平和单细胞水平使用。

在进行了包括 RRBS 和 WGBS 在内的测序实验后，需要对序列数据进行预处理。预处理步骤可分为原始读序的质量控制（QC）、低质量读序去除、去接头和高质量读序比对。原始读序的质量控制、低质量读序去除和去接头相关步骤与转录组、染色质可及性数据分析类似，所使用的方法和工具也类似。得到高质量测序读序数据后，应确定亚硫酸氢盐测序的转换效率。通过计算胞嘧啶位置的转换碱基的比例，可以直接从添加的未甲基化的 λ DNA 中获得转换效率。

甲基化测序数据的比对原理主要有两种，分别为通配符（wild-card）比对和三字母（three-letter）比对，如图 8-14 所示。假设一段基因组 DNA 序列上有四个 CpG 位点（图 8-14A，此处为了表示方便，假设该基因组 DNA 的长度为 23bp，实际上一个人类的基因组 DNA 序列大约有 3G 碱基），其甲基化程度分别为 100%、50%、50%、0%，通过亚硫酸氢盐测序得到 8 条读序。

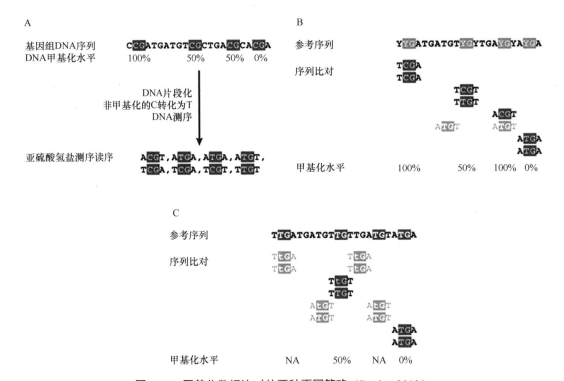

图 8-14　甲基化数据比对的两种不同策略（Bock，2012）

A. 举例说明：假设某段序列上有 4 个 CpG 位点，甲基化程度分别为 100%、50%、50%、0%，亚硫酸氢盐测序得到 8 条读序，读序的长度为 4bp（此处为了更容易可视化而定为 4bp，实际为 50～200bp）；B. 通配符比对结果；C. 三字母比对结果，NA 表示无法确定

若是通配符比对原则（图 8-14B），则用通配符 Y 替换参考基因组序列中的 C（胞嘧啶），其中通配符 Y 可以匹配 C 和 T（胸腺嘧啶）。若读序能够比对到基因组的多个位置，则删除该读序的比对结果。由于计算甲基化水平的时候保留的是唯一比对到基因组的读序，在这种情况下，四个 CpG 位点的甲基化程度分别为 100%、50%、100%、0%。其中

单细胞组学基础

第三个位点的甲基化水平被错误地计算为100%，其原因是删除了一条比对到多个位置的读序。

若是三字母比对原则（图8-14C），则用大写字母T替换参考序列中的C，用小写字母t替换读序中的C。由于只剩下三个字母的碱基，导致序列的复杂性降低，因此大量比对到基因组的多个位置的读序被丢弃。在这种情况下，四个CpG位点的甲基化程度分别为NA、50%、NA、0%。其中比对到第一、三个位点的读序都可以比对到基因组其他位置，因此被删除，导致这两个位点没有读序可以用来计算甲基化水平。

总的来说，通配符比对原则可以实现更高的基因组覆盖率，但是会引入DNA甲基化水平定量的错误；而三字母比对原则降低了基因组和测序读序的序列复杂性，导致大量多比对事件的产生，也因此丢弃了大量因比对位置不明确的读序。

预处理之后的下游分析主要包括甲基化水平计算、甲基化峰富集、差异甲基化区域分析、细胞聚类等。甲基化水平根据未转化为T的C与转化为T的C的读序比例计算得到，常用β值来表征甲基化水平差异，其值计算公式如下：

$$\beta = 甲基化C/（甲基化C+未甲基化C）$$

（二）分析工具和数据库

目前已有多种甲基化测序数据比对软件，不同软件的比对原则和优势不同（表8-3）。以下简要介绍几种工具。

表8-3　甲基化测序数据比对软件（Ahn et al.，2021）

比对软件	比对原则	网址
BSMAP	Wild-card	https://code.google.com/archive/p/bsmap/
RMAP	Wild-card	https://github.com/smithlabcode/rmap
Bismark	Three-letter	https://github.com/FelixKrueger/Bismark
BS-Seeker	Three-letter	version1: https://bmcbioinformatics.biomedcentral.com/articles/10.1186/1471-2105-11-203
		version2: https://github.com/BSSeeker/BSseeker2
		version3: https://github.com/khuang28jhu/bs3/

BSMAP（Xi and Li，2009）结合了基因组哈希（genome hashing）和逐位比对（bitwise masking），实现了快速准确的亚硫酸氢盐测序数据比对。相较其他方法，BSMAP更灵敏。BS-Seeker（Chen et al.，2010）是一种将基因组转换为三字母的方法，并使用Bowtie将亚硫酸氢盐处理后测得的读序与参考基因组比对。它使用序列标签来减少比对的模糊性（即比对到多个基因组位置）。后续处理将会删除非唯一比对和低质量的比对结果。BS-Seeker的速度明显快于RMAP和BSMAP。目前BS-Seeker已经更新到第三个版本（Guo et al.，2013；Huang et al.，2018）。Bismark（Krueger and Andrews，2011）可以在一个方便的步骤中执行读序的基因组映射和甲基化水平定量。该工具分别输出CpG、CHG和CHH中C碱基的甲基化程度，能够使实验室科学家快速可视化和解析甲基化数据。

一项研究针对14种常用的比对软件（Bwa-meth、BSBolt、BSMAP、Walt、Abismal、Batmeth2、Hisat_3n、Hisat_3n_repeat、Bismark-bwt2-e2e、Bismark-his2、BSSeeker2-bwt、BSSeeker2-soap2、BSSeeker2-bwt2-e2e、BSSeeker2-bwt2-local）进行了评估比较（Gong et al.，2022）。评估基于真实和模拟亚硫酸氢盐测序数据，评估内容包括运行时间、内存消耗、唯一比对率、低质量比对率、比对精确率、召回率和F1值，以及CpG的甲基化水平、差异

甲基化相关基因和信号通路的生物学解释准确性。结果显示，在模拟数据中，Bwa-meth、BSBolt、BSMAP、Bismark-bwt2-e2e 和 Walt 表现出更高的唯一比对率、比对精确率、召回率和 F1 值。在真实数据中，BSMAP 在检测 CpG 位点和定量甲基化水平、鉴定甲基化差异相关基因和信号通路方面显示出最高的准确性。这些结果可以为比对软件的选择提供有用信息。

　　基于越来越多的单细胞甲基化数据，数据库 scMethBank（图 8-15）全面收集和整合了不同研究者发表的单细胞 DNA 甲基化数据，提供在线单细胞 DNA 甲基化数据分析和可视化。scMethBank 包括来自人类和小鼠的 8328 个样本的全基因组单细胞 DNA 甲基化图谱和原始数据，涵盖 15 个项目、29 种细胞类型和 2 种疾病，其中包括胚胎细胞（11.0%）、癌细胞（14.4%）、生殖细胞（10.7%）、神经细胞（54.5%）、干细胞（7.9%）及其他类型的细胞（2.3%），涵盖范围包括早期胚胎发育、癌症进展、细胞分化和衰老等过程。scMethBank 中所有数据都可以自由访问，支持数据集、组织、细胞类型、治疗方法、疾病等多项检索功能，还可以通过浏览、可视化、在线工具和数据下载四个功能模块访问整个数据库。

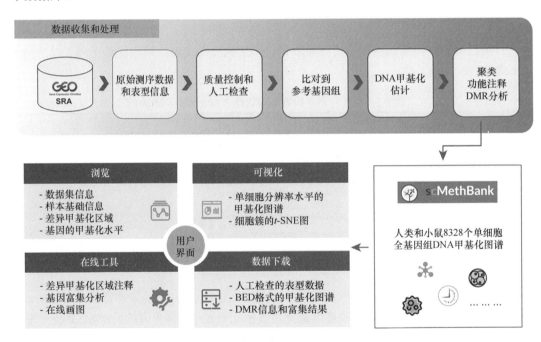

图 8-15　数据库 scMethBank 基本情况（Zong et al.，2022）

第三节　单细胞蛋白质组和代谢组分析

　　蛋白质组是在特定的时间和条件下在特定类型的细胞或生物体中所表达的一整套蛋白质，蛋白质在细胞中提供结构支架，并在无数生理生化过程中发挥重要作用，如代谢、生物信号传导、基因调控、蛋白质合成、跨膜溶质转运、免疫功能和光合作用等。代谢组是在特定的时间和条件下在特定类型的细胞或生物体中所表达的一整套小分子化学物。蛋白质可分解代谢为氨基酸，氨基酸可进一步分解为谷氨酸或代谢产生尿素、尿酸、丙酮酸等，而这些化合物都属于代谢产物。因此蛋白质的任何变化都可能引起代谢组的变化。此外，许多蛋白质翻译后修饰是由代谢物引起的，如磷酸盐、糖等代谢物可导致蛋白质磷酸化、糖基化；蛋白质还可利用代谢物作为辅助因子、信号分子、底物和稳定剂等。

蛋白质组和代谢组之间存在着联系和差异。通过综合研究蛋白质组和代谢组之间的相互作用，可以更好地理解细胞内部的复杂调控网络，揭示疾病发生机制，并为个性化医学和精准医疗提供重要信息。

一、单细胞蛋白质组分析

目前，在单细胞水平测定蛋白质组的策略主要分为两大类：基于抗体和基于质谱的方法（测序技术详见本书第二章）。由于基于质谱的方法具有更高通量的优点，因此成为技术攻关的主要方向。目前单细胞蛋白质组学的数据分析流程基本以常规蛋白质组分析为主。

蛋白质的定性分析通常是指利用质谱法进行蛋白质鉴定和序列分析。蛋白质的定量分析是对一个基因组表达的全部蛋白质或一个复杂混合体系内所有蛋白质进行精确鉴定和定量分析，可用于筛选和寻找任何因素引起的样本之间的差异表达蛋白，再结合生物信息学来揭示细胞生理、病理功能，同时也可对某些关键蛋白进行定性和定量分析。靶向蛋白质组学技术可以不限于生物样本的复杂性，低丰度的多肽信号也能被捕获，具有高通量、高准确度、可重复的优点。

蛋白质的质谱分析通常包括样品制备、肽/蛋白质分离（一般使用液相色谱或毛细管电泳）、电离和串联质谱分析。每个步骤都对单细胞样本的测定和分析带来挑战。大多数蛋白质在每个细胞中以数千个拷贝的形式存在，而质谱检测器可以在每次扫描中检测和量化数百个拷贝，甚至是单个拷贝。因此，质谱检测器的灵敏度通常不是主要的限制因素。相反，主要的挑战是将蛋白质输送到质谱检测器、鉴定肽或蛋白质的序列，以及成千上万个细胞样本的测序成本（图 8-16）。这些挑战使单细胞质谱分析存在难度，也促使了新技术的产生。

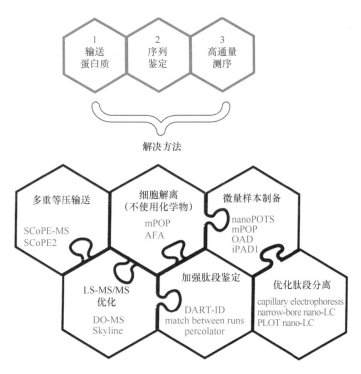

图 8-16　单细胞蛋白质组存在的挑战及相应技术（Slavov，2021）

（一）分析方法

蛋白质组学研究的内容不仅包括对蛋白质的识别和定量，还包括它们在细胞内外的定位、修饰、相互作用网络、活性和它们的功能，以及蛋白质高级结构解析（图8-16）。这些分析都可以通过生物信息学软件或者方法来实现。

基于质谱数据，第一步也是最重要的一步是确定肽段的序列（即蛋白质识别）（图8-17）。蛋白质的识别有两种不同的策略：一种是基于肽段谱数据库比对，另一种是从头进行肽段的预测。其中基于数据库比对的方法，计算的是每个测得肽段谱与目标数据库中肽段谱的匹配（peptide spectrum match，PSM）得分，得分越高则认为该肽段是候选的可能性越大。数据库搜索的过程中，参数的选择很重要，其中有两个重要的参数，分别为前体质量公差（precursor mass tolerance）和片段质量公差（fragment mass tolerance）。前者控制着候选肽段，后者决定检测到的肽段质量与理论肽段质量之间差异绝对值的上限。这两个值设置得太小可能会排除真实的候选，设置得太大可能会引入假阳性。PSM的计算方法在数据库搜索中也起着重要作用，常用的有基于概率的评分（如Mascot）、基于观察谱与理论谱之间的相关性（如SEQUEST）等。数据库搜索之后通常会进行第二轮搜索，以减少假阳性。基于从头预测肽段的方法，需要根据肽段谱信息和肽段特性来确定。从头预测的分析策略主要是基于图形概率模型和隐马尔可夫模型（HMM）（如PepNovo、NovoHMM）。除此之外，还可以通过将从头预测肽段的方法与数据库匹配方法相结合以实现更好的蛋白质识别的性能。这种混合方法首先基于肽标签序列选择最合适的蛋白质数据库进行搜索，然后对所选数据库进行容错搜索（如InSpecT、DirecTag、JUMP）。

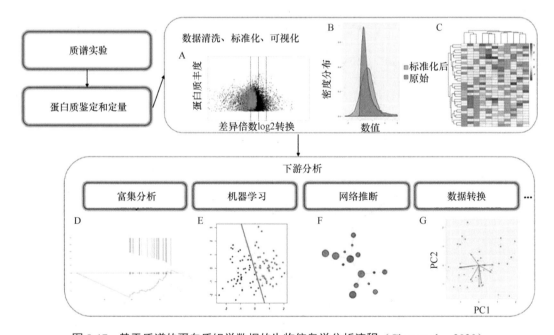

图 8-17　基于质谱的蛋白质组学数据的生物信息学分析流程（Chen et al.，2020）

A. 蛋白质丰度差异图；B. 标准化前后蛋白质丰度数据的分布；C. 蛋白质丰度聚类热图；D. 蛋白质富集分析结果；E. 基于机器学习的样本聚类；F. 从蛋白质组学数据推断的调控网络；G. 蛋白质表达谱的降维结果

一旦肽段鉴定完成，下一步是将肽段序列重建成蛋白质序列。这个过程被称为蛋白质推

单细胞组学基础

断。在此过程中，由于较长的肽段能够提供更多的信息，因此，相较于短肽，更容易推断其原始蛋白质；较短的肽段可能由两种或多种蛋白质共享，因此难以确定其原始蛋白质。概率模型、层次统计模型、贝叶斯推理模型等都广泛用于蛋白质推断。蛋白质推断的性能通常受观察到的肽段 PSM 评分影响，目前也有一些方法将 PSM 分值和假阳性率（PDR）考虑到预测模型中。

蛋白质组学数据的下游分析方法包括差异蛋白的 KEGG 分析、聚类分析、蛋白质互作网络分析、转录组与蛋白质组关联分析等。KEGG 分析，除了要寻找目标蛋白质所参与的通路，还要将它们在这些通路中的分布比率与背景的分布情况进行比较，并对每个通路进行显著性分析。聚类分析是对样品进行分类的一种多元统计分析方法。对不同条件下多个蛋白的表达进行聚类分析可以帮助选择共表达蛋白。蛋白质互作网络是生物信息调控的主要实现方式，是决定细胞命运的关键因素。筛选出的差异蛋白可进行实验验证，并利用其他亲缘物种数据库检索、文献挖掘等多种信息，绘制蛋白互作网络，预测未知功能的蛋白质功能，并深入了解生物功能的分子机制。

（二）分析工具

目前，肽段或蛋白质的鉴定工具（表 8-4）和蛋白质定量工具（表 8-5）已有不少（由于目前尚无针对单细胞蛋白质组数据专门开发的工具，表 8-4 和表 8-5 列举的都是常规通用软件工具，同样也可适用于单细胞蛋白质组数据）。其中 MaxQuant（Tyanova et al.，2016）是最常用的蛋白质组学数据分析软件之一，可以满足基本的质谱数据分析流程。其支持的数据分析流程主要包括特征信息的提取（定量信息）、初步的搜库、质量校正、搜库鉴定、峰处理、二次搜库、合并定量和鉴定的结果、导出结果。MaxQuant 支持多种质谱仪厂商产生原始数据，同时支持标记定量和非标定量。

表 8-4　肽段或蛋白质的鉴定工具（Chen et al.，2020）

鉴定方法	工具名称	说明
基于数据库搜索算法	Andromeda	基于概率评分的肽段搜索，MaxQuant 使用了该算法
	Mascot	基于概率的数据库搜索算法
	MSPLiT-DIA	数据独立采集的肽段鉴定
	MudPIT	多维的蛋白质鉴定
	PepArML	基于质谱数据的无监督、无模型、机器学习鉴定方法
	PepHMM	用于质谱数据库搜索的隐马尔可夫模型评分函数
	Protein Prospector	由约二十个蛋白质组分析工具组成的综合分析框架
	SEQUEST	将质谱数据与数据库中的氨基酸序列关联的方法
	TopPIC	基于 top-down 质谱数据的复杂蛋白鉴定工具
	X!Tandem/X!!Tandem	在数据库中搜索肽段序列的开源软件
基于从头肽段测序	DeepNovo-DIA	通过深度学习的从头肽段测序
	EigenMS	肽段串联质谱的从头分析
	NovoHMM	用于从头肽段测序数据的隐马尔可夫模型
	PEAKS	一种快速的从头测序工具
	PECAN	独立采集串联质谱数据
	PepNovo	通过概率网络建模进行从头肽段测序

鉴定方法	工具名称	说明
基于从头肽段测序	pNovo 3	一种使用学习排序框架进行精确从头肽段测序的软件
	SHERENGA	通过串联质谱法进行从头肽段测序
	SWPepNovo	用于大规模质谱数据分析的高效从头肽段测序工具
	UniNovo	通用从头肽段测序算法
混合识别方法	ByOnic	从头测序的蛋白质鉴定和数据库搜索的混合方法
	DirecTag	用统计评分从质谱数据中获得准确的序列标签
	InsPecT	用于从质谱数据中鉴定肽翻译后修饰（PTM）
	JUMP	一种用于肽识别的基于标签的数据库搜索工具
	PEAKS DB	与数据库搜索并行运行的从头预测工具
	ProteomeGenerator	基于从头预测和数据库匹配的混合工具
其他方法	DBParser	基于 Web 的鸟枪蛋白质组学数据分析软件
	DIA-Umpire	独立采集的蛋白质组学数据的综合计算框架
	MassSieve	从肽段数据推测蛋白质
	MAYU	估计大规模数据集中蛋白质识别假阳性率
	ModifiComb	鉴定翻译后修饰
	Nokoi	无须再次比对的肽段识别方法
	Param-Medic	推导鸟枪蛋白质组学分析最佳搜索参数的方法
	Perseus	蛋白质组学数据综合分析平台
	PROVALT	计算蛋白质鉴定假阳性率的启发式方法
	MetaMorpheus	翻译后修饰鉴定
	PTMselect	基于质谱数据的蛋白质修饰鉴定

表 8-5 蛋白质定量工具（Chen et al.，2020）

定量方法	工具名称	说明
基于标签	IsobariQ	可用于 iTRAQ（用于相对和绝对定量的等压标签）和 TMT（串联质量标签）标记的相对定量软件
	iTracker	将通过 iTRAQ 获得的定量信息与串联质谱鉴定工具鉴定的肽段信息联系起来
	Libra	基于 TPP（trans-proteomic pipeline）的 iTRAQ 量化模块
	MaxQuant	最常用的基于质谱的蛋白质组学数据分析平台之一
	ProteinPilot	用于蛋白质鉴定和基于标记的蛋白质表达实验的完整解决方案（ABSciex）
	Proteome Discoverer	适用于广泛应用的蛋白质组学工作流程（Thermo Scientific）
	PVIEW	普林斯顿大学开发的质谱数据查看器和分析器
	XPRESS	使用同位素编码的亲和标签和质谱法对分化诱导的微粒体蛋白质进行定量分析
不基于标签	emPAI	指数修饰的蛋白质丰度指数
	Mascot Distiller	可访问各种原生（二进制）质谱数据文件直观的界面（Matrix Science）
	MaxLFQ	集成在 MaxQuant 中的无标签量化模块
	VIPER	峰/洗脱关系的可视化检查

定量方法	工具名称	说明
综合平台	OpenMS	用于灵活分析质谱数据的跨平台软件
	Peaks Studio X+	肽/蛋白质识别和定量软件平台，提供完整的解决方案，包括 PTM 和序列突变
	Skyline	一个开源的 Windows 客户端应用程序，用于分析靶向蛋白质组学实验

二、单细胞代谢组分析

代谢组是指某一生物或细胞在特定生理时期内所有低分子量代谢产物。代谢组学则是指对某一生物或细胞在特定生理时期内所有低分子量代谢产物同时进行定性和定量分析的新兴学科，主要针对小分子代谢物（一般 50～1500Da）进行高通量定性、定量分析。代谢组学技术常见的色谱技术有气相色谱法（gas chromatography，GC）和液相色谱法（liquid chromatography，LC），这是依据两相状态来分的，也就是说 GC 的流动相为气体（称为载气），LC 的流动相为液体（也称为淋洗液）。

由于质谱法具有其他方法无法比拟的高分辨率和高灵敏度，同时兼顾无偏向性，并且可以与色谱法等技术联用，在时间尺度上先对复杂的代谢物进行分离，减少质谱峰的复杂性，从而能检测复杂样品中低丰度的代谢物，得到更全面的代谢物信息。故色谱-质谱联用技术成为代谢组学研究的重要分析方法。常见的技术平台有核磁共振技术（NMR）、气相色谱质谱联用技术（GC-MS）、液相色谱质谱联用技术（LC-MS）。①核磁共振技术是磁矩不为零的原子核在外磁场作用下自旋能级发生塞曼分裂，共振吸收某一特定频率的射频辐射的物理过程。其优点是几乎不需要对样品进行处理，对样品无破坏性；缺点是分辨率低、灵敏度低，定量差。常用于靶向代谢组。②气相色谱质谱联用技术则是载气推动复杂分析物经气相色谱分离，进入高真空质谱系统的离子源进行离子化，根据不同碎片离子在电磁场中的不同运动行为，按质荷比（m/z）排列得到质谱信息，进而实现代谢物的定性定量。③液相色谱质谱联用技术是指样品在色谱部分和流动相分离，被离子化后，经质谱的质量分析器将子母离子碎片按质量数分开，经检测器得到化合物质谱信息，进而得到代谢物的定性定量结果。GC-MS 和 LC-MS 技术结合了色谱良好的分离能力和质谱的普适性、高灵敏度及专一性，是目前代谢组学常用的技术平台，常用于非靶向代谢组。

单细胞代谢组学（single cell metabolomics）试图通过分析来自单个细胞的不同细胞代谢物来理解表型异质性。由于所分析代谢物丰度低和样本量有限，这项工作面临许多挑战。质谱技术可用于无标记代谢物检测，能够同时分析数百种代谢物。总之，应用质谱技术开展单细胞代谢组学研究具有重要意义，有助于深入理解单细胞水平的代谢活动及其在健康和疾病状态下的变化，为精准医疗和生命科学研究提供关键的信息。

（一）分析方法

结合单细胞质谱法（single cell mass spectrometry，SCMS）和相关综合性数据库可以对单细胞代谢组进行研究。基于单细胞质谱数据的单细胞代谢组分析内容，包括数据预处理、单变量分析、多变量分析和高级分析等（图 8-18）。基于质谱的代谢组学数据分析往往涉及多个步骤，包括数据转换、标准化、缩放和转换、特征选择、生物标志物确定和代谢物注释等。虽然这些常规代谢组分析方法适用于单细胞代谢组学数据分析，但通常需要进行调整和定制。另一方面，由于单细胞的特性（如分析物的量极其有限、复杂的化学成分和异质的细胞群），从单细胞获得的代谢数据的离子信号通常具有相对低的信噪比，因此在分析数据时应该谨慎。

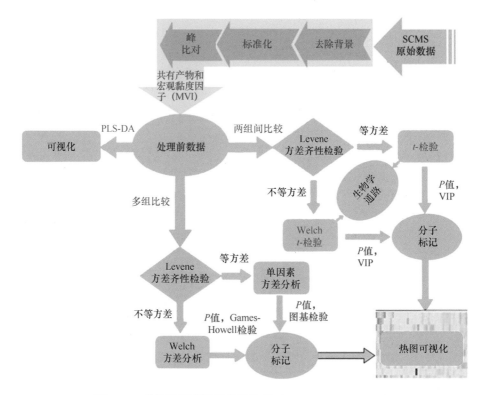

图 8-18　单细胞质谱数据分析流程（Liu and Yang，2021）

单细胞代谢组学数据的预处理是从原始数据中提取有用代谢组学信息。首先，需要去除噪声和背景信号。随机噪声和来自周围环境的背景信号都可能干扰单个细胞里真实的代谢组学信息。为了减轻这种干扰，可以通过设置阈值来对所有采集的信号进行过滤，以排除仪器产生的随机噪声。但是在选择噪声阈值时应注意，太高的阈值可能会丢弃有用的代谢组学信息；相反，过低的阈值可能包括噪声和零星的离子信号。除了去除噪声之外，还需要消除背景信号。目前可以使用空白样品（如新鲜细胞培养基或溶剂）进行相同实验装置的测试，将获得的离子作为背景信号处理，然后从原始数据中减去。在去除噪声和减少背景之后，再进行后续分析，即归一化和峰比对。其次，需要对离子强度进行归一化，归一化后的离子强度的相对丰度才能在不同细胞之间比较。目前在单细胞代谢组学研究中，有两种归一化方法，一种是标准化为所有检测到的代谢物的总离子计数（TIC），另一种是标准化为检测到的丰度最高的峰（基峰）。

为了揭示与某些生物过程（如药物治疗和环境压力）相对应的细胞代谢产物的变化，需要一次关注一个变量的统计分析（即单变量分析）。这种方法可以识别代谢产物的差异（即上调或下调），并在单细胞代谢组学研究中不断进行，以发现潜在的代谢组学生物标志物。与传统的代谢组学数据分析类似，t 检验被广泛用于定位两簇细胞之间相对丰度显著不同的代谢物。测试结果呈阳性（即 P 值 <0.05）的代谢产物被视为代谢组学生物标志物。

尽管单变量分析是发现代谢组学生物标志物的一种强大而重要的方法，但它缺乏同时处理所有细胞代谢组学特征的能力。而多元分析可以通过分析所有变量（即代谢物及其丰度）

来处理单个细胞的整体代谢组学特征。任何多变量分析方法的原理都是将高维原始数据投影到低维空间中，同时使用较少数量的变量来保存大多数信息。这种方式降低了原始数据的维度，但可以保留反映细胞中生物功能的关键信息。此外，可以在 2D 或 3D 空间中可视化复杂的细胞代谢组学聚类情况，能够直观地可视化细胞异质性。

（二）分析工具

虽然代谢组数据常用的分析软件是为常规代谢组数据的分析而开发的，但是这些软件同样适用于单细胞代谢组测序数据，如 Mzmine（Schmid et al.，2023）、MetaboAnalyst（Pang et al.，2021）、Geena2（Romano et al.，2016）、NOREVA（Li et al.，2017）、MetAlign（Lommen and Kools，2012）等。尽管如此，针对单细胞代谢组数据的特点仍有必要进一步开发相关软件。

Mzmine（Schmid et al.，2023）是一个用于质谱数据处理的跨平台软件，可以在个人计算机和高性能超级计算机上进行稳健、可扩展和可重复的数据分析。自 2004 年 Mzmine 的第一个版本发布以来，目前已更新到第三个版本。版本更新过程中引入了各种功能，如性能特征检测工作流、脂质注释模块及与其他下游软件（如 GNPS、SIRIUS、MetaboAnalyst）的衔接。

MetaboAnalyst（Pang et al.，2021）是一个在线分析平台，目前更新到第五个版本，已被广泛用于代谢组学数据分析。最新版本开发了三个模块来实现基于高分辨率质谱原始数据的分析到生物学功能的解析，光谱处理模块可以执行自动参数优化和可恢复分析，以显著降低光谱处理的困难；功能分析模块扩展了先前的质谱峰到代谢通路模块，允许用户直观地选择感兴趣的任何峰，并评估其在代谢途径中的富集；功能整体分析模块，用于整合多个全局代谢组学数据集，以获得全面的功能解析。还有许多其他新功能，包括加权联合路径分析、数据驱动的网络分析、批量效应校正等。网络界面、图形和底层代码库也进行了重构，以提高性能和用户体验。

第四节　单细胞多组学数据联合分析

一、单细胞多组学技术概述

随着单细胞测序技术的不断成熟，多细胞生物的异质性问题得到了更深入的研究。另一方面，虽然该技术能够在异质组织中发现新的细胞类型和状态，但仍然很难区分一些转录组相似而功能不同的细胞，如免疫细胞等。这是因为细胞的状态在很大程度上是由其基因组、表观组、转录组和蛋白质组之间的相互作用决定的。单细胞多组学技术能在同一细胞中捕获分析多个组学信息，包括单细胞的转录组、基因组、表观组、蛋白质组等多方面信息（图 8-19），有望解决上述不足。由于单细胞转录组测序技术发展最为成熟，所以现在研发的多组学技术往往是"转录组+"方式，即同时测转录组和其他组学分子，如转录组+基因组（如 DR-seq）、转录组+DNA 甲基化（如 scM&T-seq）等。目前已研发了同时测定三种以上分子的技术，如图中 scTrio-seq 同时出现在"转录组+基因组"和"转录组+DNA 甲基化"中，说明该技术能同时测得三种组学分子。与单组学相比，单细胞多组学更侧重对细胞完整信息的采集及对时间空间的关注，因此可以更好、更全面地反映细胞特征（测序技术详见本书第二章）。

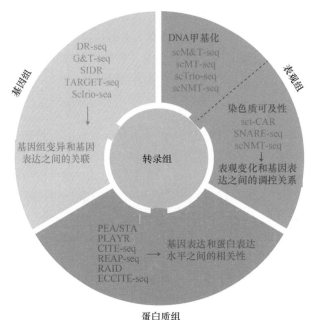

图 8-19　单细胞多组学测序技术概述（Lee et al.，2020）

图中列出了基因组、转录组、蛋白质组和表观组四种组学组合测序方式，多组学测序技术同时可以测定来自两种（DR-seq）甚至多种（如 scTrio-seq）组学的分子信号

自 2015 年单细胞组学技术发明以来，大量多组学技术被提出，包括空间多组学技术（图 8-20）。如上所述，单细胞转录组测序技术发展出多种测定方法，不同方法可以应用于不同其他组学分子，这为同时测定转录组和其他组学提供了可能。空间多组学，甚至空间单细胞水平多组学技术最近几年大量出现，这为更好地解析细胞真实特征提供了更好技术平台，同时也为单细胞多组学数据分析提出了更高要求。单细胞多组学数据整合分析的一个层次是指在单细胞水平测定多个组学，但不同组学的数据不一定来源于同一个细胞，也许来自同一个组织样本，甚至不同组织样本。这样的多组学数据如何进行联合分析？总体上可以参考本节有关方法。另一个层次为单细胞多模态数据分析，即同时测一个细胞里面的多个信息。就目前而言，单细胞多组学数据的产生和分析的核心主要有两方面：一是单细胞分离、条形码和测序技术，目的是测量来自同一细胞或细胞群体的多种类型的分子；二是对在单细胞水平测量的相关分子进行综合分析，以识别细胞类型及其与生物学过程相关的功能。

二、单细胞多组学数据分析

1. 分析方法　为了对单细胞多组学数据进行综合分析，相关研究人员对单细胞单组学数据的分析方法进行了扩展和组合。目前主要有三种策略来分析单细胞多组学数据：第一种（图 8-21A）为单细胞不同组学数据之间的相关性分析；第二种（图 8-21B）为先分析一种类型的单细胞数据（如单细胞转录组），然后整合另一种单细胞数据类型（如来自 scWGS-seq 的单核苷酸突变或来自 scATAC-seq 的开放染色质位点）；第三种（图 8-21C）为对所有类型的单细胞组学数据进行综合分析，以生成整体单细胞图谱。

大多数研究使用第一种策略来研究单细胞多组学数据。如计算拷贝数变异或 DNA 甲基

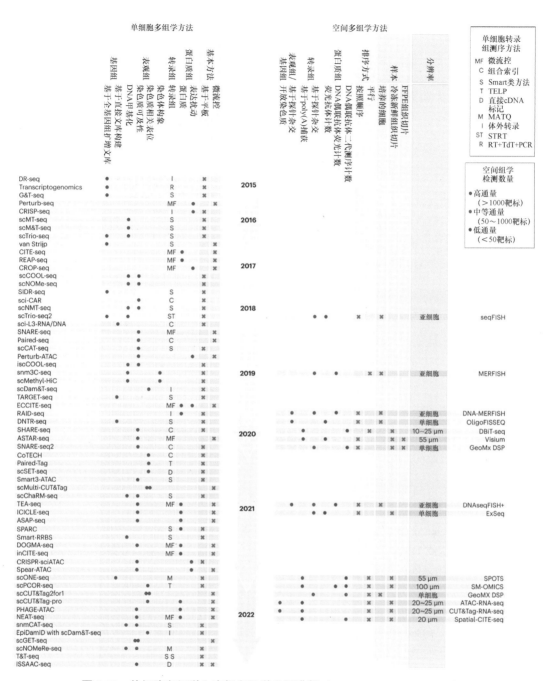

图 8-20 单细胞多组学和空间多组学发展进程（Vandereyken et al.，2023）

化水平与 mRNA 表达水平在单细胞分辨率下的相关性、研究 mRNA 和蛋白质表达水平之间的关系等。在第二种策略下，由于 scRNA-seq 是最常见的单细胞单组学数据类型，并且相比于其他组学数据，scRNA-seq 对转录组的覆盖率更高，因此一般情况下其他组学数据常被整合到转录组数据中。当被整合的不同单细胞多组学数据呈现可比的覆盖率时，通常采用第三种策略。否则，整合可能会导致对具有较高覆盖率数据的偏倚。对于第三种策略，最近开发了几种基于矩阵因子化的方法，包括基因组实验关系关联推理（如 LIGER）和多组学因子分析（如 MOFA）。

第八章 单细胞其他组学数据分析

193

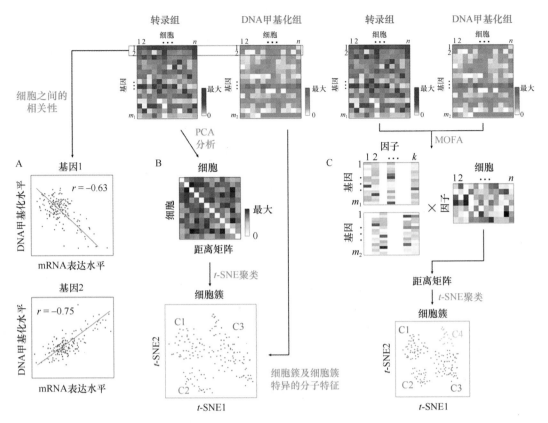

图 8-21 单细胞多组学整合分析的三种不同策略（Lee et al.，2020）

C1～C4. 不同的细胞簇

2. 分析工具　目前已研发了多种单细胞多组学数据或多模态数据整合工具。以下简要介绍几种主要工具。

LIGER（Welch et al.，2019）根据同时具有 mRNA 表达和 DNA 甲基化水平的基因或仅具有 mRNA 表达或 DNA 甲基化数据的基因来定义细胞群。对于前一种细胞群，mRNA 表达和 DNA 甲基化之间的关系可以揭示 DNA 甲基化对定义这些细胞群的基因 mRNA 表达的潜在调节作用。

MOFA（Argelaguet et al.，2020）采用了一种多向矩阵分解方法，该方法为每种数据类型生成一个因子（细胞群）加载矩阵和一个权重矩阵。MOFA 提供了其 mRNA 表达和/或 DNA 甲基化水平对每个细胞群有很大贡献的基因，从而能够推断出定义细胞群的 mRNA 和 DNA 甲基化之间的调节关系。

GLUE（Cao and Gao，2022）提出了全新的图耦联策略，将组学特征间的先验调控关系表示成引导图（guidance graph）的形式，其中节点为组学特征，边为组学特征间的先验调控关系。模型采用变分图自编码器（variational graph auto encoder，VGAE）学习组学特征的低维表示作为组学数据的解码器权重，从而将不同组学的低维隐空间表示关联起来并确保其"语义一致性"；在此基础上，GLUE 进一步引入对抗学习以消除不同组学降维表示之间的系统性差异。与同类型的其他方法相比，GLUE 的主要优势包括多组学整合的精度高、对于先验调控知识具有稳健性、具有较高的计算可扩展性、可支持任意数量和调控方向的组学数据、可同时进行调控推断等。

单细胞组学基础

谢晓亮与单细胞基因组测序

谢晓亮，中国科学院院士、美国科学院外籍院士、北京大学李兆基讲席教授、理学部主任，北京昌平实验室主任。曾任哈佛大学化学与化学生物系终身教授，为改革开放后哈佛大学引进的第一位来自中国大陆的终身教授。谢晓亮于 1980 年考入北京大学化学系，后赴美国加州大学圣地亚哥分校攻读博士学位，2018 年全职回到北京大学工作。谢晓亮的主要研究方向为单分子酶学、单分子生物物理化学、单分子成像、单细胞基因组学等。

谢晓亮是单分子酶学的创始人、单分子生物物理化学的奠基人之一、相干拉曼散射显微成像技术和单细胞基因组学的开拓者。他作为单分子生物物理化学家，勇于突破

谢晓亮

学科界限，从物理化学、生物物理到生物化学，再到分子生物学、基因组学及临床医学，无畏探索，不断创新，在相关新兴交叉学科做出了创造性贡献。2012 年谢晓亮在单细胞全基因组学研究中取得突破性进展，开发了单细胞全基因组均匀扩增的新方法——多重退火环状循环扩增法（MALBAC）。他同时推动了该新型单细胞基因组测序技术在医学中的应用。2014 年世界上第一例"MALBAC 婴儿"在北医三院诞生，标志着中国胚胎植入前遗传诊断技术处于世界领先水平。

（樊龙江）

第八章　单细胞其他组学数据分析

195

第九章 单细胞组学算法基础

第一节 单细胞数据分析的基本数学问题

	细胞1	细胞2	…	细胞N
基因1	3	5	…	0
基因2	1	0	…	3
基因3	0	11	…	9
…	…	…	…	…
基因M	14	3	…	0

图 9-1 单细胞数据分析的基因表达矩阵

其中 M 取值范围为 2 万～3 万，N 一般为
几千至几万，也可能至百万数量级

单细胞数据最直观的展现形式是一个"基因×细胞"的二维矩阵，矩阵的行是基因，列是细胞，矩阵内的每一个元素记录的是单个细胞内某个特定基因的表达量（图 9-1）。那处理单细胞数据的难点在哪里呢？主要有两个基本的数学问题。

第一个问题是数据维度太高，通常一个单细胞矩阵包含 2 万～3 万个基因，是一个非常高维的数据。有一个名词叫"维度灾难"，指的就是随着数据维数的提高，为了保持统计学分析的可靠性，所需要的样本数也就是细胞数目须呈指数级增长。从纯数学的角度，假设我们研究一个基因需要 10 个细胞才能完全解析这个基因在细胞间的异质性，那两个基因就可能需要用到 100 个细胞，对 1 万个基因进行彻底研究就需要 $10^{10\,000}$ 个细胞了，显然这对于目前的单细胞测序通量来说是一个不可能完成的任务。所以基于现有的几千到几万甚至百万级别细胞数目要做上万维度的研究，需要有很多分析上的取舍、近似和简化。

第二个问题是基因表达值的稀疏性。由于单细胞数据在实验过程中 RNA 捕获的丢失率较高和后续的测序深度较浅等实验原因，实际测到细胞内每个基因的表达量都很低，且表达量值是非负整数（即从 0 开始的正整数），最终单细胞矩阵中超过 70%～90% 的元素值为 0。这在数学上被称为稀疏。

大量的 0 会带来什么危害呢？一方面，对于单个基因来说，它在细胞之间的分布就没有办法形成在统计学中容易处理的分布形态（如对称、倒钟形、类正态分布），而是大量分布在最小值 0 处，从而形成一个严重的非对称偏态分布，无法用简单的统计学模型描述（图 9-2）；另一方面，对于单个细胞来说，0 值会使得这个细胞处于高维基因空间的边缘处而成为离群点，从而进一步增加了统计分析难度。

这里我们用一个简化的三维基因空间（基因 x，y，z）来示例。如果一个细胞

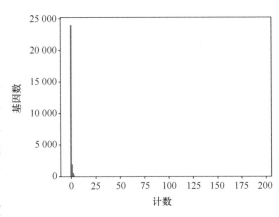

图 9-2 非对称偏态分布

的"x"基因的表达量为0，那么它在空间上的位置就处于由y正半轴和z正半轴组成的二维平面"壁"上；如果所有细胞都有某一个基因表达为0，那么它们都会"贴"在这个三维空间的"壁"上。可以想象，在这个三维空间中就没有细胞了，所有细胞都成了离群点（图9-3）。这样很难计算细胞之间的相似程度（或距离），也很难拟合细胞所处的三维分布。

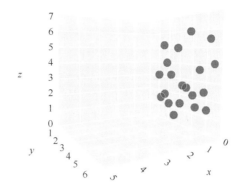

图9-3 基因"x"表达量为0时的三维基因空间分布情况

为了使得单细胞数据可以进行下游生物信息学分析，就需要在一定程度上解决数据"高维"且"稀疏"的问题。这是单细胞数据科学研究中的热门领域，也是我们进行单细胞组学研究时对于数据处理所要具备的基本数学思想。随着学习的深入，你会发现在单细胞数据分析时，原始表达量的对数转换、线性或非线性的降维方法、"最近邻"的聚类概念等一系列数据处理的技巧，都是为了应对高维和稀疏问题。

第二节 归一化、降维、可视化与聚类

本节讨论单细胞分析中的核心部分——聚类算法，即研究一个组织样本内不同细胞的异质性，最终把相同类型的细胞聚为一类，把不同类型的细胞分到不同的类。在介绍具体的算法和算法相关的思考之前，我们要再次强调，高维稀疏问题在数学上目前没有完美解决方案，那么算法也就没有绝对的对与错，我们在这里只讨论算法是否"合理"。合理的算法能在繁杂的数据中挖掘出生物学的意义，（即使它的数据逻辑没有那么完美），希望读者在学习算法的过程中，能够逐渐领会到"合理"这个概念的重要性，这对未来自己阅读文献、选择分析软件、解析生物学问题等，都会有一定的帮助。

单细胞的聚类需要经过原始数据的归一化、降维、聚类和聚类结果的可视化，才能得到单细胞分析中最经典的 t-SNE 或 UMAP 图，即全局概览细胞分类结果。这里面各步骤的算法是一环套一环的，涉及很多算法细节的思考，很难各自划分到独立章节。因此，本节内容中将分小标题给出主要讨论的主题，但也会穿插对其他算法的描述。

一、归一化

一般来说，单个细胞内的转录物数目大概是 20 万条，而在目前的单细胞测序通量下，一个细胞经常只能测得几千条转录物，所以在数学上这是一个小样本抽样的过程。不同细胞在实际生物学实验的条件下，抽样到的转录物在数目上或者比例上不一致，通常称为单个细胞的总表达量，或文库大小不均一。为了能够在细胞之间进行比较公平的比较，就需要对每一个细胞的总表达量进行归一化；同时，基因也需要进行一定的筛选，如在降维时需要尽可能保留在细胞之间差异性很强的基因，用于细胞间的分析，舍弃掉那些没什么差异的基因。"差异"跟基因本身表达量的高低是有一定联系的，本身表达量低的基因，受到测序（抽样）的波动很大，受到实验噪声影响时的信噪比也较低，在数据上就会呈现出相对较大的差异，从而需要做基因层面的归一化（normalization）。由此可见，归一化的目的就是使得数据间可比较。可比较的基本想法是数据间不能差异太大（如一个基因的平均表达量为1，另一个为 1 万），也不能没有差异（如所有基因在所有细胞内表达量都为1），这是一个需要

平衡的数学概念。

归一化的"合理性"，需要考量测序深度归一化、稳固基因方差及转换单调性三个方面。在处理单细胞数据时，我们以经典的 Seurat（https://satijalab.org/seurat/）和 Scanpy（https://scanpy.readthedocs.io/en/stable/）工具包提供的两个最主要的归一化方法——log1p 和 scTransform 为例，来介绍数据归一化背后的算法和思考。

log1p 归一化步骤具体如下。

（1）测序深度归一化　　对每个细胞做文库归一化，使得每一个细胞内的总表达量都为一个定值（默认为 10 000），各基因在该细胞中的归一化后表达量 =（基因的原始表达量/该细胞的总表达量）×10 000。在常规（bulk）RNA 分析时，对于文库的归一化有更复杂的思考，如假设样本间大部分基因的表达是没有差异的，那就可以通过校准中位数基因（即按表达高低对基因排序后位于所有基因中间的那个基因）的表达量，使之在文库间表达一致来做归一化。这样可以使得每个样本（类比单细胞中的每个细胞）的总表达量不会强制到没有差异，在比较生物学上总表达量有差异的样本时（如正常和疾病，类比单细胞的不同细胞类型）更加合理。而之前我们提及过，单细胞的丢失率很高，中位基因的表达量绝大多数情况下是 0，而导致这种文库归一化思路无法适用。乘以 10 000 这个定值做文库归一化，也是有讲究的。单个细胞捕获的基因数一般都是在几千这个级别，略小于 10 000，如此归一化可以确保每个基因原始值略微上浮，但是变化不会太明显，从而避免后续做对数变换［即对数据进行 $\log_{10}(1+p)$ 处理，简写为 log1p 变换］时数据失真。当然，也有一些算法用所有细胞表达量的中位数作为默认的固定文库大小，替换掉 10 000 这个定值，而使得归一化过程和每一次实际测序情况关联起来，做到实际数据驱动（data driven）。

对于文库归一化的介绍，主要是想再次强调算法的"合理性"这个概念，让大家更多地去思考算法思路的合理性，而不是具体算法本身。总的来说，用定值对每个细胞的总表达量做归一化，相比常规 RNA 的思路并不完美，其完全忽略了不同细胞间总的原始表达量的异质性，但是一定程度上它又是合理的，作为算法设计是可接受的。用中位数归一化，在数学上可能是更合理的，但是考虑到高于中位数的那些细胞，其基因的表达量都会降低，会在下一步对数变换时引入一些新的问题，所以并没有成为文库归一化的主流思想。

（2）稳固基因方差　　log1p 的核心是对文库归一化后的每个基因做"对数加 1"的转换，来稳固不同基因（之前举例过的原始表达量为 1 和 1 万的基因）之间的方差，使得基因及基因的方差之间可以比较（这里使用的 log 函数为自然对数，底数为 e）。假设一个基因的表达量为 x，则其转换后的表达量为 $\log(x+1)$，在计算单个基因在所有细胞之间的平均表达量时，则为

$$\frac{1}{n}\sum_{i=1}^{n}\log(x_i+1)$$

稍作变换后即为

$$\log\left(\sqrt[n]{\prod_{i=1}^{n}(x_i+1)}\right)$$

可以看到，对数变换后的算术平均数，其本质是先计算几何平均数，再取对数。而由于之前提到单细胞中基因的表达量值有很多 0，在计算几何平均数的时候，只要有一个元素为 0，结果就是 0 了，所以要额外加一个小的偏移量，确保每个值都不为 0，这里默认加 1。现在就可以回答文库归一化时留下来的问题：为何归一化的定值要选 10 000 而不是看上去更合理的中位数呢？这是因为对每个基因来说，测到的原始表达是 0、1、2、3 等这样的非

负整数，通过用 10 000 做归一化，非 0 的表达值都会比原始值大，也就保证了比 log1p 中的偏移量 1 大，从而降低了这个强行增加的偏移量对非 0 表达量的影响。当然，表达为 0 的那些基因还是受到了+1 的较严重影响（图 9-4），所以对于平均表达量远远低于 1 的基因（一般表现为大量的 0 值和少量的非 0 值），使用 log1p 会比较显著地偏离基因的原值。0 值问题其实在常规 RNA 研究中也有大量探讨，最后都是想办法回避研究在各样本中都显现低表达量的基因，而稀疏作为单细胞的一大特征，0 值问题是无法回避的，只能在算法设计上尽可能做到合理。

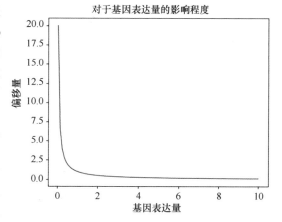

图 9-4　引入+1 偏移量产生的偏差

（3）转换后的单调性　　单调性的概念指 A 基因在原始表达量上高于 B 基因，那么经过归一化，它的表达量也仍要高于 B 基因才比较合理，数学的说法是秩次（排序）不变。这是一个比较重要的合理性，但是由于其非常朴素，导致经常被忽略。保证归一化过程中的单调性，是研究基因表达在不同样本间的差异是否真实的基础。

在 log1p 变换过程中，文库归一化是一个线性变化的缩放，log 是一个单调增函数，基因表达量做+1 的偏移之后，函数单调性也没有改变，所以说 log1p 的归一化过程严格遵守了单调性，仅对于单调性来说，是一个非常优秀的归一化方法。后面可以看到，另一种归一化方法 scTransform 尽管有其他很多的优势，但是它失去了单调性，在这个方面的合理性比 log1p 差（图 9-5）。由于 scTransform 涉及多个数据处理过程，我们在之后的章节中再具体讲解它的方法。

二、降维

人类可感知的空间维度极限只能到三维。我们在科研论文中看到的各种结果图，通常在更加直观的二维空间内展示。所以对于高维数据，降低其维度、最终在二维空间中可视化呈现，是很多研究工作包括单细胞组学研究的基本思想。对于 2 万～3 万条（维）基因的单细胞数据，在二维空间内展示，显然不可能包含原高维空间内的所有信息，换言之，降维（dimension reduction）必然导致信息的损失。那么，尽可能地保留主要信息、舍弃次要信息并在低维空间内展示，就是降维算法所追求的目标。在单细胞分析过程中，有两次降维的过程，一次是为了聚类，另一次是为了二维空间的可视化展示。为了予以区别，我们把前一次降维工作专称为降维，而后一次称为可视化。

降维包括特征选择和提取。在单细胞分析中，降维降低的是基因的维数，那么所对应的特征选择，就是保留在细胞之间表达量变化明显的基因（即高变基因，一个基因包含的信息更多），而直接"删除"变化不明显的基因。当然，这里的删除是指在聚类时不考虑这些基因，它们依然可以用于后续的其他分析。特征提取则是通过组合的方法，使得每一个维度都有多个基因来组合，通过增加单个维度的复杂性或者说所包含的信息，减少所需要的维度数目。

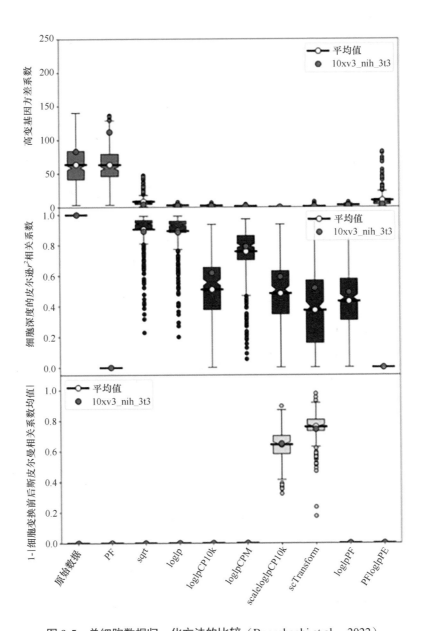

图 9-5　单细胞数据归一化方法的比较（Booeshaghi et al.，2022）
可以分别通过稳固基因方差（variance stablization）（上图）、测序深度归一化（depth normalization）（中图）及转换单调性（monotonicity）（下图）进行评估

　　我们依然以 Seurat 和 Scanpy 为例。在做完 log1p 归一化之后，紧接着做特征（高变基因）选择。那么如何"合理"地定义高变基因呢？这里第一次引入比较正规的统计学模型：假设我们认为基因的表达是通过测序的随机抽样而测定，且不同基因之间相互独立（即测得 A 基因的事件不会影响测得 B 基因），在不同的细胞之间，这个基因的表达也只是来自抽样的随机性（如管家基因），那么对于单个基因来说，它在细胞内测到的次数（即表达量）符合经典的泊松分布。我们知道泊松分布的大概形状（图 9-6）及它的一个最重要性质——均值和方差相等。也就是说，一个基因的表达量越高，它在细胞间的表达量波动也越大，而且均值-方差关系呈线性，斜率为 1。在这一系列的假设条件中，如果在细胞之间，这个基因的

表达进一步受到细胞类型的影响，那么它的方差就会变大，方差对均值的比值（方差/均值比）就会升高，这就是我们认为的高变基因。当然，在实际数据中，基因的表达受到各种实验因素的影响，并不严格遵循泊松分布，但是均值和方差之间依然有很强正相关关系。通过画出均值-方差的散点图（图 9-7，https://satijalab.org/seurat/articles/pbmc3k_tutorial），筛选出前 2000 个方差/均值比值最高的基因并认定它们为高变基因，然后过滤掉其他非高变基因，我们就可以将数据从 2 万～3 万维基因的维度，一下子降低到 2000 维。大量不同类型的单细胞数据分析表明，直接选取 2000～3000 维高变基因，对于后续的聚类分析都能取得非常符合生物学意义的效果，即这些基因已经包含足够的信息量，使细胞分群结果在生物学上正确。

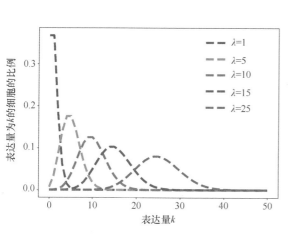

图 9-6　泊松分布曲线
λ. 平均表达量

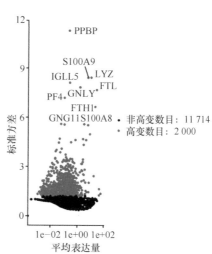

图 9-7　通过均值-方差识别高变基因

即使降到 2000～3000 维，我们依然面对的是一个超高维数据，还不能用于直接聚类。其根本原因是一般的聚类方法都需要计算两两细胞间的距离，而根据距离的远近关系，把距离近的多个细胞聚成一类，距离远的细胞识别分配到不同的类。如前所述，高维稀疏数据使得每两个细胞间的距离都异常巨大，没有办法合理度量远近，必须要降维到 50 维以内的相对低维空间才行，这里就需要进一步使用特征提取方法来降维。目前最主流的特征提取方法包括传统的线性模型——主成分分析法（principle component analysis，PCA）和基于深度学习的非线性模型——自编码器（auto encoder，AE）。下文主要介绍 PCA。

如前所述，特征提取是使得每一个维度都有多个基因来组合，从而增加单个维度所包含的信息。PCA 对于单个维度信息量的定义就是方差。为求简便，我们用二维空间来演示（图 9-8）。x 和 y 两个基因各自符合均值为 0、方差为 1 的标准正态分布，但是在图示里面 x 轴和 y 轴并不垂直（或称为正交），即它们有一定的相关性。于是，我们可以找到一个方差最大（即点最散布）的方向作为一个新的 x 轴，称为 PC1（第一主成分），取其正交方向建立新 y 轴，即 PC2。将原 x 轴写成 $1 \times x + 0 \times y$ 的形式，即 x 轴权重为 1，y 轴权重为 0，那么新主轴 PC1 和 PC2 都各自重新分配了 x 和 y 的权重，可写作 $a \times x + b \times y$ 的形式，也就是我们之前所说的特征提取是原维度的组合。当原空间维度超过二维时（图 9-8），PC1 依然是在所有方向上选方差最大的那个方向，而 PC2 则是与 PC1 正交的，且在剩余方向上方差最大的，PC3 需要与 PC1 和 PC2 都正交的且剩余方向上方差最大的，以此类推。随着 PC 数的升高，该 PC 轴上的方差越小，那么这个维度上的信息量也越小。在数学上，对于前多少维

第九章　单细胞组学算法基础

201

度应该保留有通用的方法，如碎石图（图 9-9，https://scanpy-tutorials.readthedocs.io/en/latest/pbmc3k.html）可以直观反映多少个 PC 之后信息量就已经少到可以直接舍弃。而目前主流的单细胞分析方法中，都是保留前 30～50 个 PC，并不完全遵照碎石图的结果，主要还是通过大量生物学数据分析的经验所总结。同时，PC1 经常相比其他 PC 有显著高的方差，有些研究者通过分析该 PC 轴与单个细胞测序量的相关性，认为其包含的大部分信息是细胞间原始测序深度的差异而直接舍去。这在数学上很不合理，但是在生物学上如果这样的修正可以被下游聚类分析证实能更好地区分出细胞类型，那也是可接受的。

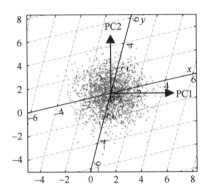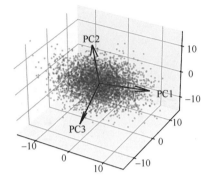

图 9-8　二维和三维空间确定 PC1 和 PC2

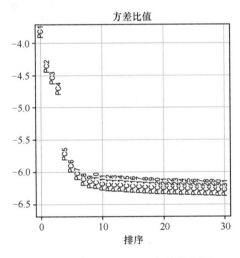

图 9-9　碎石图——PC 方差分布图

需要说明的一个问题是，我们假设了基因符合标准正态分布，这与之前介绍的单细胞基因表达为非负值且由于很多基因的平均表达量小于 1 所以无法拟合到正态是相悖的。PCA 的输入其实隐含了各原始维度都是正态分布这一重要假设，不然使用 PCA 这个模型降维是不合理的。所以在 PCA 分析前，主流做法是强行把每个基因做标准正态分布变换。标准正态分布是均值为 0、方差为 1 的正态分布，这里隐含的生物学含义是我们认为通过特征选择获得的 2000～3000 维高变基因对于细胞分类这个任务的贡献（权重）是相等的。对于高表达基因来说，由于其方差本身较大，通过标准正态分布变换，降低权重很合理；而排在前面的高变基因原始方差更大，强行等权就不太合理。这里的转换是为了基因间的"可比性"，它人为弱化了更高变基因的贡献，但获得了全局的合理性。这种合理的妥协是我们在当前算法学习和未来算法开发中需要认真体会并逐渐领悟的核心思想。

上文介绍了基于方差的 PCA 前处理思路进行数据降维，即通过方差/均值比的曲线，找到前 2000～3000 维高变基因，然后对这些基因做标准正态分布变换，以等权形式作为 PCA 降维的输入。对于 i 细胞中基因 j 表达量 x_{ij} 的标准正态分布变换为 $(x_{ij}-\mu_j)/\sigma_j$，即减去该基因在所有细胞中的平均表达量，再除以该基因的标准差。相对应地，皮尔逊残差（Pearson residue）代表着一种非等权输入的思想。

皮尔逊残差的计算公式为 $[x_{ij}-\exp(\mu_{ij})]/\exp(\sigma_{ij})$，类比于标准差，可以认为是 i 细胞中基因 j 的实际表达量 x_{ij} 减去期望的表达量，再除以期望的标准差。期望的表达量和标准差可以通过设定一些数学模型估计而来，如在使用残差概念的经典软件 scTransform 中（图 9-10），单个基因的期望表达量是通过对每个细胞的总表达量做广义线性拟合而得到，期望标准差则是对该基因有近似平均表达量的基因做负二项分布拟合的参数估计而来。由此可见，皮尔逊残差容许引入单个细胞的总表达量，以及有近似表达谱的其他基因来综合拟合该基因的表达值，从而对 PCA 前处理做出优化。更重要的是，通过皮尔逊残差的变换，并未强行要求每一个基因在 PCA 前做等权重变化，所以有可能使得那些方差相对周围基因更大的基因，以较大的总权重作为输入。当然，这种变换是否普遍优于等权变换，需要有更严谨的数学论证和实际数据测试。

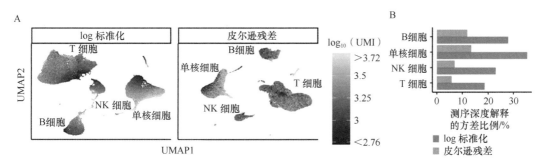

图 9-10　scTransform 工具使用残差方法进行降维数据前处理（Hafemeisterl and Satija，2019）
A. 分别使用 log 标准化和皮尔逊残差方法进行 PCA 降维前处理得到的聚类结果，UMI 总数也就是测序深度在该结果上的分布情况；B. 受测序深度影响的基因方差比例

三、可视化

可视化（visulization）的本质就是进一步将数据的维度降到二维并展示，这是一项特别难的工作。降维和可视化之间跳过了聚类这个阶段，可以说，聚类在可视化结果上，就是个"上色"工作，如果能把同种细胞类型染上同一个颜色，不同细胞类型用不同颜色区别开，那就是完成了聚类这个任务。如何判断是同类或者不同类的细胞呢？那就得在可视化的二维空间中用肉眼"看"同类型的是否聚在一起，而不同类型的是否充分分开了（图 9-11）。为什么说可视化非常难呢？最直观的解释就是一个原 2 万～3 万维空间的分类问题，需要降低到二维，同时要保留足够的信息量，准确地反映类内关系与类间关系、没有失真——由此可见其难度多大。所以在可视化时，主流的算法全都是非线性的算法，也就是大家最熟悉的 t-SNE 和 UMAP 算法。t-SNE 和 UMAP 算法本身非常复杂，下文还是如前主要描述算法的核心思想，让大家学会从算法角度合理地思考。

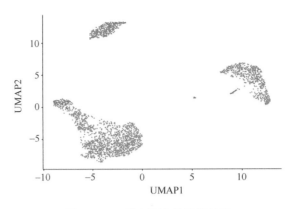

图 9-11　二维空间中的聚类效果

　　t-SNE 是一种用 *t* 分布优化后的 SNE（stochastic neighbor embedding）算法。既然需要嵌入（embedding），那就得预先定义一个二维（或三维）可视化空间，然后把原高维空间的点嵌入低维。核心问题是如何嵌入？空间上两个点像不像，比较直接的想法是用这两个点（*x,y*）之间的线性距离（欧几里得距离）$\|x{-}y\|_2$ 即 $d(x,y)=\sqrt{(x_1-y_1)^2+(x_2-y_2)^2+\cdots+(x_n-y_n)^2}$ 来表示，距离越近的点就越像。但在单细胞高维空间中最大的问题就是大部分点之间都非常远。在都很"远"的情况下，是难以度量相对更"远"或更"近"的，或者说没有比无穷大更大或者更小一点的概念的。一个相对比较好地解决上述问题的思路是将距离以概率的形式来转换。我们首先定义距离远的点相似的概率趋向于 0，而距离越近的点相似概率越接近1，看上去就很合理，避免了度量"无穷大"这个问题；其次，根据统计学中"万物皆可高斯"的思想，我们可以尝试用高斯分布（即正态分布）的概率形式来描述距离；再者，两个点看上去是否很近，是需要跟其他点进行比较，即没有参照物，就无法度量远近。这在概率论里可以简单理解为条件概率。由此可以列出高维空间中 *y* 作为 *x* 临近点的概率：

$$p_y|_x = \frac{\exp\left(-\|x-y\|^2/2\sigma_x^2\right)}{\sum_{z \neq x}\exp\left(-\|x-z\|^2/2\sigma_x^2\right)}$$

式中，*z* 代表所有其他的点，σ_x 是一个调整高斯分布形状的参数。在低维嵌入空间中，我们希望点与点之间能尽量保持原空间的相对远近的关系。由于在高维空间的点，与其在低维空间的嵌入点是一一对应的关系（图 9-12），我们依然用 *x* 和 *y* 来表示高维空间内原（*x*，*y*）向低维空间映射后所映的两个点，其在低维空间内临近的概率可以用同样的公式表示，记作 $q_y|_x$。SNE 算法最终优化的方向是任意两点在高维空间中的临近概率 $p_y|_x$，与其嵌入低维空间中的临近概率 $q_y|_x$，越接近越好，在 *t*-SNE 中使用了经典的 KL 散度（也称相对熵）来度量临近程度。当然，在细节上，我们要进一步做出优化。例如，临近需要考虑对称关系，$p_y|_x$ 观察的是 *x* 周围的某个点 *y*，分母上的条件概率算的是 *x* 周围所有的点，那计算 *y* 周围的 *x* 的临近概率 $p_x|_y$ 时，分母显然和 $p_y|_x$ 不同。而在考虑距离这一概念时，我们希望 *x* 到 *y* 和 *y* 到 *x* 是对等的，所以可以设计对称的 SNE，即使用 $p_{x,y}=(p_y|_x+p_x|_y)/2$ 来优化度量概率的方法。同时在低维嵌入空间中，用 *t* 分布替换掉正态分布（图 9-13）。可以发现，对于高概率的点（类比于来自相同细胞类型的细胞），它们在空间上的距离相比正态分布被拉近了；而低概率的点（类比于来自不同细胞类型的细胞）在低维嵌入空间上被拉远了，这对于聚类后可视化的帮助非常大。所以 *t* 分布优化后的 SNE，即 *t*-SNE，成为单细胞分析中的一种主流可视化方法。

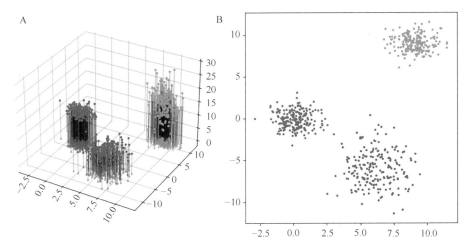

图 9-12　三维（A）到二维（B）的投影

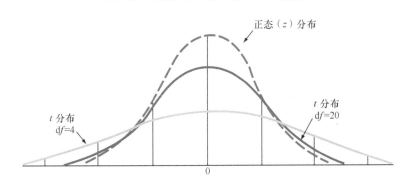

图 9-13　t 分布和正态分布的差异

UMAP 是另一种广泛应用于单细胞数据研究的降维技术，假设数据均匀（uniform）地分布在高维拓扑空间中，则可以从这些有限数据样本中近似（approximation）地映射（projection）到低维空间。从名词解释上看，UMAP 主要是去学习数据在高维空间中的"形状"（这里的形状既包括局部的形状，又包括整体的形状，这又涉及"平衡"的概念），然后找到这个形状在低维中的近似表示。从朴素的观点来看，形状就是把邻近的点通过线连起来组成的，所以 UMAP 也是要通过判断点与点之间的距离，把邻近的点找出来，这一步的思路和 t-SNE 是一样的。尽管 UMAP 的数学证明与推理的过程庞杂且深涩（McInnes et al., 2018），但是其在 t-SNE 算法基础上进行改进的思路却非常直观。首先，t-SNE 在计算点与点之间的相似概率并将之转化为距离的过程中，使用的是欧几里得距离，并将某个点的邻居节点的距离做了归一化，而 UMAP 则可以使用任意形式的距离来转化，并且对距离不做归一化处理，这是 UMAP 计算速度优于 t-SNE 的关键。其次，在选择将概率转化为矩阵时的函数曲线不同。t-SNE 直接使用的 t 分布在一定程度上区分两点相互距离的效果优于正态分布；UMAP 在这里做进一步优化，目的是找到一条更适合这个问题的曲线，即 $q_{i,j}=1/[1+a(y_i-y_j)^{2b}]$（图 9-14）。研究人员通过数据拟合优化后得到了超参数 $a\approx1.93$，$b\approx0.79$。根据这个曲线，超参数往往能够防止一个密集聚落中的点相互重叠或紧密连接。此外，UMAP 在距离计算优化的过程中使用的是交叉熵目标函数而非 t-SNE 使用的 KL 散度（图 9-15），能够更好地获取高维数据的全局结构，而在这个过程中使用随机梯度下降法则进一步提高了计算效率。当然，它的具体实现涉及很多黎曼几何的知识，我们在此不作展开，只是通过类比 t-SNE 来说明其算法框架。

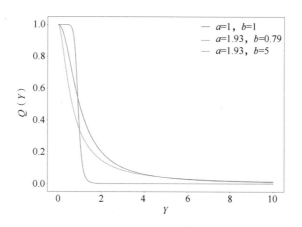

图 9-14 $q_{i,j}=1/[1+a(y_i-y_j)^{2b}]$ 函数曲线

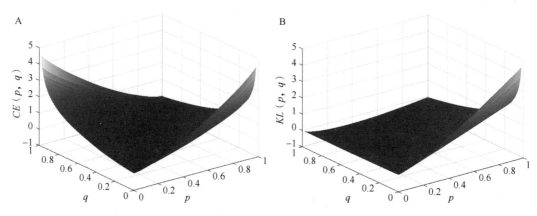

图 9-15 交叉熵（A）和 KL 散度（B）的函数图像

四、聚类

聚类（clustering）的本质是按照细胞基因表达模式的相似性，将同类型的细胞尽量划归到同一个簇之中，并使得同一个簇之内的细胞相似性尽可能高，簇与簇之间细胞的差异性尽可能大。目前有许多不同类型的细胞聚类算法，例如，基于划分的 K-means 及其衍生算法，基于图的聚类算法包括主流的 Louvain 与 Leiden，以及诸多基于密度或基于图神经网络的聚类算法。

（一）K-means 算法

简单介绍一下 K 均值聚类（K-means）算法，这是一种常见聚类算法。在得到降维处理的单细胞数据后，可以直接使用 K-means 对其进行聚类处理。K-means 首先随机令 K 个细胞作为中心（也是一个簇），然后通过欧几里得距离将每一个细胞分配给距其最近的中心，加入簇，并重新计算这个簇的中心在空间上的位置。不断迭代分配细胞，确定中心的过程，最终将所有的细胞划分为 K 个簇。K-means 的运行速度很快，然而，作为一种贪心算法，它很容易陷入局部最优，同时它还需要提前知道 K 的值，也就是簇的数量，这也会限制最终的聚类效果。这些不可避免的问题让 K-means 在单细胞数据聚类中的表现往往不尽如人意，因此需要一种更好的算法来作为替代，这时就要介绍目前最为流行的聚类算法——Louvain 算法。

（二）Louvain 算法

Louvain 算法是基于图的社区发现（community detection）算法，因此在应用该算法之前需要将降维后的离散数据转变成图形式的数据。我们通常组合使用 K 最近邻（K nearest neighbor，KNN）和共享最近邻（shared nearest neighbor，SNN）来画图，为 Louvain 算法作前期处理工作。在这幅图中，每个细胞都是一个节点，而我们要做的就是根据不同细胞的相似性，确定细胞与细胞之间是否存在"边"，这个"边"的权重又会是多少。首先使用 KNN 寻找每个细胞距离最近的 K 个细胞，然后使用 SNN 对于每个细胞的 K 个近邻细胞进行分析，通过找到两个细胞共有的近邻细胞，确定这两个细胞的邻域相似性，从而在这两个细胞之间画一条"边"，并根据共享近邻细胞的数量，以及在 K 个近邻细胞中的排名，确定这条边的权重。最终经过上述处理后，成功地将降维后的离散数据转变成图，这时候就可以进行下一步，使用 Louvain 从图中寻找社区结构（community structure），将细胞分类到不同的社区中。

在寻找社区结构之前，我们要先考虑一个问题：衡量社区分割质量的标准是什么？目前比较广泛认可的社区概念是图中一组比较密集的节点，它们之间的边要比它们和社区外部节点相连的边更多。基于这种理解，首先假设图被切分成 k 个社区，定义一个 $k \times k$ 的 e 矩阵，其中 e_{ij} 为社区 i 与社区 j 之间边的数量占图中所有边总数的比例。因此，矩阵的迹 $Trace\ e = \sum_i e_{ii}$ 就给出了所有社区内部边占所有边比例的和。通常情况下可以认为 e 越大，社区内部的边越多，外部边越少，所以社区的紧密程度更高，节点更加集中。但此时也出现了问题，如果 e 越大越好的话，极端情况下，整个图中所有节点会都属于同一个社区，那么 e 此时会等于 1，实现了最大值。显然这种情况下不能简单地把 e 的大小作为评判社区划分效果的标准，因此需要寻找一种更加完善的评判标准。

这里引入矩阵 e 的行和（或）列 $a_i = \sum_j e_{ij}$，表示所有连接到社区 i 的边占图中所有边的比例。其次，我们知道在一个满足节点随机均匀分布、没有社区结构的图中，有 $e_{ij} = a_i a_j$，为了方便理解，不妨令等式两边同时乘以 m，得到 $me_{ij} = ma_i a_j$（m 为边的总数），等式左边为社区 i 与社区 j 之间边的数量，等式右边为社区 i 与社区 j 之间边数量的期望，二者在节点均匀随机分布的图中是相等的。有了这些铺垫，便可以将模块度定义为 $Q = \sum_i (e_{ii} - a_i^2) = Trace\ e - \|e^2\|$，这里 $\|e^2\|$ 表示矩阵 x 的所有元素之和。模块度的含义是图中所有社区内部边占所有边的比例之和，减去有着相同社区划分的随机均匀分布网络内部边数量比例的期望值之和。模块度的取值范围是 $\left[-\dfrac{1}{2}, 1\right]$，社区的划分效果越好，模块度越趋近于 1，而在实践中，模块度的值通常在 0.3~0.7。在模块度被提出两年之后，它的原作者对其进行了重新定义：

$$Q = \frac{1}{2m} \sum_{vw} \left[A_{vw} - \frac{k_v k_w}{2m} \right] \xi(c_v, c_w)$$

式中，$m = \dfrac{1}{2} \sum_i k_i$，为边的总数；$A_{vw}$ 判断节点 v 与节点 w 是否存在边，存在的话为 1，不存在为 0；$k_v k_w$ 表示节点 v 和节点 w 的度（度是图论中的概念，从一个节点出发存在几条边，就说这个节点有几个度）；$\dfrac{k_v k_w}{2m}$ 表示在随机均匀的图中，节点 v 与节点 w 之间边的期望值；$\xi(c_v, c_w)$ 是判断节点 v 和节点 w 所在的社区是否是同一个社区，同一个社区为 1，不同的话为 0。

$$Q = \frac{1}{2m}\sum_{vw}\left[A_{vw} - \frac{k_v k_w}{2m}\right]\xi(c_v, c_w) = \sum_{vw}\frac{A_{vw}}{2m}\xi(c_v, c_w) - \sum_{vw}\frac{k_v k_w}{(2m)^2}\xi(c_v, c_w) = \sum_{i=1}^{c}(e_{ii} - a_i^2)$$

可以看出，重新定义后的模块度 Q 与最开始的定义是一致的，原作者实质上是对公式进行了推导变换，使其适用于频谱优化算法（spectral optimization algorithms）。在确定了社区划分的质量标准后，就可以着手设计算法，使划分得到的社区模块度最大，即我们的正题——Louvain 算法。Louvain 算法原名 "fast unfolding" 算法，在流行之后大家以原作者的母校鲁汶大学（UCLouvain）作为其名。该算法主要分为两个步骤，下文进行详细讲解。

初始化：所有节点初始化为社区。

步骤一：随机选取节点，使其从原来社区脱离，判断能否归入其他社区，计算模块度 Q 的变化情况，模块度增加，则归入该社区，模块度减少，则放回原社区。不断随机遍历所有节点，直到模块度达到最大值。

步骤二：创建折叠图。将第一步得到的图中的每个社区作为新图中的节点。不同社区之间的边整合相加，成为新节点之间的边，同一个社区内部的边整合相加，成为新节点自连接（self-loop）的权值。

两个步骤为 Louvain 的一组，不断迭代，直到模块度实现最大值后停止。在迭代过程中，每一次折叠都相当于在原有的社区结构上重新创建了一层新社区结构，实现了图中所有节点、社区的层次划分。不同的层级结构对应着不同的粒度，Louvain 的分辨率（resolution）参数，便决定了用于检测社区结构的粒度水平，因此选择不同的分辨率，就相当于是在不同的层次上去看社区的划分结构。通常情况下分辨率为 1，增大分辨率后便可以找到更多的社区结构，反之亦然。

尽管 Louvain 在发现高质量的社区结构上有着非常出色的表现，但它同样有着自己的缺点。①模块度的分辨率限制：由于分辨率限制，模块度可能会将小一些的社区归入一些较大的社区，换句话说，模块度可能会把一些社区"隐藏"起来。②创造不连通的社区：在移动节点的时候，可能会把关键的分岔点归入其他社区，导致原本社区中产生不相连的两个部分，这显然是不符合需求的。如图 9-16 所示，A 图中的 0 节点将 1、2、3 和 4、5、6 两个子社区连接起来，形成合理的社区结构，B 图中 0 节点从红色社区移入蓝色社区之后，红色社区中的两个子社区不再存在直接连接，红色社区这时的结构是不合理的。

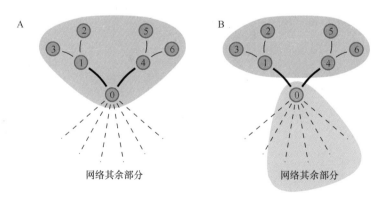

图 9-16 Louvain 算法生成不连通的社区（Traag et al.，2019）

图中不同背景颜色代表不同社区，每个圈表示一个细胞（节点）

（三）Leiden 算法

为了解决 Louvain 算法的第二个缺点，Traag 等于 2019 年提出了 Leiden 算法，同样也是以其母校莱顿大学（Leiden University）的名字命名。Leiden 算法结合了 smart local move 算法、fast local move 算法及 random neighbour move 算法的长处，并针对 Louvain 算法的缺点，设置了检测节点连接性的环节，从而实现对于 Louvain 算法各方面的优化。Leiden 算法相比 Louvain 算法能够更快地运行，给出更好的社区分类结果，因此在许多分析工具中替代了 Louvain 算法，以帮助分析工具提升样本分群的效果。

下文简单介绍 Leiden 算法针对社区连通性问题做出的改进。Leiden 算法在 Louvain 算法的两个步骤之间插入了分区细化（partition refinement）的步骤（图 9-17）。

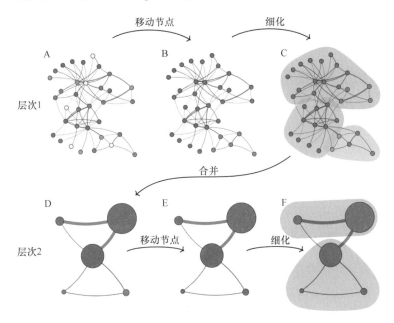

图 9-17　Leiden 算法的分区细化过程（Traag et al.，2019）

初始化：所有节点初始化为社区。

步骤一：使用堆栈创建一个等待序列，用于存储待访问的节点（图 9-17A），每次从等待序列中取出一个节点，使其从原来社区脱离，判断能否归入其他社区，计算模块度 Q 的变化情况，模块度增加，则归入该社区，模块度减少，则放回原社区。判断完当前节点的归属后，将其不属于同一社区的相连节点添加到等待序列中，重复这个过程，直到等待序列为空时停止运行（图 9-17B）。

步骤二：分区细化（图 9-17C）。针对步骤一得到的社区划分结果，对每个社区内部节点重新划分社区，在划分社区的时候需要避免出现划分出的子社区（sub-community）不连通的情况。

步骤三：创建折叠图（图 9-17C～D）。将步骤二得到的图中的每个社区（包括子社区）作为新图中的节点。尽管子社区可以折叠形成新的节点，但来自同一个社区的子社区形成的新节点仍同属于一个社区。

三个步骤为一组，不断迭代，直到每个社区内只包含一个节点，也就是折叠到最高程度后停止（图 9-17D～F）。步骤一中使用的等待序列参考了 fast local move 算法，相当于只在每个社区的边缘节点进行随机采样处理，而不是对全部的节点随机采样，因此减少了算法的迭代次数，降低了时间复杂度。步骤二分区细化的思想参考了 smart local move 算法，这可以帮助算法找到更加高质量的社区结构。同时分区细化的过程中，也借鉴了 random neighbour move 算法的处理方法，不是单纯地将节点划分到模块度增加最大的社区，而是依据不同划分方式下模块度增加的幅度，分别设置不同的概率，依据概率随机选择其中一个划分方式。在社区选择过程中引入随机性可以帮助我们探索更加广泛的分区细化空间，从而实现更加优秀的社区划分效果。

第三节　轨迹与 RNA 速率分析算法

一、轨迹分析算法

尽管跟踪单个细胞随时间变化的转录组特征在实验上颇具挑战，但高通量单细胞测序技术能够从细胞分化等动态过程中采集大量单细胞数据。通过运用细胞轨迹推断（trajectory inference）和拟时序（pseudotime）分析等计算生物学方法，能够重构出细胞发展的详细轨迹，揭示其复杂的生物学机制。

在上一节的单细胞聚类分析中，我们已经提及聚类和轨迹分析在计算本身并没有区别。当要强调细胞类型之间的异质性（分类）时，我们把单细胞数据看成是离散数据，聚类就是一个很好的数据分析和展示方式。在 UMAP（或 t-SNE）做二维可视化展示的过程中，对数据分布进行非线性的变换，使得同类型细胞的距离被拉近，非同类型细胞的距离被推开，以达到细胞类群间"分类"的可视化目的。同样道理，当要强调细胞状态变化的连续性时，我们把单细胞数据看成是连续数据，选取图形结构中最适合描述细胞状态变化过程的树形结构（图 9-18），在低维可视化空间中把细胞间的相似度关系用"轨迹"或者"树"的拓扑结构方式展示，再构建"主轴"（或主枝干）的概念，把"树枝"上的细胞往主轴靠拢，则可以达到呈现细胞状态连续性变化的效果。

以 Monocle1/2 为例，Monocle1 在"构建轨迹"时直接采用了最小生成树（minimum spanning tree）（图 9-18），这是一种在微生物进化领域十分常见的建树方法。最小生成树将

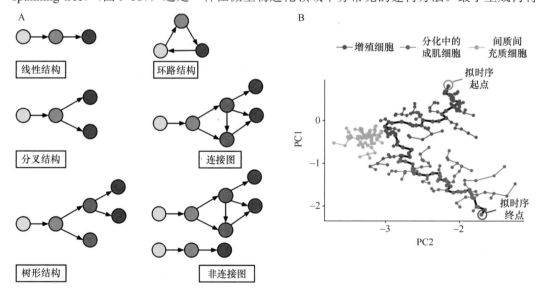

图 9-18　Monocle1 使用最小生成树构建细胞轨迹

A. 常见的几种图形结构（Denconinck et al.，2021）；B. Monocle1 通过最小生成树方法构建细胞轨迹的示例（Trapnell et al.，2014）

所有细胞按相似度连接起来，同时使得细胞之间的距离总和最短。假如细胞在低维表达空间中有一定的"轨迹趋势"，即有呈"长条状"的高密度细胞群，用这种方式构建树，很容易在细胞密度高的地方产生主轴，且主轴向周围低密度的细胞处展开分支。如果此时最小生成树的主轴跟生物学问题能够对应，如在发育问题中可以合理描述祖细胞到终分化细胞的变化，该轨迹就认为被成功构建。

当原始的细胞分布在低维表达空间中没有明显的"轨迹趋势"时，Monocle2 展示了一种迭代式构建轨迹的思路（图 9-19）。即在一轮表达空间的轨迹构建之后，分支上的细胞向主轴"牵引"，使得细胞的分布在二维展示空间更具有轨迹的样子。迭代在表达空间和展示空间之间展开，直到最终轨迹稳定。

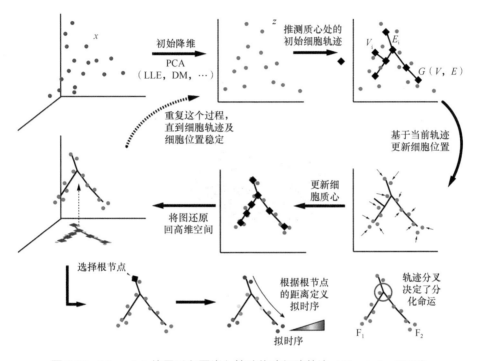

图 9-19　Monocle2 使用反向图嵌入算法构建细胞轨迹（Qiu et al.，2017）

由于轨迹分析是用以描述细胞之间相似度发生的连续性变化，其在计算过程中非常依赖低维表达空间中细胞分布的原始"形状"。如果我们研究一个发育问题，那么只有细胞的"干性变化趋势"和细胞整体相似度变化趋势在空间中一致，且在整体的拓扑结构上产生线性或者树状而非环状、网状结构时，轨迹分析才能与生物学问题相对应。可见该方法的成功实施要求很高的前提条件。

二、RNA 动力学相关算法

2018 年，两个单细胞研究领域的超级实验室 Peter Kharchenko 实验室和 Sten Linnarsson 实验室共同推出了一个名为"RNA Velocyto"的软件（Manno et al.，2018），打开了单细胞组学研究的一扇大门——RNA 分子动力学（velocity）。原本在单细胞 RNA 检测时，大家只是用其来记录细胞内转录物的表达丰度，即 RNA count 值。基于单个细胞之间 RNA 表达谱的相似程度远近，进行细胞类型的聚类，或是轨迹分析。Velocyto 研究团队发现在 RNA 捕获过程中，识别到的内含子序列可以用来代表未成熟的转录物，或者更准确地说是新生的转录物。而对于一个基因，若是要处于表达的稳定状态，则其外显子和内含子的捕获比例需要达到某一个定值，才可以使新生成的 RNA 和降解的 RNA 在速度上保持一致，达到动态平衡。对于一个细胞而言，如果其包含的所有基因都处于动态平衡状态，那么这个细胞在下一个时刻（虽然测序时没有捕获到），其整体表达保持平衡，即细胞处于稳定状态；反之，如果该细胞内大量基因没有处于平衡状态，其表达量在下一时刻将会发生多种 RNA 的上调下调，那么细胞将处于非稳定状态，如发育过程中的分化状态。

类比位移与速度的关系，RNA 的生成和降解可以用两个常微分方程表述，通过解微分方程，可对每一个基因进行 RNA 动力学建模，即已知该基因当前时刻的外显子丰度与内含子丰度时，判断该基因处于稳定状态还是非稳定状态。若该基因处于非稳定状态，则可计算出该基因在下一时刻时的外显子丰度与内含子丰度（图 9-20）。对于一个细胞而言，其所有基因在下一时刻的表达量就可以估计出来，那么只要测定的单细胞数量足够多，就可以在当前时刻的数据中，找到一个整体表达与该细胞下一时刻表达极为相似的细胞。在当前的表达空间中，这两个细胞构成的位移（用箭头描述，包括方向和距离），可以用来指示细胞命运的变化（图 9-21）。细胞数量不足时，则可以把表达空间用"场"（field）的概念来描述（参见软件 Dynamo 中的算法构建），即箭头可以指向表达空间内没有细胞的地方，从而形成细胞 RNA 动力学预测的向量场。

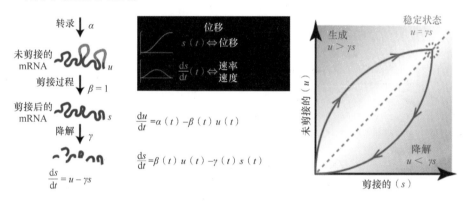

图 9-20　RNA 生成和降解过程的微分方程建模（Manno et al.，2018）

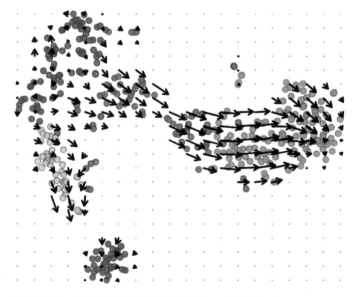

图 9-21　细胞命运的变化及变化速度由箭头的方向和大小表示（Manno et al.，2018）

RNA 分子动力学分析不基于细胞间 RNA 的相似度，与 RNA 轨迹分析相独立。这两种分析都可用于描述生物学中细胞类型变化，即细胞命运转变的过程。相比轨迹分析而言，RNA 动力学没有"细胞干性变化趋势和细胞整体相似度变化趋势在空间中一致"这样的强假设，其数学模型构建的过程更加优雅。当然，这两个方法是相辅相成的，而且最终都在二维可视化空间中展示，结果是可以相互印证的。也就是说，当轨迹构建的结果和 RNA 分子动力学的分析结果一致时，这个细胞命运转变的结果才是可靠的。相比单独的轨迹分析结果必须要符合生物学先验知识，两种方法共同得到的一致性结果，可以用来推断未知的生物学发育问题。

综上所述，轨迹分析通过排序细胞以模拟细胞状态的连续变化，侧重于揭示细胞状态的顺序和演变，适用于研究细胞发育轨迹、细胞类型间的关联；而 RNA 分子动力学通过基因表达水平和转录物流向来计算基因表达的动态变化速率，侧重于基因表达的动态速率，可用于揭示基因表达的动态调控机制。

第四节　其他算法

一、实验数据优化算法

在实际的生物学实验中，不可避免会产生一些数据噪声，可能来自实验技术和实验人员等各种因素。这些噪声可能对数据分析及下游生物学的发现产生比较大的干扰，也就是技术过程引起的差异（technical variation）影响了生物本身差异（biological variation）的识别。特别是在单细胞研究中，由于 RNA 信号的捕获效率较低，从而使得数据整体的信噪比（signal-to-noise ratio）较低，因此，优化实验从而减少噪声污染一直是该领域的重要研究方向。当然，除了直接优化实验技术，通过生物信息算法识别噪声并过滤，从而在数据分析层面做出优化，是单细胞分析领域的一个重要分支，也是计算生物学本身的魅力所在。

当前，基于微流控技术的高通量液滴单细胞测序已经成为主流的单细胞实验技术，下文主要介绍基于液滴单细胞测序技术的实验优化算法，包括细胞识别、去除背景噪声、去除双胞、批次效应校正等。早期的孔板单细胞技术中，实验中还引入外源 RNA 标准品（spike-in）对细胞内基因的表达量丰度进行校正，这些实验技术在液滴单细胞实验中已不再使用，在此不作赘述。

1. 细胞识别　　在一次液滴单细胞的实验中，通常会生成 10 万以上的液滴数，用以包裹细胞。从原理上，一个液滴包裹一个细胞，并在液滴内完成细胞的裂解及胞内 RNA 的捕获。但是在一次液滴单细胞实验过程中，一般只测序几千到一万个细胞，所以 90% 以上的液滴都是空液滴。然而，空液滴并不是完全测不到 RNA 信号，由于细胞在实验过程中可能事先破裂，破裂细胞的 RNA 分子也会被包裹进液滴内，这样的 RNA 信号称为环境 RNA（ambient RNA）。当空液滴内进入环境 RNA 后，空液滴也会有一定的 RNA 表达量被记录。

通常来说，我们认为空液滴内的 RNA 总量（即总 UMI 数）远低于真实细胞的 RNA 总量，并通过 UMI 总数的降序排列图寻找拐点，来区分真实细胞和空液滴。然而，有一些体积较小、总表达量较低的细胞，其总表达量不一定会显著高于所有的空液滴。例如，在肿瘤单细胞研究中，肿瘤细胞 RNA 总表达量高且较容易破裂，从而形成环境 RNA 包裹在空液滴中，而免疫细胞体积较小且 RNA 总表达量低，使得一些免疫细胞和部分包裹较多环境 RNA 的空液滴之间的 UMI 数在一个数量级，难以区分。

作为液滴单细胞实验中细胞识别的算法，一般假设环境 RNA 中的表达谱和真实细胞的表达谱分布不同，用 RNA 的相似度来区分那些总 UMI 数接近的真实细胞和空液滴。这个假设在大多数的场景中都是适用的，因为整体低表达量的细胞一般以免疫细胞为主，而产生环境 RNA 的表达谱，通常来自构成组织的实质细胞，或者是多种细胞的混合，与免疫细胞表达谱有显著区别。细胞识别的一个经典软件为 EmptyDrops（Lun et al.，2019），它所用到的算法思想正如前文所述，使用表达量最低的一部分细胞合并后作为环境 RNA 使用，并且与相对低表达的其他细胞进行 RNA 相似程度的比较。相比于常用的拐点（inflection point），EmptyDrops 选取了更加保守的膝点（knee point）作为筛选高表达量细胞的标准，以进一步降低筛选到空液滴的概率（图 9-22A）。在具体比较时，该算法对真实单细胞的表达量构建了多项分布（multinomial distribution），由于该多项分布模型无法直接给出统计显著性（即 P 值），作者使用了蒙特卡罗方法迭代计算 P 值，并对迭代方案做出了一定优化，最终能够从大量的空液滴中筛选出低表达量的真实细胞（图 9-22B）。虽然 EmptyDrops 的模型构建思想非常合理，但是其引入了迭代方法计算每一个细胞与空液滴相似程度的 P 值，在速度上是比较受限的，这也给后续研究人员优化细胞识别算法留下了开发的空间。

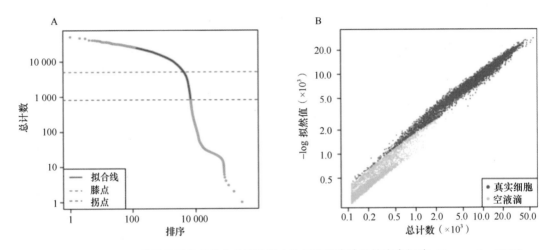

图 9-22 EmptyDrops 使用基于多项分布的统计学方法保留低表达量的真实细胞（Lun et al.，2019）

2. 去背景和去双胞 上文已经介绍了环境 RNA 问题。从原理上说，除了空细胞中有环境 RNA，真实细胞中也会被混入一定量的环境 RNA。这看似是一个非常令人头疼的问题。混入所有细胞中的环境 RNA，从数学上是比较容易被假设为在细胞间均匀混入，而在实际科学研究中，我们寻找的都是较为显著的生物学差异，均匀混入的信号只会稍微降低差异的显著性，并不会带来特别严重的后果。当然，在分析一些发育问题时，由于轨迹分析需要研究随时间变化的细微差异，环境 RNA 的影响还是会存在的。去除环境 RNA 污染有时候需要很强的生物学先验知识，如有一些基因应该在某些细胞类型里面高表达，而完全不表达于另一些细胞类型（但是在污染的数据中被观测到了）。同时这些基因最好在空液滴内稳定表达，才容易推测其污染程度。目前比较公认的思路（如 DropletUtils 中的去污染方法）是先通过聚类的方法，从结果中估计群体级别的污染信号——该污染信号的估计可以基于先验知识，或者认为所有细胞类型之间都有假定比例的交叉污染，再将这些污染的信号传递回单个细胞。总体而言，去背景这一方法需要慎用，因为它会改变细胞的原始表达量。以更为严谨的科学态度来看，如果该数据已经被背景信号严重污染，应该做的选择是不使用该数据，或者重新做实验。

在液滴单细胞测序过程中，一个液滴包含两个（或更多）细胞的现象被称为双胞。双胞可能被误认为是实际不存在的中间群体或过渡状态，会影响对结果的解释，因此识别并去除双胞是单细胞分析一个较为重要的步骤。估算某个液滴内捕获信号属于双胞的概率，通常是使用计算机模拟两个细胞的表达量之和，构成大量虚拟的双胞；对于每个原始细胞，计算其周围邻域中模拟双胞的密度，以及计算邻域中观察到的原始细胞的密度。这两个密度之间的比率作为每个细胞的"双胞得分"（图 9-23）。当然，得分只能用于判断该细胞是双胞的可能性高低，最终哪些细胞需要被认定为双胞并且去除，需要结合聚类结果判断。如果一个聚类的细胞群普遍具有较高的双胞得分，那么整个类群都是比较可疑的。更重要的是，一些下游的分析，特别是差异基因的分析结果，是否来源于这些高双胞得分的细胞，需要进一步确认。同时，由于在实际的发育问题中的确存在细胞中间群体或过渡状态，"双胞"是否真实存在，并且具有生物学意义，有时候还需要通过实验进一步验证。

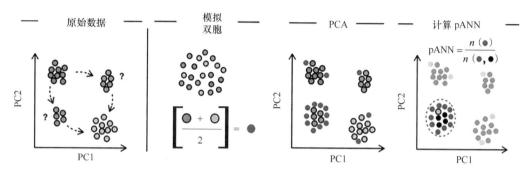

图 9-23　通过虚拟双胞的思路来去除真实双胞（McGinnis et al.，2019）

3. 批次效应校正　　目前，一次单细胞实验产生几千到一万个细胞，而一个单细胞测序的研究项目一般需要产出十万到百万级的细胞数目。对于这样的研究工作来说，样本制备过程很难保证时间、试剂、仪器、实验人员的一致性，从而在样本批次（batch）间产生系统性的差异，称为批次效应。批次效应会错误性放大数据之间的差异，增加生物学发现的假阳性率，所以进行大规模单细胞数据分析时，对于样本间是否存在批次效应，以及如何去除批次效应，是数据分析环节中一个重要的步骤。事实上，如果没有先验知识，从纯粹的数据层面来看，区分数据在批次之间的技术差异和真实的生物学差异比较困难。单细胞批次校正的算法非常多，不过在原理上都比较接近，下面将从两种典型算法的设计思路出发，介绍批次校正领域的相关算法。

对于单细胞数据批次问题，一种比较朴素的假设是在两个批次的单细胞数据之间存在没有生物学差异的细胞对（cell pair），那么它们之间计算所得到的差异完全来自数据批次间的差异。在这种假设下，细胞对将会构成锚点，只要在批次数据间有充足的锚点（并计算每个锚点间的差异），那么对于任一细胞，就可以对周围多个锚点的差异通过一定的权重，综合估算其自身的批次效应。细胞对的寻找方式各有不同，如 Seurat 基于典型相关分析（canonical correlation analysis，CCA）的批次校正方法（图 9-24），就是使用了锚点思路，并且将这种寻找锚点进行校正的思路延展到了跨组学多模态数据之间的整合。但是，这种批次效应的校正方法中暗含了一个很强的假定前提，即样本间的批次效应要小于样本内的生物学差异，因为只有这样，细胞对才不至于在批次效应的影响下匹配错，形成错误的锚点。而在实际数据分析过程中，只有非常明显的批次效应，才必须要进行批次效应的校正。这种明显的批次差异，体现在批次间同一种细胞类型的共聚类结果，在可视化的 UMAP 图上甚至被分成两个独立的群。这样的数据显然难以构建批次间的锚点，用于批次效应的消除。

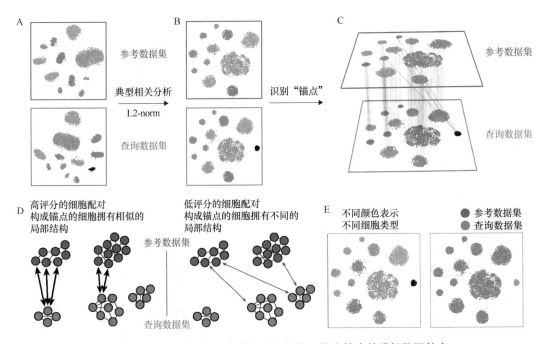

图 9-24　Seurat v3 使用典型相关分析校正批次效应并进行数据整合

A. 两个不同来源的数据集,参考数据集和查询数据集,它们的细胞状态和细胞类型相似,但查询数据集中存在一群独有的细胞; B. 对两个数据集进行典型相关分析,并对典型相关向量进行 L2 标准化处理,将两个数据集映射到它们共有的子空间中; C. 在子空间中识别细胞对,也就是"锚点",图中灰色线条为识别到的锚点,红色线条为不正确的细胞配对; D. 在完成锚点识别后,依据构成锚点的两群细胞局部结构对锚点质量进行相关性评分; E. 结合锚点与其相关性评分计算得到查询数据集校正后的表达量,从而实现查询数据集和参考数据集的整合

当样本批次间差异较大,细胞与细胞之间构建锚点困难时,以细胞群体为单位进行批次校正是单细胞分析中的另一种最典型思想。以经典的批次校正软件 Harmony（Korsunsky et al.，2019）为例,多个批次的数据在降维的表达空间中进行共聚类,聚类结果反映了各批次中各细胞类型的群体在表达空间中的重叠程度。我们把一次成功的批次校正结果定义为各批次的同一种细胞类型在表达空间中高度重合,那么通过不断移动并重叠各批次的同种细胞类型的聚类中心点,可以在可视化的降维空间中把同类型的细胞群体尽量重叠（图 9-25）。由于优化的目标为多批次同细胞类型的重叠,所以即使在初始的可视化空间中同种细胞类型

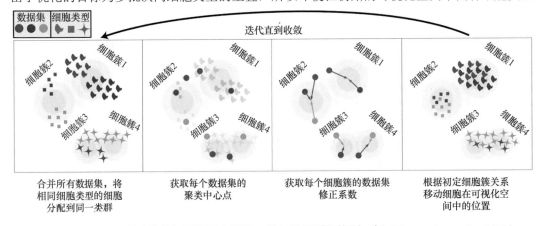

图 9-25　Harmony 通过迭代把不同批次的同一种细胞类型聚拢到一起（Korsunsky et al.，2019）

没有发生重叠（由于显著的批次效应），该方法也可以通过迭代的方式，将这样的细胞群最终校正为同一种细胞类型（即识别为同一个簇）。

值得注意的一点，以上介绍的两种批次校正算法中，Seurat 通过对于每个细胞内批次效应量的估算，直接改变细胞原始的表达量；而 Harmony 只在降维的表达空间中调整细胞所处的位置，从而实现"对于有批次效应的细胞，打上正确的细胞类型标签"目的，即不改变细胞本身的表达量。相比之下，像 Harmony 这种在降维表达空间中调整细胞位置的方法更容易被生物学家接受，因为改变基因的原始表达量需要谨慎，这跟我们在去除环境 RNA 污染时提到的问题一样。所以之前的建议同样对批次效应问题有效，即对于有明显批次效应的数据，可以考虑在分析过程中去除，若要保留数据，则需要注意下游分析得到的差异基因等有生物学意义的信号是否与数据的批次有密切的关系。

二、单细胞多组学整合算法

单细胞组学技术可以给生命科学领域的各项研究提供大量的细胞分子信号数据，是现代分子细胞生物学分析中的重要依赖支持。但是，这些数据通常是孤立的，是对某一类细胞活动的信号记录。利用单细胞跨组学整合技术将来自不同组学的数据整合，可以帮助研究人员更全面地理解和认识细胞类型及细胞状态。例如，整合利用单细胞转录组与染色质可及性测序数据能够帮助理解细胞表达层面的调控机制。空间组学则提供了在生物体真实空间位置上的组学数据，帮助研究人员发现细胞间的相互作用和细胞类群关系，并理解细胞间信息交流的机制。研究开发新的整合单细胞多组学的计算方法一直是计算生物学的前沿研究热点。通常可以将这些计算方法依照计算规则分为三种不同类型：基于矩阵分解、基于迁移联系及基于深度学习（图 9-26）。

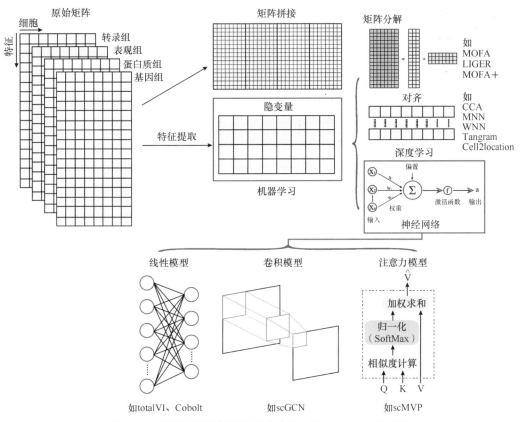

图 9-26　单细胞多组学数据整合方法（Wang et al., 2023）

1. 矩阵分解方法　　矩阵分解方法是利用线性代数中矩阵分解的原理，求出 $M \approx Q \times F$，其中 M 是原始矩阵，Q 是每个组学特异的参数矩阵，而 F 则是共有因子矩阵，代表整合后的矩阵。一个在数据科学中的假设，即共有因子的每个值代表不同特征，对于细胞状态的影响或者说贡献应该是一个数值上的正值，而一个负值是不需要保留的。因此矩阵分解方法通常是非负矩阵分解，这也给定了矩阵分解解法上的限制。MOFA+（multi-omics factor analysis v2）（图 9-27）和 LIGER 都是基于非负矩阵分解的常用单细胞多组学整合方法，其原理大致如前所述。

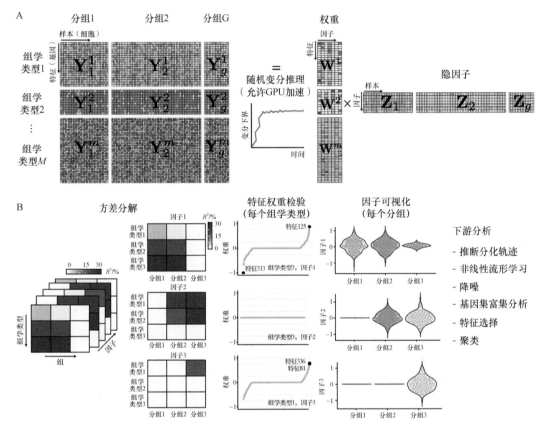

图 9-27　MOFA+ 的矩阵分解原理图示（Argelaguet et al.，2020）

MOFA+ 提供了一个用于整合多样本、多组学单细胞数据的无监督框架。

A. 模型输入为多个样本分组及不同组学类型数据构成的矩阵，矩阵中允许部分数据缺失。MOFA+ 使用随机变分推理来获得数据的低维表示（隐因子）及权重矩阵，隐因子和权重矩阵上的稀疏性先验使模型能够捕获不同分组和组学类型所特有或共有的特征。B. 训练之后的 MOFA+ 模型可以用于多种下游分析，包括方差分解、特征权重检验和因子可视化等下游任务

2. 迁移联系方法　　迁移联系方法是一些基于两组学数据之间的类群关联性进行整合的方法。例如，Seurat v3 所应用的 MNN（mutual nearest neighbors）及 Seurat v4 所应用的 WNN（weighted nearest neighbors）均属于这类方法。另外还有一些基于流形学习、最优传输、变分推断的方法。不过以上这些方法综合来看是依照最小化不同组学的类内差异并放大类间差异的原则，这样的方法通常在大数据集上时表现不稳定，且缺乏识别罕见细胞类群或细胞状态的能力。以 WNN 的计算方法为例（图 9-28），首先是计算出每一个组学数据内的 KNN 聚类结果，然后是基于每一个细胞的邻居的特征计算预测这个细胞的低维表示。这里

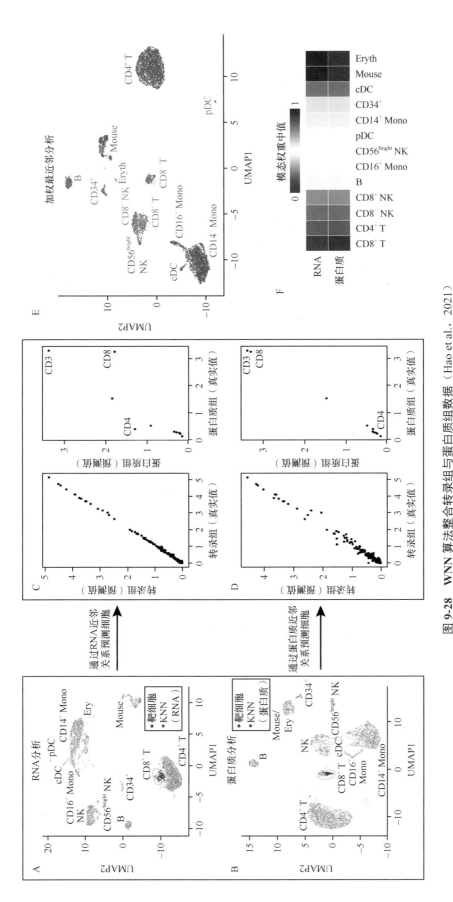

图 9-28 WNN 算法整合转录组与蛋白组数据（Hao et al., 2021）

A、B. 对单核细胞 RNA 和蛋白质组数据分别进行分析；C、D. 根据 RNA 和蛋白质组近邻关系分别预测目标细胞的不同基因表达量，并与真实值进行比较；E. 根据 RNA 和蛋白质组数据预测相似度计算的权重构建加权最近邻图；F. 所有细胞类型的 RNA 和蛋白质模态权重中值

包含组学内部和组学之间的两次计算，一个组学的 KNN 结果预测其在当前组学的低维表示后，再预测跨组学的低维表示。并依照前述原则，不断迭代根据低维表示生成预测值计算，直到生成的低维表示达到稳定。利用得到的低维表示可以计算每一个细胞得到的低维表示中来自各个不同组学的权重，可以看作一个组学对于这个细胞状态的确定有多大的贡献。最后，生成基于 WNN 算法得到的低维表示和组学权重，得到了细胞的整合表示图。

3. 深度学习方法　　最后一类方法是基于深度学习，并且通常是使用自编码器的方法。自编码器在无监督学习中应用广泛，而在单细胞多组学整合的应用中，其适用于大数据，不依赖类群鉴定，支持并行性计算等特性。以深度学习为基础的方法在近年的研究中大量涌现（图 9-29）。而未来几年单细胞大模型的应用，将会使得深度学习成为单细胞多组学整合中的主流算法。自编码器通常由两部分构成，即编码器和解码器。编码器将输入数据转化为隐变量，其作用是数据降维，将数据的特征进行提取并压缩，并去除数据中的噪声。解码器则是利用编码器得到的隐变量还原输入数据，这能够集成不同模态间数据的隐藏特征。另外，多组学的整合方法中也采用了自然语言处理中的掩码策略，这可以增强网络学习不同组学特征相关性的能力。深度学习也为研究空间多组学的数据整合提供了一系列基于图神经网络的方法和策略。例如，将神经网络转化为图神经网络后，再基于上述的掩码策略和自编码器来构思与开发算法。

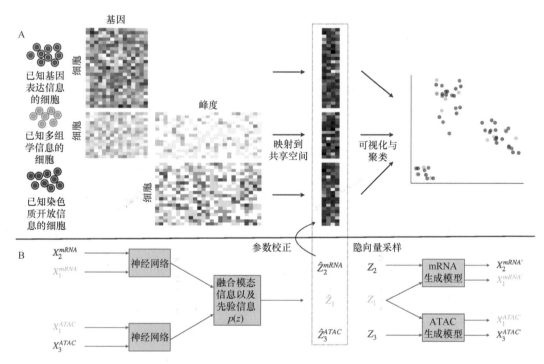

图 9-29　基于深度学习算法整合多模态数据（Gong et al., 2021）

A. 单细胞组学数据及其整合分析过程和结果；B. 相应应用的深度学习方法

三、空间组学数据分析算法

解析空间组学数据需要复杂的分析流程。具体而言，现在的空间转录组学方法，尤其是亚细胞分辨率空间转录组学方法，需要深入研究各种生物学尺度下的细胞类型及其相互关系，包括分子、细胞、空间区域及时空水平，由此提出了相应算法和工具。

1. 空间组学数据分析主要算法 在分子水平上，关键任务包括识别空间高变基因（SVG）和推断基因调控网络（GRN）。SpatialDE、SPARK 和 nnSVG 等工具专注于空间高变基因的识别，有助于进一步理解组织结构和功能特化。SpatialDE 提供了一个统计学框架，而 SPARK 宜用于处理大型数据集，提高了可扩展性。nnSVG 使用最近邻方法改进检测效果，Hotspot 工具则通过识别协同基因表达的热点来指示生物学意义。用于基因调控网络推断的有 GCNG，它应用图卷积网络表示空间关系，揭示了信号和代谢通路中的空间调控相互作用。然而，这类工具在解释基因间的细胞-细胞相互作用方面仍面临挑战。

为解决转录本采样不足的问题，GimVI、NovoSpaRc 和 spARC 等工具提供了基因插补（imputation）功能。GimVI 预测单细胞和空间数据中缺失的基因表达值，考虑了平台特定差异。spARC 通过调整相关性图来对空间组学计数矩阵进行去噪，但可能忽略不同技术之间的差异。

在细胞层面，细胞分割是空间转录组学数据分析的初始步骤。基于图像的细胞分割工具如 StarDist、DeepCell 和 Cellpose 使用不同策略准确预测细胞边界。StarDist 采用基于形状的方法，DeepCell 利用深度学习提高准确性，而 Cellpose 是一个通用模型，可适用于不同数据集和生物体。基于测序的细胞分割工具可包括 Baysor、SSAM 和 ClusterMap。Baysor 结合局部邻域信息提高分割精度，SSAM 使用空间信息和关联图改善细胞类型分类，而 ClusterMap 允许识别细胞类型和状态。对于分辨率无法精确到单细胞水平的数据，Cell2location、SPOTlight、Tangram 和 RCTD 等工具可进行解卷积分析，推断每个（包含多个细胞的）空间位点的细胞类型组成。这些方法的效果在很大程度上取决于相关参考数据集的质量和数量。

区域水平分析工具如 SpaGCN、STAGATE 和 SpatialPCA 用于识别空间域。SpaGCN 和 STAGATE 利用图神经网络，整合空间和基因表达数据，而 SpatialPCA 应用主成分分析降低维度并突出关键空间表达模式。COMMOT、MISTy、DIALOGUE 和 NCEM 等工具专注于分析空间细胞-细胞相互作用。这些工具有助于理解细胞通信的复杂性，并从微环境视角过渡到更全面的组织水平视角。

在空间水平的分析中，PASTE 和 SPACEL 等工具用于 3D 重建，MOSCOT 和 SLAT 进行跨时间点对齐，这些工具能够增强对细胞相互作用、组织构成和生物系统整体结构的理解。PASTE 和 SPACEL 在 3D 重建中各有优势，PASTE 无需先验注释知识，而 SPACEL 基于细胞类型识别空间域，精度高。MOSCOT 和 SLAT 在跨时间点对齐方面提供了不同的方法，MOSCOT 允许非刚性配准，而 SLAT 结合空间图卷积和对抗性匹配。

将分析拓展到时空水平，stLearn 和 Spateo 可用于谱系追踪和细胞命运推断。stLearn 整合空间转录组学和谱系追踪以理解细胞发育轨迹，而 Spateo 针对分析空间和时间表达数据以推断生物过程中的细胞命运和细胞流动性。这些工具有助于理解组织的动态变化和发育过程。空间组学数据分析的主要算法与工具详见表 9-1。

表 9-1 空间组学数据分析主要算法与工具（Liu et al.，2024）

类型	算法/工具	优点	缺点
空间可变基因识别	SpatialDE	一个用于识别表现空间可变性的基因的统计框架，对理解组织结构至关重要	可能在噪声数据或空间模式不明显时表现不佳

类型	算法/工具	优点	缺点
空间可变基因识别	SPARK SPARK-X	设计用于处理大型数据集,提高可扩展性	需要针对不同特征的数据集进行微调以获得最佳性能
	nnSVG	使用最近邻方法改进空间可变基因的检测	如果细胞的空间分布高度不规则,性能可能会下降
	Hotspot	识别协同基因表达的热点,可以指示生物学意义	需要参数调整和对底层生物学的良好理解以有效解释结果
基因调控网络推断	GCNG	应用图卷积网络来表示空间关系	难以解释基因之间的细胞外相互作用
数据插补	GimVI	预测单细胞和空间数据中缺失的基因表达值;考虑平台特定差异	在捕获率极低的空间数据中准确度有限
	NovoSpaRc	向 scRNA-seq 数据添加空间信息以实现 ST 插补	计算成本高;在映射 ST 缺失转录本时表现较差
	spARC	通过调整亲和图来去噪空间组学计数矩阵	可能忽视平台特定的技术差异
基于图像的细胞分割	StarDist	使用基于形状的方法准确预测细胞边界	对高度可变或不规则的细胞形状效果较差
	DeepCell	利用深度学习提高准确性并适应不同细胞类型	需要大量计算资源和训练数据
	Cellpose	通用模型,无需重新训练即可适用于不同数据集和生物体	对高度不寻常形态的细胞性能可能不理想
基于转录本的细胞分割	Baysor	结合局部邻域信息以提高分割精度	缺乏对基于测序的 ST 数据集的泛化
	SSAM	使用空间信息和关联图改善细胞类型分类	缺乏单细胞分割。需要预定义细胞类型
	ClusterMap	基于聚类的方法允许识别细胞类型和状态	聚类分辨率可能影响分割的准确性
	SCS	结合成像和基因向量信号来定义细胞形状	在可扩展数据集中耗时昂贵。结果难以解释
反卷积	Cell2location	允许将 scRNA-seq 数据中的细胞类型映射到空间数据上	性能对超参数敏感;依赖于微调
	SPOTlight	可以解卷积混合信号以预测细胞类型组成	依赖于空间转录组学数据的质量和分辨率
	Tangram	使用 KL 散度作为细胞密度奖励函数,余弦相似度作为基因表达相似度	由于基于共同坐标框架(CCF)的注册,应用受限
	RCTD	对跨平台数据稳健;基于最大似然估计(MLE)优化的快速处理	点的泊松分布可能不适用于所有 ST 数据;依赖参考 scRNA-seq 数据
从单细胞转录组学转移注释	Spatial-ID	促进从 scRNA-seq 到空间转录组学数据的注释转移,可能节省时间和资源	准确性高度依赖于参考 scRNA-seq 数据的代表性

单细胞组学基础

类型	算法/工具	优点	缺点
空间域识别	SpaGCN	整合图卷积网络以识别空间域,利用空间和基因表达数据	可能计算密集且需要大量训练时间
	STAGATE	使用注意力机制捕捉基因和空间位置之间的复杂关系	模型复杂性可能导致过拟合,如果不适当调节
	SpatialPCA	应用主成分分析降低维度并突出关键空间模式	可能忽视对理解空间结构重要的非线性关系
	BayesSpace	使用贝叶斯框架增强分辨率并解释空间异质性	模型假设和先验可能不适用于所有类型的数据
空间细胞-细胞相互作用	COMMOT	设计用于分析和建模细胞之间的空间相互作用网络	分析可能复杂且需要仔细解释
	MISTy	提供从空间数据建模和解释细胞间通信的框架	依赖现有的信号通路知识,可能不全面
空间细胞-细胞相互作用	DIALOGUE	专注于随时间变化的细胞-细胞相互作用动态,对理解发育和疾病进展至关重要	专注于随时间变化的细胞-细胞相互作用动态,对理解发育和疾病进展至关重要
	NCEM	神经条件期望模型,可以在空间背景下推断细胞-细胞相互作用	可能需要大量数据集进行训练以获得准确预测
3D重建	PASTE	无需先验注释知识	GPU消耗大;FGW要求每个点都参与运输,可能导致错配
	SPACEL	基于细胞类型识别空间域,精度高	高度依赖参考单细胞数据集和超参数
跨时间点对齐	MOSCOT	允许非刚性配准	非刚性对齐可能破坏空间域
	SLAT	结合空间图卷积和对抗性匹配	最优传输可能难以模拟远距离对齐
谱系追踪和细胞命运推断	stLearn	整合空间转录组学和谱系追踪以理解细胞发育轨迹	缺乏单个切片中的细致轨迹
	Spateo	针对分析空间和时间表达数据以推断生物过程中的细胞命运和细胞流动性	预测的形态学变化不直接推断基因表达谱的改变

2. 算法与算力的优化　　空间转录组学数据分析工作流程通常涉及预处理、空间域识别、细胞类型注释,从而研究与生物学问题相关的空间模式。强大的分析算法联合相配套的计算资源,能够对多细胞系统进行系统的空间解读。空间多组学整合进一步将细胞的表型和基因型与对环境的响应联系起来,一个通用且严谨的框架将最大化这种丰富的空间数据模态的潜力。

人工智能(AI)在空间组学中的影响主要体现在细胞分割、检测和注释等标记任务上。图卷积神经网络等架构将计算机视觉的原理扩展到这一领域。除了这些通用任务外,AI还能够有效克服整合多种模态和空间调控网络中非线性模型带来的问题。此外,基于AI的基础模型在解决广泛的下游任务方面取得了成功,特别是在与单细胞转录组数据中的染色质和网络动态相关的领域。然而,AI目前仍是对许多分析核心的统计方法的补充,而不是替代。对大型标记训练数据集的需求、可解释性问题及对分布外数据的泛化能力弱的问题,是当前AI算法面临的重大挑战。

算法性能的评估不仅局限于准确性,还包括效率和泛化能力。尽管某些算法在理论上可能有效，但由于计算成本太高，它们的实际应用可能受到限制。例如，最优传输理论和需要置换检验的算法在处理大型数据集时常常无法直接使用，因为它们的计算复杂度偏高。在实践中，可能需要采用并行计算、使用优化器或牺牲一定精度换取更高效率的近似算法等策略来适应大规模计算。

空间组学技术的快速发展为理解复杂生物系统提供了前所未有的机遇，但同时也带来了巨大的计算挑战。应对这些大规模、多维度数据，我们可以在多个方面进行探索：开发更高效、可扩展的算法；提升多模态数据整合能力，尤其是在空间蛋白质组学和代谢组学领域；改进 3D 重建和时空分析方法以更好地捕捉组织动态变化；探索 AI 和机器学习在数据分析中的广泛应用，同时解决可解释性和泛化性问题；建立更全面、多样化的参考数据集；开发更易用、标准化的分析流程。

学 科 先 锋

青年先锋邱肖杰

邱肖杰

邱肖杰博士，斯坦福大学遗传学与计算机科学系助理教授，生物信息学和单细胞转录组学领域的青年领军人物。他开发的 Monocle 2/3、Dynamo 和 Spateo 等工具极大推动了单细胞组学领域的进步。由于在单细胞组学领域的贡献，他获得了 ARC 创新研究员奖（Arc Ignite Award）。

他于 2008 年本科毕业于长春科技大学生物工程专业，2012 年在华东师范大学获得生物信息学硕士学位。2013～2018 年赴华盛顿大学攻读分子与细胞生物学博士学位，师从 Cole Trapnell（详见第五章"学科先锋"），成为他的第一位博士生。在这一时期，邱肖杰开发了 Monocle 2/3，这一工具可以准确地从单细胞 RNA 测序数据中重构细胞复杂的发育轨迹。据他回忆，"我们每天都有交流，这样的难得机会和教导使我在很短时间内就提高了编程能力，完成了几个重要项目和很好的论文"，"四年博士生期间，我以科研为乐趣，以实验室为家，废寝忘食"。

2018 年，邱肖杰在 Whitehead Institute 的 Jonathan Weissman 博士指导下开始了博士后研究。其间，他参与开发了 Dynamo 工具。Dynamo 基于 RNA 分子合成的稳态思想，推断细胞新生成的 RNA 速率，从而精确预测最优的细胞重编程路径。自 2024 年起，他在斯坦福大学组建了自己的研究团队，继续在细胞动力学、命运转换等推断算法领域开展研究。邱肖杰已在 *Nature*、*Cell*、*Nature Methods* 等顶级期刊发表 15 篇论文，累计引用次数超过 1 万次。

（白寅琪　樊龙江）

第十章　单细胞组学验证实验

第一节　单细胞组学研究与验证实验

一、单细胞组学研究结果需要实验验证

在很多的科学研究中，高通量测序实验较多以通过快速的多靶标筛查来为后续的研究提供方向以及后续研究思路。因此常规的高通量组学在一般研究中扮演的角色占比较小，更多侧重的是后续的功能验证。一般包括体外（*in vitro*）细胞实验和体内（*in vivo*）动植物实验，这已经成为常规测序研究的基本框架。

对于单细胞测序而言，由于其技术和研究角度的特殊性，且通过单细胞测序可以获得众多其他转录组所不能获得的信息。因此，以高通量测序为主的研究结果和常规测序类实验相比还是有比较大的差别。细胞类型的鉴定是单细胞测序数据分析主要结果之一，并且还可能找到在生理过程中特有的细胞类型或者过渡态细胞。单细胞测序由于经过了解离和标记上机的过程，在这些过程中，消化酶的刺激及标记上机的等待过程在一定程度上会对细胞正常的基因表达水平产生难以评估的影响。此外，作为目前主要单细胞测序平台——10X Genomics微流控技术会在形成油包水的过程中产生不可避免的多细胞液滴，所以单细胞鉴定过程中出现的新亚型或者新的独有的过渡态细胞到底是真实存在还是由于技术局限所产生的，需要通过分子生物学手段来进行进一步验证。目前实验验证已成为单细胞组学研究必不可少的重要一环和研究结果中的重要组成部分。

单细胞测序相关的研究中，图谱类探索仍然占据着较大的方向，其主要原因除了单细胞技术应用方向多，数据挖掘角度也多，纯做生信分析就能解释很多生物学问题和医学问题外，还有验证实验的限制，图谱类研究对于实验验证要求相对低些。对于单细胞测序来说，后续的下游验证或者功能验证仍然维持着较高难度。虽然我们能够通过生物信息学的挖掘，确定与生理过程或者疾病发病过程息息相关的目标细胞群体，但是，由于目标细胞标记基因编码的可能不是表面蛋白，无法通过表面蛋白的分选得到目标细胞做功能分析。同时，目标细胞一般都属于罕见细胞，即使可以做细胞分选，但是由于细胞数量太少而得不到足够的细胞，如需进行功能探究，需对细胞进行抗体免疫染色，或者通过类器官的方式将细胞培养，甚至需要通过构建突变体进行验证，成本和时间成为极大的限制性因素。随着单细胞组学研究的深入，单纯的图谱类研究已不足以回答细胞功能等方面的需求，无法构成一个完整生物学研究故事或文章，往往需要深入进行特定细胞类型功能研究，因此对于实验验证的要求越来越高。

二、实验验证主要方式

总的来说，根据研究内容深入程度（如图谱类和功能类），目前单细胞组学研究可以分

为三种主要验证方法：细胞图谱分析基础上选定特定细胞类型，进行标记基因原位杂交等验证、分选特定细胞进行下游细胞功能研究和目标基因敲除获得突变体进行功能研究。下面简要介绍这三种主要验证方式。

1. RNA 原位杂交实验　　RNA 原位杂交实验证实细胞类型及其构成比例的真实性。图谱类研究一般基于单细胞测序数据构建特定组织、器官、疾病类型（肿瘤等）细胞图谱或特定组织不同发育阶段的细胞图谱，在细胞聚类的基础上，对所有或者特定几个细胞群做细节描述，包括细胞类型、细胞比例、标记基因、参与的通路等，主要是以测序结果描述为主，比较依赖于数据分析。往往可以利用鉴定出的标记基因进行通路和功能富集分析，作为一种生物信息学验证手段。特定类型细胞往往会参与特定代谢途径，如叶肉细胞主要参与光合作用，因此这类细胞的标记基因功能富集结果一定会与光合作用有关，否则鉴定的标记基因就可能存在偏差。图谱类研究对于验证实验依赖性相对比较小，往往需要进行标记基因的原位杂交实验等，但基本不会涉及功能验证。这个层次的实验验证手段主要包括免疫组织化学法（immunohistochemistry，IHC）、免疫荧光（immunofluorescence，IF）、荧光原位杂交（fluorescence *in situ* hybridization，FISH）等，主要需要证实数据分析得到的细胞类型是真实存在的，样本间细胞构成比例变化也是真实的。研究案例可参见郭国骥团队开展的人类图谱研究（Han et al.，2020）、张泽民团队开展的免疫微环境细胞图谱研究（Zheng et al.，2021）和本书编者开展的植物细胞图谱研究（Yao et al.，2024）等。

2. 体外细胞功能验证　　在图谱基础上选定特定细胞类型，可以进一步增加功能验证，如体外细胞功能验证（可能涉及体内表型分析）和基因突变体构建，其中前者占比更高。此类研究首先也要做 IHC、IF 和 FISH 等，然后继续做细胞体外功能验证。体外细胞功能验证一般包括分选阳性细胞和阴性细胞的常规基因表达或者蛋白质表达的验证，如 RT-qPCR、Western blot、群体细胞的转录组测序（细胞量少时选择做 Smart-seq 或者 Fluidigm C1 平台低通量单细胞测序）、细胞表型分析（原代细胞，主要做细胞共培养、细胞分化分析），以及特定细胞体内注射，分析体内表型变化。研究案例可参见 Han 等发表于 *Cell* 的文章（Han et al.，2018）（详见下节）。

3. 动植物突变体功能验证　　基于单细胞组学数据分析结果，获得特异表达基因，进而构建目标基因突变体，即模式动植物中敲除或过表达目标基因，获得突变体并进行表型观察及其功能分析。此类研究的技术难度和工作量比较大，周期比较长。选择做这类功能验证研究，可以提升研究成果的层次和影响力。利用突变体材料可以进行多个层次的验证：一是看突变体的表型是否符合预期；二是对突变体进行 RNA-seq 测序，然后进行反卷积验证单细胞分群结果；三是再针对突变体进行单细胞测序与分析。研究案例可参见 Yao 等（2024）的文章（详见下节）。

分选特定类型细胞进行功能研究是越来越受到关注的一个方向。随着单细胞测序拓展到各个研究领域，科研竞争越来越强，特别是在最基础的单细胞图谱研究方向，极易出现"撞车"的情况，因此纯图谱研究呈现细胞总数和样本类型剧烈增长（全图谱）的趋势。相较于这种大成本的投入，只针对某类细胞进行的单细胞研究，分析讨论深度相比"大图谱"会有明显提升，也会涉及后续特定细胞功能的验证。图谱研究开始从"大图谱"向特定细胞的精细化"小图谱"转变。

第二节　单细胞组学验证实验方法

一、生物学验证实验

1. RNA 原位杂交　　RNA 原位杂交（RNA *in situ* hybridization，RNA ISH）是在 20 世

纪 80 年代末在放射性原位杂交技术的基础上发展起来的一种非放射性分子细胞遗传技术,以荧光或化学显色标记取代同位素标记而形成的一种新的原位杂交方法,其中荧光标记的原位杂交方法,简称为 FISH。RNA ISH 主要是利用核酸分子的碱基互补配对原则,将人工设计的外源核酸片段(即探针)与细胞中的待测 RNA 互补配对,经变性-退火-复性,即可形成靶核酸与核酸探针的杂交体,在荧光或化学显色检测体系下对 RNA 进行定位、定性或半定量分析。ISH 作为原位杂交 RNA 的技术,需要在实验前迅速固定细胞状态来达到在实验后反映最真实的生理状态的目的,因此单细胞中挖掘出来的特异性细胞类型及过渡态可以被很好地验证。鉴于验证成功率非常高,这是目前大多采取的基础验证实验之一。

此外,RNA ISH 实验不仅可以验证单细胞数据中的标记基因的相对定量结果,同时可以观察到标记基因在组织中对应的细胞群中的空间定位。所以,对于细胞互作分析出来的结果,也可以通过在 ISH 中通过观察细胞和细胞间的物理位置得到很好的验证。例如,郭国骥教授研究团队利用高通量单细胞转录组测序,绘制了来自小鼠近 50 个器官组织近 40 万个单细胞转录组的图谱,通过生物信息学的挖掘,鉴定出了 *Slc5a2/Slc34a1* 是小鼠肾 S1 近端小管的特异性标记基因,*Slc4a11/Slc31a2* 是小鼠肾内皮细胞的特异性标记基因,通过 RNA ISH 分别进行了验证(图 10-1)。

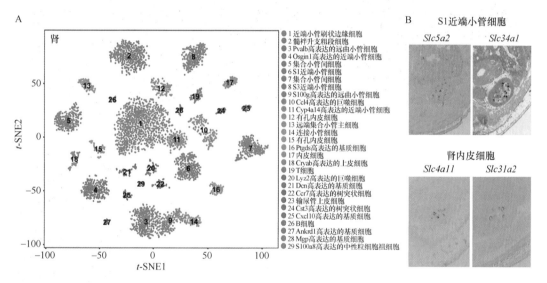

图 10-1　RNA ISH 实验验证标记基因在不同细胞类型表达情况(Han et al., 2018)

小鼠肾组织单细胞 RNA-seq 聚类分析(A)及在小鼠胚胎的肾组织中用原位杂交实验验证相应的基因表达(B)

2. 免疫荧光和免疫组化实验　蛋白质是生理功能的最终执行者,它的表达高低最终决定了细胞的角色。同样地,我们在单细胞转录组技术中检测出特定基因的表达水平,但它最终是否不受表观遗传学的影响而将信号传达到蛋白质水平,需要通过蛋白质定量来实现验证。

免疫荧光实验是根据抗原-抗体反应的原理,将已知的抗原或抗体标记上荧光素制成荧光标记物,再用这种荧光抗体或抗原作为分子探针检查细胞或组织内的相应抗原或抗体。利用荧光显微镜观察标本,荧光素受到激光的激发照射而发出明亮的荧光,就可以观察荧光所在的细胞或组织,从而确定抗原或者抗体的性质、定位,以及利用定量技术测定含量。相类似地,免疫组化是应用抗原与抗体特异性结合的原理,通过酶标抗体与底物反应显色,从而对组织细胞内抗原进行定位、定性及定量的研究,称为免疫组织化学技术。免疫组化具有特异性强、敏感度高、定位准确的优点。

  上述两种技术均可以通过定量和定位蛋白在细胞内的表达来达到分子生物学的验证。首先，免疫荧光和免疫组化能够通过验证单细胞测序中不同细胞的标记基因定量结果来判定细胞鉴定的准确性。例如，研究者鉴定出两种细胞占比极低的细胞类型，通过单细胞鉴定结束后分析得到的特异性高表达标记基因，借助免疫荧光的方式，进一步验证了该细胞类型的存在真实性（图 10-2A）。此外，与 FISH 技术类似，免疫荧光染色和免疫组织化学技术也可以观察到不同标记基因在组织中的空间定位，验证细胞和细胞之间的互作关系。例如，通过 CellphoneDB 分析发现，巨噬细胞与中性粒细胞间通过 CCL13-CCR1、CCL3-CCR1 等配体-受体对相互作用，并促进炎症的发生，通过免疫荧光染色，研究者进一步验证了该猜想，发现肿瘤微环境中确实存在着这两种细胞间的紧密相互作用（图 10-2B）。

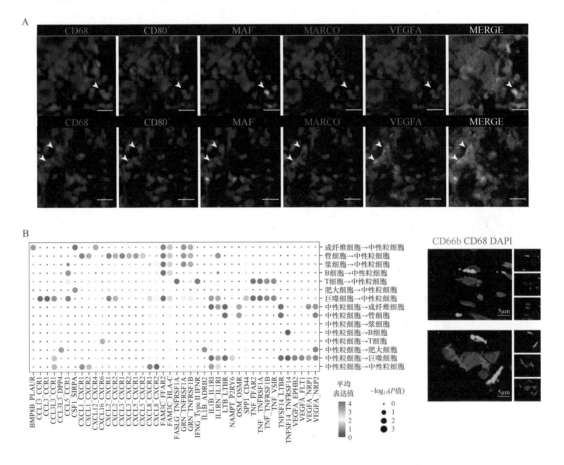

图 10-2　免疫荧光用于验证细胞类型真实性存在（A）及细胞与细胞之间的互作关系（B）
（Zhang et al.，2020；Wang et al.，2023）

  免疫组织化学技术同样可以获得与免疫荧光相类似的效果。例如，汤富酬教授课题组利用单细胞多组学测序技术揭示了结直肠癌患者中肿瘤细胞特异性高表达的基因 *BGN*、*RCN3* 和 *TAGLN*，同时利用免疫组织化学技术在患者的手术组织中也验证了这一结果（图 10-3）。

  由于以上这两种方法直接从蛋白质层面确定，所以这两者的验证手段远比 RNA ISH 更为精准和便捷。需要注意的是，对于免疫组织化学技术来说，由于它同样适用于石蜡切片的样本，所以应用范围会远远大于免疫荧光。当样本稀缺且获得时间漫长时，免疫组织化学技术会是一个很好的替代方案。

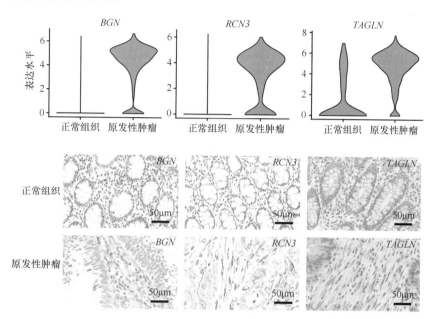

图 10-3 免疫组织化学技术验证结直肠癌患者组织中癌细胞高表达的基因（Zhou et al.，2020）

3. 流式细胞技术 RNA ISH、免疫荧光染色及免疫组织化学等原位检测技术可以对新细胞亚类或者过渡态存在与否进行很好的判定和验证。需要注意的是，以上原位检测技术仅能判定细胞的存在与否，由于组织内存在大量的细胞外基质（ECM）和嵌入细胞外基质的细胞，导致实验在进行细胞解离过程中存在偏好性，部分未起到支撑作用的细胞（如免疫细胞等）会明显偏多。所以，当我们想要验证单细胞实验中分析出来的细胞比例变化时，以上原位技术并不一定是最佳的方法。

流式细胞技术是一种可对溶液中的单个细胞进行快速筛选和分析的技术。流式细胞仪利用激光作为光源产生散射光和荧光信号，这些信号由光电二极管或光电倍增管等检测器读取。这些信号被转换成电子信号，标准化格式（.fcs）数据文件输出。特定的细胞簇可以基于它们的荧光或光散射特性进行分析并进行分离纯化。在流式细胞术中可使用多种荧光试剂，包括荧光偶联抗体、DNA 结合染料、活力染料、离子指示剂染料和荧光蛋白。流式细胞术是一种强大的工具，可应用于免疫学、分子生物学、细菌学、病毒学、癌症生物学和传染病监测等，为免疫系统和其他细胞生物学领域的研究提供了前所未有的细节和分辨率。

在单细胞测序时代，流式细胞仪将仍然发挥其巨大作用，它可以通过筛选特定细胞及过渡态表面表达的标记基因来进行验证。此外，由于通过流式细胞仪的细胞来自解离后用于上机的细胞，所以其数据准确性相较于原位鉴定技术会更加精准。例如，研究者在单细胞测序结果中发现 T 细胞的比例会随着巨噬细胞和树突状细胞（DC）的细胞比例变化而变化，通过流式技术检测，同样发现 CD11b+F4/80+TAM（肿瘤巨噬细胞）和 CD11c+MHCII+DC 细胞的占比和 T 细胞的比例呈现明显的正相关（图 10-4）。

4. 细胞功能验证 以上验证实验仅仅提供细胞类型是否存在及细胞比例是否符合预期的证据，许多研究还需要进一步的基因功能及细胞功能学验证。那如何进一步挖掘、探索从单细胞数据中挖掘出来的生物学信息呢？

进行单细胞功能学验证时，由于细胞簇的分类很细致，所以常常会遇到想要进行功能验证的细胞类型暂时无法获得商业抗体或者其他的分离方式进行富集。此时，我们可以通

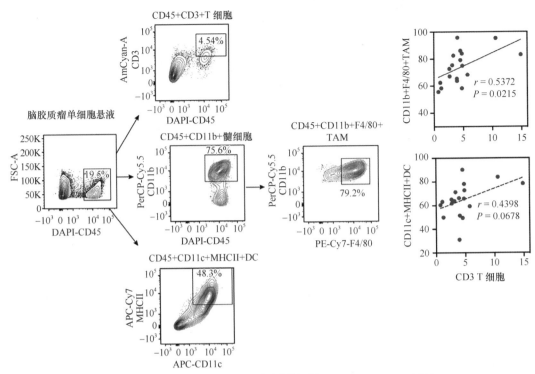

图 10-4　流式细胞技术进行细胞比例的验证（Xiong et al., 2022）

过 CRISPR 或者其他的基因编辑方法，对目的基因进行敲除或者过表达，模拟候选细胞类型的生理状态。当细胞模型构建完成后，需要测定某种特定基因敲除或者高表达的细胞是否会在生理活动中表现出更强的增殖能力，该能力可以通过细胞增殖活力检测（如 MTT 法、CCK-8 法等）、克隆形成率检测、细胞迁移侵袭检测（如划痕实验、Transwell 实验等）、细胞周期检测、细胞凋亡检测等方法来测定。一个细胞功能研究案例见图 10-5。Cohen 等

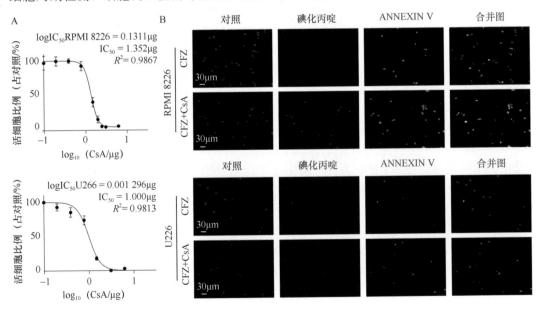

图 10-5　利用小分子抑制剂抑制细胞系靶标基因后表型变化（Cohen et al., 2021）

A. 骨髓瘤细胞系对不同 PPIA 基因小分子抑制剂环孢菌素（CsA）浓度的响应；

B. 环孢菌素增强卡非佐米（CFZ）诱导的骨髓瘤细胞系凋亡

（2021）通过单细胞数据挖掘出多发性骨髓瘤复发患者对硼替佐米的耐药候选基因，通过CRISPR/Cas9敲除 *PPIA* 或使用小分子抑制剂（环孢菌素）抑制 *PPIA*，可降低多发性骨髓瘤细胞系的增殖效率和活率，证明 *PPIA* 是这类肿瘤的有效治疗靶点。

5. 利用突变体进行功能验证　　通过靶向突变或过度表达目标基因，获得模式动物或植物突变体，对目标基因功能进行深入分析。这是最为经典的功能验证实验。医学上往往选用模式动物如小鼠，植物领域一般选择模式植物拟南芥或水稻作为突变对象，往往这些物种已建立了完善的基因转化体系和商业服务平台。例如，本书编者在水稻种胚上开展的单细胞时空组学研究，通过时空组学分析获得了水稻胚盾片薄壁组织（SCL2）标记基因 *OsMFT2*（图10-6A），其 FISH 证据表明其的确在盾片薄壁组织中表达（图10-6B）。进一步在水稻中去除该基因，其突变体种胚盾片薄壁组织发生变化，表现出种子萌发延后、发芽率下降（图10-6C），进一步证实该基因的确属于盾片薄壁组织的功能基因，是一个可靠的标记基因。

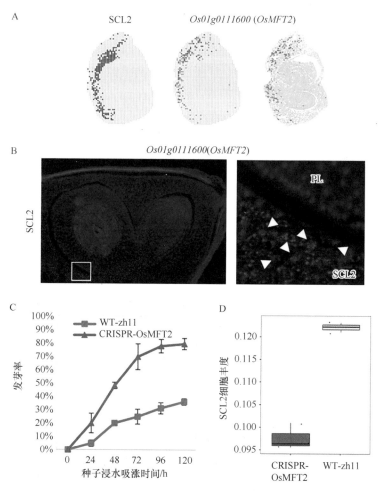

图 10-6　利用突变体进行水稻胚盾片薄壁组织标记基因的功能验证（Yao et al.，2024）
A. 空间转录组数据表明水稻种胚盾片薄壁组织（SCL2）中 *OsMFT2* 基因特异表达（标记基因）；
B. RNA FISH 验证结果；C. *OsMFT2* 突变体（CRISPR 敲除）及其野生型的发芽率比较；D. *OsMFT2* 突变体及其野生型种胚 RNA-seq 数据反卷积分析证实盾片薄壁组织细胞构成比例发生明显变化

二、组学数据交叉验证

针对单细胞（核）组学数据，可以利用其他类型组学数据，或同一类型（如转录组）但来自不同测序技术平台的数据进行交叉验证，提高单细胞组学数据分析结果可靠性。目前可以分别利用常规转录组数据（RNA-seq）、低通量单细胞转录组、基因组、空间组等数据进行交叉验证（图10-7）。目前应用较多的是利用来自相同组织的 RNA-seq 数据进行验证，即 RNA-seq 与 scRNA-seq 肩并肩分析。

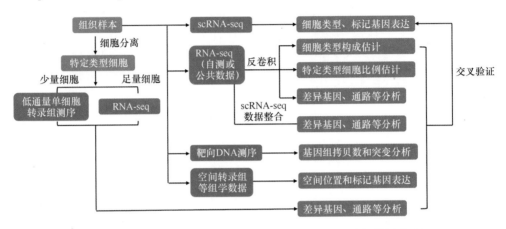

图 10-7　利用其他组学数据验证单细胞（核）转录组分析结果的途径

（一）利用常规转录组数据验证

常规或普通转录组测序（bulk RNA-seq 或 RNA-seq。除特别注明外，本书 RNA-seq 就是指 bulk RNA-seq）自 2008 年被提出后已发展成为一个稳定的测序技术，可以提供组织水平转录组数据。在生物学领域，基于该技术已产生大量数据，公共数据库中存储着海量来自不同组织或器官的这类数据。目前经常利用 RNA-seq 数据对单细胞数据分析结果进行交叉验证。RNA-seq 与 scRNA-seq 在测序深度和精度方面存在巨大差异，RNA-seq 擅长对基因的功能进行解读，scRNA-seq 擅长对细胞的功能进行解读，两者之间可以通过基因将基因机制解析和细胞功能进行关联。RNA-seq 测序深度高，序列覆盖范围广，所以能够涵盖非编码 RNA 和可变剪接特性等。这样针对目标细胞簇中的基因调控网络信息更加丰富，可以提高基因调控分析深度，增强研究的生物学信息的完整性。

RNA-seq 数据的验证方式主要是一种肩并肩方式，即来自相同组织的 RNA-seq 与 scRNA-seq 数据进行并行分析，从两种测序结果的差异基因中锁定目标基因，进而锁定目标细胞簇。如果分析获得的目标类型细胞分离很方便且能获得足量细胞，直接就可以进行特定类型细胞的 RNA-seq 及其分析，并与单细胞分群结果进行交叉印证。具体分析过程主要包括如下几种方式（图10-8）。

1. 利用 RNA-seq 差异表达基因验证 scRNA-seq 细胞分群　　scRNA-seq 和 RNA-seq 都可以通过各种差异分析手段初步得到目标基因集。例如，scRNA-seq 得到的不同细胞类型的标记基因，也可以得到细胞分化或发育过程中的关键差异基因；RNA-seq 可以得到不同分化或发育组间的 DEG 基因或趋势相关的差异基因等，当然如果细胞分离没有问题，也可以获得分离出来的特定类型细胞 RNA-seq 数据及其差异表达基因。一种最简单的办法就是将 scRNA-seq 和 RNA-seq 得到的差异基因进行对比分析，就能将解释表型的功能 DEG 关联到细胞类型及其分化的关键标记基因，作为 scRNA-seq 细胞分群的一个验证证据。

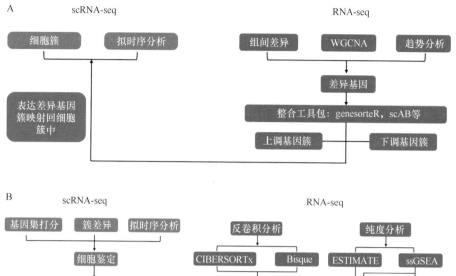

图 10-8　基于常规转录组数据（RNA-seq）的验证方法

A. 整合 RNA-seq 数据验证 scRNA-seq 细胞分群结果；B. 利用 RNA-seq 数据反卷积验证 scRNA-seq
细胞分群结果

　　同时也可以将 RNA-seq 和 scRNA-seq 进行整合分析，根据整合分析结果看是否 RNA-seq 数据支持 scRNA-seq 细胞分群结果（图 10-8A）。一般可以先对已有的或公共数据库的 RNA-seq 数据进行分析得到差异表达基因（DEG），之后利用 genesorteR 包（Ibrahim et al.，2019）对 scRNA-seq 中的细胞簇或拟时序分析得到的不同细胞簇进行双聚类（bicluster），得到上调和下调基因簇（up/down regulated gene cluster）。使用 genesorteR 包中的函数 plotMarkerHeat()，将上述差异表达基因映射到单细胞表达数据，根据这些基因簇在单细胞数据中的表达和功能，验证单细胞分群结果。另外还有不少 RNA-seq 和 scRNA-seq 整合工具，如 scAB、Scissor、scPrognosis 和 DEGAS 等。如果 RNA-seq 数据带有表型数据，利用这些工具可以直接整合到 scRNA-seq 数据中。

　　2. 通过 RNA-seq 数据反卷积验证 scRNA-seq 细胞分群　　利用 scRNA-seq 数据可以进行精准的细胞分群、不同细胞类型占比、特定目标簇的生物学功能等分析。我们可以进一步利用突变体或者公共数据库中来自相同组织的 RNA-seq 数据进行反卷积，获得细胞组分信息估计，与 scRNA-seq 中的细胞组分相互印证（图 10-8B）。一般可以利用 CIBER-SORTx（Newman et al.，2019）和 Bisque（Jew et al.，2020）等进行 RNA-seq 数据反卷积细胞组分分析。同时也可以利用 ESTIMATE（Yoshihara et al.，2013）、ssGSEA（Barbie et al.，2009）等估计肿瘤细胞纯度和不同免疫细胞类型相对丰度（免疫浸润）等。这些基于 RNA-seq 数据的细胞类型分析结果可以用于验证单细胞数据分析结果。

　　下面举两个案例（分别利用突变体和公共数据库）说明通过 RNA-seq 数据反卷积验证 scRNA-seq 分析结果。

　　案例 1——利用突变体 RNA-seq 数据：如上所述，本书编者在水稻种胚上开展的单细胞时空组学研究，开展了水稻胚盾片薄壁组织标记基因 *OsMFT2* 的大量验证，包括构建了该基因的突变体。利用该突变体和其野生型，我们进一步测定了它们种胚 RNA-seq 数据，然后通过 CIBERSORTx 进行 RNA-seq 数据反卷积分析，证实盾片细胞类型在突变体种的构成比例发生了明显下降（图 10-6D）。该证据进一步证实该基因的确属于盾片薄壁组织的功能基因。

案例 2——利用公共数据库 RNA-seq 数据：Kang 等（2022）的研究中（图 10-9）同时测定了胃癌患者肿瘤及配对的正常胃上皮组织的单细胞转录组和普通转录组，通过整合 RNA-seq 和 scRNA-seq 数据（genesorteR 包），发现高度癌症相关的成纤维细胞中存在恶性转化相关基因转录变化，并与 TCGA 数据库中胃癌队列中的低生存率相关。以 scRNA-seq 数据为参考，对 TCGA 队列样本 RNA-seq 数据进行反卷积，分析其中不同细胞簇占比，并评估不同细胞簇高分数和低分数患者之间的生存差异，表明细胞类型特征可预测独立胃癌队列中患者的预后。由此达到了相互验证的效果。

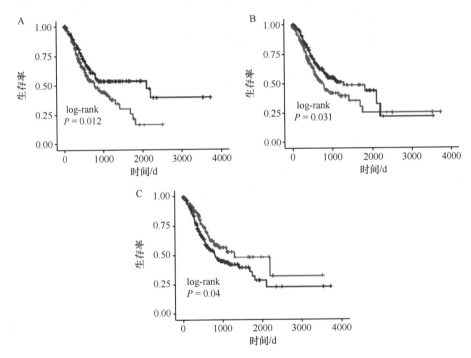

图 10-9　利用 RNA-seq 数据反卷积验证 scRNA-seq 细胞分群研究案例（Kang et al.，2022）

该研究利用公共 TCGA 数据库肠癌样本 RNA-seq 进行反卷积分析，证实其单细胞分析获得的三种癌症相关细胞簇比例（高或者低）与预后生存率有关。三种细胞簇包括 F13-CTHRC1（A）、EN10-SER-PINE1（B）和 M16-cDC-CLEC9A（C）

（二）利用低通量单细胞转录组数据验证

进入下游功能学验证实验时，如何从组织中获得足量的所需验证的细胞类型至关重要。但很多情况下，新型特有细胞和过渡态细胞在整个组织内部的占比非常低，且由于状态未知，往往分离目标细胞很困难。所以即使当我们结束分选过程后，最终面临的是收获的细胞量并不够进行常规的 qPCR 实验和常规转录组测序。

鉴于低通量单细胞转录组测序技术（如 Smart-seq），预扩增仅需要低起始量的 RNA 或者少量的细胞数，因此对于验证高通量单细胞数据分析结果，Smart-qPCR 或者 Smart-seq 是一个绝佳的方法。例如，Davie 等（2018）通过 Gal4 品系的果蝇表达 GFP:R23E10-Gal4 示踪果蝇来进一步分选出 dFB 类细胞，并通过 Smart-qPCR 进行基因表达的验证（图 10-10）。

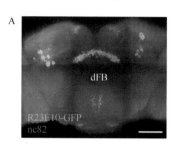

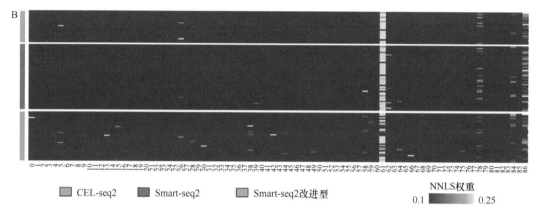

CEL-seq2　　Smart-seq2　　Smart-seq2改进型　　NNLS权重　0.1 — 0.25

图 10-10　利用 Smart-qPCR 来验证高通量单细胞测序数据结果的案例（Davie et al.，2018）

A. 荧光显示 dFB 细胞在果蝇脑部的定位；B. 对分离的 dFB 细胞进行单细胞的 Smart-qPCR 验证

（三）通过靶向 DNA 测序验证单细胞转录组分析数据

外显子组测序（whole exon sequencing，WES）是靶向 DNA 测序的一种，它主要关注基因组的外显子区域，对外显子组进行测序（当然也可以进行成本更高的基因组重测序），可以发现与疾病相关的遗传变异，揭示可能的致病机制，从而为疾病诊断和治疗提供重要信息。scRNA-seq 虽然可以解析细胞内基因表达调控网络的变化，但这些异常的源头是否由基因组变异引起，则需要通过与 WES 等靶向 DNA 测序数据的联合分析来进一步确认和验证（图 10-11）。例如，通过 scRNA-seq 可以获得不同细胞的基因组拷贝数变异情况及基因突变信息，而 WES 对于 DNA 拷贝数和基因突变分析更为准确，同时分析 WES 和 scRNA-seq 可以在细胞簇水平上获得细胞的基因组拷贝数信息和基因突变信息，并将其与转录组数据相结合，有助于揭示基因组拷贝数变异和基因突变对基因表达的调控作用，以及其对细胞功能和表型的影响。此外，还可以明确突变驱动的细胞簇。通过联合分析 WES 和 scRNA-seq 数据，可以识别出哪些细胞簇在基因组和转录组水平上都存在特定的突变或表达模式，形成交叉证据链。这样，可以将细胞簇与其特定的遗传和转录特征关联起来，有助于深入了解肿瘤内部的异质性和不同细胞簇的功能差异。

WES 是对全基因组所有外显子区域的靶向测序，对于少数目标基因也可以进行靶向 DNA 测序，从而对单细胞转录组数据进行交叉验证。目前可以采取靶向目标基因的单细胞 DNA 测序技术（如 Mission Bio 公司 Tapestri 平台）进行特定组织（如癌症组织）的单细胞靶向 DNA 测序。同样通过目标突变与表达的关联，可以验证和回答单细胞转录组分析中标记基因等的表达变化。

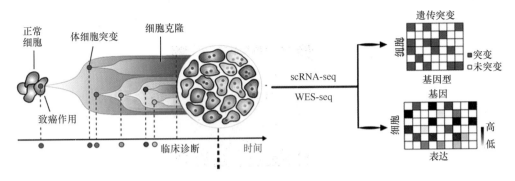

图 10-11　通过外显子组测序进行单细胞数据的验证

（四）利用空间组学数据验证

基于单细胞转录组测序数据可以进行细胞之间的互作分析。这些分析一般基于不同细胞之间配体与受体基因的表达关系来进行推断，得到的结果往往需要做进一步的验证，而空间转录组能为细胞之间的相互作用提供强有力的验证。例如，Qi 等（2022）首先利用 scRNA-seq 技术对多位结直肠癌患者的组织样本进行了单细胞转录组分析，发现鉴定到的 FAP+ 成纤维细胞和 SPP1+ 巨噬细胞可能存在相互作用，这两类细胞都与结直肠癌患者的生存相关，后续通过 10X Genomics Visium 空间转录组测序证实了大多数 FAP+ 成纤维细胞和 SPP1+ 巨噬细胞存在空间上的共定位，并推测这两类细胞的相互作用抑制免疫细胞浸润到肿瘤核心（图 10-12A）。

除了上述提到的 10X Genomics 的空间转录组测序平台，其他空间转录组测序技术也被广泛应用于各种验证实验中。例如，Wang 等（2023）利用 scRNA 对棉花胚珠外珠被进行了单细胞转录组测序，随后利用 LCM-seq（一种利用激光捕获显微解剖结合 RNA 测序的空间转录组分析方法）对正常棉花（WT）和光子突变体（*fl*）胚珠表皮的纤维细胞进行纤维切割分离和测序，验证了之前单细胞转录组有关特征基因的表达结果（图 10-12B）。

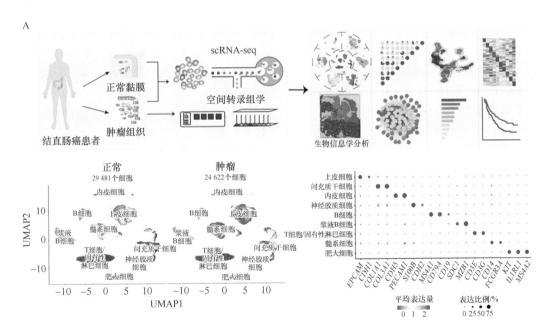

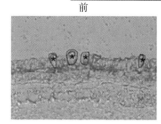
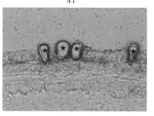

B　　　　激光捕获显微切割（LCM）
前　　　　　　　　　后

花后1d纤维细胞LCM-seq测序

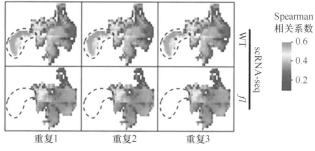

花后5d纤维细胞常规RNA-seq测序

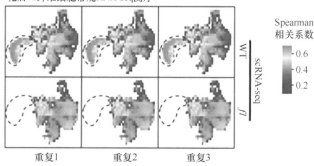

图 10-12　利用空间转录组验证单细胞转录组分析结果

A. 基于 10X Genomics Visium 平台，用于肿瘤组织（Qi et al.，2022）；B. 基于 LCM-seq 平台，用于棉
花纤维发育细胞（Wang et al.，2023）

学科先锋

Aviv Regev 与人类细胞图谱

　　Aviv Regev（1971—），计算生物学家，美国科学院院士，霍华德休斯医学研究所（HHMI）成员，人类细胞图谱计划（HCA）联合负责人，美国国家卫生署（NIH）主任的先锋奖（Director's Pioneer Award）、斯隆研究奖（Sloan Research Fellowships）和国际计算生物学协会（ISCB）奥弗顿奖（Overton Prize）奖获得者。前美国博德研究所（Broad Institute）核心成员，罗氏公司执行副总裁，罗氏子公司基因泰克（Genentech）研发负责人。

　　Regev 毕业于以色列特拉维夫大学，在以色列魏兹曼科学研究所

Aviv Regev

（Weizmann Institute of Science）获得计算生物学博士学位。2006 年，她在博德研究所成立了自己的实验室，是博德研究所成立后招聘的第一位研究员。她的实验室由此也成为单细胞组学研究的先锋和发源地，单细胞组学领域先锋 Rahul Satija 等都曾在她实验室工作过。Regev 喜欢做一些看似不可能完成的研究。2011 年她开始与 Joshua Levin 合作，探索单细胞 RNA 测序与分析，他们很快在 *Nature* 发表了 18 个免疫细胞的单细胞 RNA 测序结果（Shalek et al., 2013）。2014 年，Regev 开始举办关于细胞图谱测绘研讨会。来自英国的细胞遗传学家 Sarah Teichmann 听说了 Regev 的想法，提出合作建立一个人类细胞图谱（HCA）项目。Regev 抓住了这个机会，她和 Teichmann 现在是 HCA 计划的联合负责人。Regev 工作起来没日没夜，其实验室博士生 Atray Dixit 曾讲述过他的亲身经历：他们开发了基于基因编辑和单细胞 RNA 测序技术的 Perturb-seq，在提交论文的前几周，她每天早上 6 点召开组会，在论文提交的前一天晚上，Regev 工作到 3 点，然后 6 点继续组织开会。Regev 的工作强度和执着源自她对细胞研究的无限热爱。对她而言，细胞是神奇而迷人的。她曾位列哈佛大学生命科学领域自然指数（Nature Index）第一名。

2020 年她离开博德研究所加入罗氏公司，致力于将她的研究成果转化成药物。在 Regev 离开之际，博德研究所所长 Eric Lander 给予了她高度评价，认为她是单细胞生物学方法研究的先驱。Regev 的告别信充满雄心和憧憬，她认为现在出现的大量生物与计算新技术已在召唤她去探索人体生物学和疾病，这是一个千载难逢机会，她必须去迎接这个挑战。

（樊龙江）

主要参考文献

Armingol E, Officer A, Harismendy O, et al. 2021. Deciphering cell-cell interactions and communication from gene expression[J]. Nature Reviews Genetics, 22(2): 71-88.

Asp M, Bergenstråhle J, Lundeberg J. 2020. Spatially resolved transcriptomes—next generation tools for tissue exploration[J]. BioEssays, 42(10): e1900221.

Chen A, Liao S, Cheng M, et al. 2022. Spatiotemporal transcriptomic atlas of mouse organogenesis using DNA nanoball-patterned arrays[J]. Cell, 185(10): 1777-1792.

Chen H, Lareau C, Andreani T, et al. 2019. Assessment of computational methods for the analysis of single-cell ATAC-seq data[J]. Genome Biology, 20(1): 241.

Cheng M, Jiang Y, Xu J, et al. 2023. Spatially resolved transcriptomics: a comprehensive review of their technological advances, applications, and challenges[J]. Journal of Genetics and Genomics, 50(9): 625-640.

Gao R, Bai S, Henderson Y C, et al. 2021. Delineating copy number and clonal substructure in human tumors from single-cell transcriptomes[J]. Nature Biotechnology, 39(5): 599-608.

Gawad C, Koh W, Quake S R. 2016. Single-cell genome sequencing: current state of the science[J]. Nature Reviews Genetics, 17(3): 175-188.

Han X, Wang R, Zhou Y, et al. 2018. Mapping the mouse cell atlas by Microwell-seq[J]. Cell, 172(5): 1091-1107.

Hao Y, Hao S, Andersen-Nissen E, et al. 2021. Integrated analysis of multimodal single-cell data[J]. Cell, 184(13): 3573-3587.

Klein A M, Mazutis L, Akartuna I, et al. 2015. Droplet barcoding for single-cell transcriptomics applied to embryonic stem cells[J]. Cell, 161(5): 1187-1201.

Kuchina A, Brettner L M, Paleologu L, et al. 2021. Microbial single-cell RNA sequencing by split-pool barcoding[J]. Science, 371(6531): eaba5257.

La Manno G, Soldatov R, Zeisel A, et al. 2018. RNA velocity of single cells[J]. Nature, 560(7719): 494-498.

Li K, Yan C, Li C, et al. 2021. Computational elucidation of spatial gene expression variation from spatially resolved transcriptomics data[J]. Molecular Therapy Nucleic Acids, 27: 404-411.

Ma P, Amemiya H M, He L L, et al. 2023. Bacterial droplet-based single-cell RNA-seq reveals antibiotic-associated heterogeneous cellular states[J]. Cell, 186(4): 877-891.

Qi J, Sun H, Zhang Y, et al. 2022. Single-cell and spatial analysis reveal interaction of FAP+fibroblasts and SPP1+macrophages in colorectal cancer[J]. Nature Communications, 13(1): 1742.

Satija R, Farrell J A, Gennert D, et al. 2015. Spatial reconstruction of single-cell gene expression data[J]. Nature Biotechnology, 33(5): 495-502.

Shi Q, Chen X, Zhang Z. 2023. Decoding human biology and disease using single-cell omics technologies[J]. Genomics，Proteomics & Bioinformatics, 21(5): 926-949.

Vandereyken K, Sifrim A, Thienpont B, et al. 2023. Methods and applications for single-cell and spatial multi-omics[J]. Nature Reviews Genetics, 24(8): 494-515.

Wang L, Liu Y, Dai Y, et al. 2023. Single-cell RNA-seq analysis reveals BHLHE40-driven pro-tumour neutrophils with hyperactivated glycolysis in pancreatic tumour microenvironment[J]. Gut, 72(5): 958-971.

Wen L, Li G, Huang T. et al. 2022. Single-cell technologies: from research to application[J]. The Innovation, 3(6): 100342.

Wolf F A, Angerer P, Theis F J. 2018. SCANPY: large-scale single-cell gene expression data analysis[J]. Genome Biology, 19(1): 15.

Yue L, Liu F, Hu J, et al. 2023. A guidebook of spatial transcriptomic technologies，data resources and analysis approaches[J]. Computational and Structural Biotechnology Journal, 21: 940-955.

Zhou T, Zhang R, Ma J. 2021. The 3D genome structure of single cells[J]. Annual Review of Biomedical Data Science, 4: 21-41.

Zong C, Lu S, Chapman A R, et al. 2012. Genome-wide detection of single-nucleotide and copy-number variations of a single human cell[J]. Science, 338(6114): 1622-1626.

扫二维码查看本书全部参考文献

单细胞组学基础

附录 1 单细胞组学主要数据库与分析工具

一、单细胞组学数据库和在线分析平台

数据库类型及名称	说明	网址
（一）单细胞转录组数据库		
Single Cell Expression Atlas	数据库的单细胞转录组子库	https://www.ebi.ac.uk/gxa/sc/home
HCA	人类图谱计划数据库。一个存储、标准化和解读人类单细胞数据的公共平台	www.humancellatlas.org
SC2disease	人类疾病相关单细胞转录组数据库	http://easybioai.com/sc2disease/
CancerSEA	癌症细胞状态图谱	http://biocc.hrbmu.edu.cn/CancerSEA/
（二）空间转录组数据库		
SpatialDB	空间分辨率转录组数据库	https://www.spatialomics.org/SpatialDB/
STOmics DB	空间转录组学相关文献和数据综合数据库	https://db.cngb.org/stomics/
SODB	空间多组学综合数据库	https://gene.ai.tencent.com/SpatialOmics/
（三）细胞类型及其标记基因数据库		
1. 细胞类型数据库		
Cell Ontology（CL）	动物细胞类型数据库	http://cellontology.org/ 或 http://medportal.bmicc.cn/ontologies/CL
Cell Taxonomy	细胞类型及其相关细胞标记数据库	https://ngdc.cncb.ac.cn/celltaxonomy
Planteome	植物参考本体、基因组学和表型组学数据库	https://planteome.org/
2. 细胞类型标记数据库		
CellMarker	人和小鼠细胞类型标记数据库	http://biocc.hrbmu.edu.cn/CellMarker/
PanglaoDB	人和小鼠单细胞 RNA 测序数据	https://panglaodb.se/
Tumor Immune Single-cell Hub（TISCH）	肿瘤微环境 scRNA-seq 数据库	http://tisch.comp-genomics.org
PlantscRNAdb	植物单细胞转录组分析与标记基因数据库	http://ibi.zju.edu.cn/plantscrnadb/
PCMDB	植物细胞标记综合数据库	http://www.tobaccodb.org/pcmdb/homePage

数据库类型及名称	说明	网址
PsctH	植物单细胞转录组综合在线平台	http://jinlab.hzau.edu.cn/PsctH/
scPlantDB	植物单细胞综合在线平台	https://biobigdata.nju.edu.cn/scplantdb/home
（四）细胞互作数据库		
CellPhoneDB	单细胞转录组细胞通信分析工具平台	https://www.cellphonedb.org/
CellChat	单细胞转录组配体-受体相互作用和细胞通信分析平台	http://www.cellchat.org/
CellTalkDB	人和小鼠配体-受体对综合数据库	http://tcm.zju.edu.cn/celltalkdb/index.php
（五）其他组学数据库		
scMethBank	跨物种单细胞甲基化图谱数据库	https://ngdc.cncb.ac.cn/methbank/scm/
Single Cell Atlas	人类蛋白质图谱数据库	https://www.singlecellatlas.org/
Human protein atlas（HPA）	单细胞水平可变聚腺苷化综合数据库	http://www.proteinatlas.org/
scAPAdb	单细胞转录组分析工具综合数据库	http://www.bmibig.cn/scAPAdb/

二、主要开源单细胞组学分析工具

工具类型及名称	开源软件下载地址
（一）综合类工具包	
Scanpy	https://github.com/theislab/scanpy
Seurat	https://github.com/satijalab/seurat
Scater	https://github.com/jimhester/scater
（二）单细胞转录组基础分析	
1. 预处理和比对	
Cell Ranger	https://github.com/10XGenomics/cellranger
kallisto	https://github.com/pachterlab/kallisto
bustools	https://github.com/BUStools/bustools
STARsolo	https://github.com/alexdobin/STAR/blob/master/docs/STARsolo.md
2. 质控	
DoubletFinder	https://github.com/chris-mcginnis-ucsf/DoubletFinder
DropletUtils	https://github.com/MarioniLab/DropletUtils
Cellity	https://github.com/teichlab/cellity
SoupX	https://github.com/constantAmateur/SoupX
3. 标准化和归一化	
SCnorm	https://github.com/rhondabacher/SCnorm
Seurat- LogNormalize()/sctransform()	https://github.com/satijalab/seurat
Scanpy-sc.pp.log1p()/sc.pp.normalize_total()	https://github.com/theislab/scanpy
4. 特征基因选取	

工具类型及名称	开源软件下载地址
Seurat-HVG selection()	https://github.com/satijalab/seurat
Scanpy- sc.pp.highly_variable_genes()	https://github.com/theislab/scanpy
5. 缺失数据插补与平滑	
MAGIC	https://github.com/dpeerlab/magic
scImpute	https://github.com/Vivianstats/scImpute
SAVER	https://github.com/mohuangx/SAVER
ALRA	https://github.com/KlugerLab/ALRA
MetaCell	https://github.com/tanaylab/metacells
SEACells	https://github.com/dpeerlab/SEACells
6. 数据整合	
Harmony	https://github.com/immunogenomics/harmony
scVI	https://github.com/YosefLab/scVI
scANVI	https://github.com/YosefLab/scvi-tools
scGen	https://github.com/theislab/scgen
LIGER	https://github.com/10XGenomics/cellranger-atac
BBKNN	https://github.com/Teichlab/bbknn
CellHint	https://github.com/Teichlab/cellhint
7. 降维与聚类	
（1）降维	
seurat-RunPCA()/RunTSNE()/RunUMAP	https://github.com/satijalab/seurat
scanpy-sc.pp.pca()/sc.tl.tsne()/sc.tl.umap()	https://github.com/theislab/scanpy
（2）聚类	
BackSPIN	https://github.com/linnarsson-lab/BackSPIN
SC3	https://github.com/hemberg-lab/sc3
dropClust	https://github.com/debsin/dropClust
8. 细胞类型注释	
SingleR	https://github.com/dviraran/SingleR
ROGUE	https://github.com/PaulingLiu/ROGUE
CellAssign	https://github.com/Irrationone/cellassign
scSorter	https://github.com/cran/scSorter
SciBet	https://github.com/PaulingLiu/scibet
CellTypist	https://github.com/Teichlab/celltypist
scArches	https://github.com/theislab/scarches
TOSICA	https://github.com/JackieHanLab/TOSICA
scBERT	https://github.com/TencentAILabHealthcare/scBERT
Cell BLAST	https://github.com/gao-lab/Cell_BLAST

工具类型及名称	开源软件下载地址
（三）单细胞转录组高级分析	
1. 细胞发育轨迹	
（1）拟时序分析	
Monocle	http://cole-trapnell-lab.github.io/monocle-release/
PAGA	https://github.com/theislab/paga
CellRank	https://github.com/theislab/cellrank
slingshot	https://github.com/kstreet13/slingshot
cellAlign	https://github.com/shenorrLabTRDF/cellAlign
CAPITAL	https://github.com/ykat0/capital
（2）RNA 速率分析	
scVelo	https://github.com/theislab/scvelo
UniTVelo	https://github.com/StatBiomed/UniTVelo
velocyto	https://github.com/velocyto-team/velocyto.R
dynamo	https://github.com/aristoteleo/dynamo-release
2. 基因调控网络	
SCENIC	https://github.com/aertslab/SCENIC
PIDC	https://github.com/Tchanders/network_inference_tutorials
GENIE3	https://github.com/aertslab/GENIE3
GRaNIE	https://git.embl.de/grp-zaugg/GRaNIE
Pando	https://github.com/quadbio/Pando
FigR	https://github.com/buenrostrolab/FigR
MIRA	https://github.com/cistrome/MIRA
SCENIC+	https://github.com/aertslab/scenicplus
3. 细胞通信	
CellPhoneDB	https://github.com/Teichlab/cellphonedb
CellChat	https://github.com/sqjin/CellChat
NicheNet	https://github.com/saeyslab/nichenetr
CytoSig	https://github.com/data2intelligence/CytoSig
CSOmap	https://github.com/lijxug/CSOmapR/
NovoSpaRc	https://github.com/livnatje/DIALOGUE
DIALOGUE	https://github.com/livnatje/DIALOGUE
PlantPhoneDB	https://github.com/Jasonxu0109/PlantPhoneDB
4. 差异基因鉴定	
Seurat-FindAllMarkers()/FindMarkers()/FindConservedMarkers()	https://github.com/satijalab/seurat
scCODA	https://github.com/theislab/scCODA

单细胞组学基础

工具类型及名称	开源软件下载地址
Cacoa	https://github.com/kharchenkolab/cacoa
scDD	https://github.com/kdkorthauer/scDD
5. 可变剪接识别	
Outrigger	https://github.com/YeoLab/outrigger
Velocyto	https://github.com/velocyto-team/velocyto.R
6. 细胞周期推断	
scLVM	https://github.com/PMBio/scLVM
reCAT	https://github.com/tinglab/reCAT
7. 稀有细胞鉴定	
RaceID	https://github.com/dgrun/RaceID3_StemID2_package
GiniClust	https://github.com/lanjiangboston/GiniClust
8. 模拟数据	
Splatter	https://github.com/Oshlack/splatter
powsimR	https://github.com/bvieth/powsimR
（四）单细胞转录组专项分析	
1. 单细胞免疫组库	
Scirpy	https://github.com/scverse/scirpy
Immunarch	https://github.com/immunomind/immunarch
Cell Ranger Multi for Immune Profiling	https://www.10xgenomics.com/support/software/cell-ranger/tutorials/cr-tutorial-multi
Cell Ranger vdj	https://www.10xgenomics.com/support/software/cell-ranger/tutorials/cr-tutorial-vdj
scRepertoire	https://github.com/ncborcherding/scRepertoire
2. 单细胞 CRISPR 筛选	
CERES	https://github.com/cancerdatasci/ceres
Normalisr	https://github.com/lingfeiwang/normalisr
scMAGecK	https://bitbucket.org/weililab/scmageck
MUSIC	https://github.com/bm2-lab/MUSIC
MIMOSCA	http://github.com/asncd/MIMOSCA
MELD	https://github.com/KrishnaswamyLab/MELD
（五）空间转录组分析	
Space Ranger	https://www.10xgenomics.com/support/software/space-ranger
MERSCOPE Vizualizer	https://info.vizgen.com/vizualizer
SpatialDE	https://github.com/Teichlab/SpatialDE
SPARK	https://github.com/xzhoulab/SPARK
SpaGCN	https://github.com/jianhuupenn/SpaGCN
Giotto	https://rubd.github.io/Giotto_site/

工具类型及名称	开源软件下载地址
stlearn	https://github.com/RubD/Giotto
Cell2location	https://github.com/BayraktarLab/cell2location/
SPOTlight	https://github.com/MarcElosua/SPOTlight
CellphoneDB	http://www.cellphonedb.org
PASTE	https://github.com/raphael-group/paste
STAGATE	https://github.com/QIFEIDKN/STAGATE_pyG
Spateo	https://github.com/aristoteleo/spateo-release
Squidpy	https://github.com/scverse/squidpy
（六）表观组学分析	
1. 综合类软件	
ALLCools	https://github.com/lhqing/ALLCools
ArchR	https://github.com/GreenleafLab/ArchR
SnapATAC	https://github.com/r3fang/SnapATAC
Signac	https://github.com/stuart-lab/signac
EpiScanpy	https://github.com/colomemaria/epiScanpy
2. 预处理和聚类	
cisTopic	https://github.com/aertslab/cisTopic
SCALE	https://github.com/jsxlei/SCALE
BROCKMAN	https://carldeboer.github.io/brockman.html
Scasat	https://github.com/ManchesterBioinference/Scasat
Cell Ranger-ATAC	https://support.10xgenomics.com/single-cell-atac/software/overview/welcome
3. 整合	
Seurat-integration/WNN	https://github.com/satijalab/seurat
LIGER	https://github.com/10XGenomics/cellranger-atac
SingleCellFusion	https://github.com/ejarmand/SingleCellFusion
MNN	https://github.com/alibaba/MNN
Harmony	https://github.com/immunogenomics/harmony
Symphony	https://github.com/immunogenomics/symphony
MOFA+	https://github.com/bioFAM/MOFA
4. 下游分析	
Cicero	http://cole-trapnell-lab.github.io/cicero-release
ChromVAR	https://github.com/GreenleafLab/chromVAR
Monocle	http://cole-trapnell-lab.github.io/monocle-release/
Slingshot	https://github.com/kstreet13/slingshot
Destiny	http://www.helmholtz-muenchen.de/icb/destiny

工具类型及名称	开源软件下载地址
（七）多组学数据整合	
gimVI	https://github.com/YosefLab/scVI
RCTD	https://github.com/dmcable/RCTD
Cell2location	https://github.com/BayraktarLab/cell2location/
Signac	https://github.com/timoast/signac
bindSC	https://github.com/KChen-lab/bindSC
GLUE	https://github.com/gao-lab/GLUE
MultiVI	http://scvi-tools.org/
LIGER	https://github.com/MacoskoLab/liger
MOFA+	https://github.com/bioFAM/MOFA

附录2 单细胞组学在线教程与资料

* Analysis of single cell RNA-seq data: https://www.singlecellcourse.org/

* Orchestrating Single-Cell Analysis with Bioconductor: http://bioconductor.org/books/release/OSCA/index.html

* A step-by-step workflow for low-level analysis of single-cell RNA-seq data with Bioconductor: https://doi.org/10.12688/f1000research.9501.2

* Analysis of single cell RNA-seq data course，Cambridge University: https://github.com/hemberg-lab/scRNA.seq.course

* Seurat: https://satijalab.org/seurat/index.html

* Scanpy: https://scanpy.readthedocs.io/en/stable/tutorials.html#

* A catalogue of tools for analysing single-cell RNA sequencing data: https://www.scrna-tools.org/

* A catalogue of single-cell and spatial omics techniques (SCSTechDB): http://ibi.zju.edu.cn/scstechdb/

附录3 单细胞组学主要英文术语释义

扫二维码查看附录3内容